普通高等教育物联网工程专业系列教材

Linux 操作系统教程

海南师范大学
青岛英谷教育科技股份有限公司 编著

西安电子科技大学出版社

内 容 简 介

本书基于流行的 Ubuntu 系统，从 Linux 操作系统的应用角度出发，深入讲解了 Linux 的基本操作、文件系统、Shell 命令、Shell 编程、网络操作以及 Linux 常用编程工具。

本书重点讲解了 Linux 的命令操作，同时兼顾 GUI 的使用，内容偏重应用，结合图表、交互式命令进行讲解。涉及的每个命令都给出了相应的语法说明、使用方法等。

本书旨在为学习 Linux 编程的读者奠定 Linux 应用的基础。本书可作为本科或高职高专院校计算机科学与技术、网络、通信等专业的 Linux 操作系统应用课程的教材。

图书在版编目(CIP)数据

Linux 操作系统教程/海南师范大学，青岛英谷教育科技股份有限公司编著.
—西安：西安电子科技大学出版社，2014.1(2024.7 重印)
ISBN 978-7-5606-3255-1

Ⅰ. ①L… Ⅱ. ①海… ②青… Ⅲ. ①Linux 操作系统—高等学校—教材
Ⅳ. ①TP316.89

中国版本图书馆 CIP 数据核字(2013)第 282653 号

策　　划　毛红兵
责任编辑　刘玉芳　毛红兵
出版发行　西安电子科技大学出版社(西安市太白南路 2 号)
电　　话　(029)88202421　88201467　　邮　　编　710071
网　　址　www.xduph.com　　电子邮箱　xdupfxb001@163.com
经　　销　新华书店
印刷单位　咸阳华盛印务有限责任公司
版　　次　2024 年 7 月第 1 版第 8 次印刷
开　　本　787 毫米×1092 毫米　1/16　印　张　14.5
字　　数　338 千字
定　　价　43.00 元
ISBN 978-7-5606-3255-1
XDUP　3547001-8
如有印装问题可调换

普通高等教育物联网工程专业
系列教材编委会

前　　言

随着物联网产业的迅猛发展，企业对物联网工程应用型人才的需求越来越大。“全面贴近企业需求，无缝打造专业实用人才”是目前高校物联网专业教育的革新方向。

本系列教材是面向高等院校物联网专业方向的标准化教材，教材研发充分结合物联网企业的用人需求，经过了充分的调研和论证，并参照多所高校一线专家的意见，具有系统性、实用性等特点，旨在使读者在系统掌握物联网开发知识的同时，提升自身的综合应用能力和解决问题的能力。

本系列教材具有如下几方面的特色。

1. 以培养应用型人才为目标

本系列教材以应用型物联网人才为培养目标，在原有体制教育的基础上对课程进行深层次改革，强化“应用型”人才的动手能力，使读者在系统、完整地学习后能够达到以下要求：

- 掌握物联网开发所需的理论和技术体系以及开发过程的规范体系。
- 能够熟练地进行设计和开发工作，并具备良好的自学能力。
- 具备一定的项目经验，能够完成嵌入式系统设计、程序编写、文档编写、软硬件测试等工作。
- 达到物联网企业的用人标准，实现学校学习与企业工作的无缝对接。

2. 以新颖的教材架构来引导学习

本系列教材中的《Linux 操作系统教程》在内容设置上借鉴了软件开发中“低耦合高内聚”的设计理念，组织架构上遵循软件开发中的 MVC 理念，即在保证最小教学集的前提下可根据自身的实际情况对整个课程体系进行横向或纵向裁剪。教材的章节结构如下：

- **本章目标**：明确本章的学习重点和难点。
- **学习导航**：以流程图的形式指明本章在整本教材中的位置和学习顺序。
- **任务描述**：“案例教学”驱动本章教学的任务，所选任务典型、实用。
- **章节内容**：通过小节迭代组成本章的学习内容，以任务描述贯穿始终。

3. 以完备的教辅体系和教学服务来保证教学

为充分体现“实境耦合”的教学模式，方便教学实施，保障教学质量和学习效果，本系列教材还配备了可配套使用的全套教辅产品，供各院校选购。

■ **立体配套**：为适应教学模式和教学方法的改革，本系列教材提供完备的教辅产品，主要包括教学指导、实验指导、电子课件、习题集、题库资源等内容，并配以相应的网络教学资源。

■ **教学服务**：在教学实施方面，提供全方位的解决方案(包括在线课堂解决方案、专业建设解决方案、实训体系解决方案、教师培训解决方案和就业指导解决方案等)，以适应软件开发教学过程的特殊性，为教学工作的顺利开展和教学成果的转化保驾护航。

本系列教材、教辅、网络资源及相关教学服务的推出对于高校通信工程、电子信息以及计算机相关专业的建设具有重要的推动作用，加快了建立新课程教材体系、考试评价制度、培养学生创新能力和实践能力的培养模式的步伐。另外，本课程的设置以学生就业为导向，实现了专业设置和社会需求的互动，从而实现高校教育和企业用人需求之间的连通，对于促进高校课程改革和扩大高校毕业生就业具有重要的意义。

本系列教材由海南师范大学、青岛英谷教育科技股份有限公司编写，参与本书编写工作的有曹均阔、韩敬海、张玉星、赵克玲、李瑞改、孙锡亮、李红霞、刘晓红、袁文明、卢玉强、高峰、张幼鹏、张旭平等。参与本书编写工作的还有青岛农业大学、潍坊学院、曲阜师范大学、济宁学院、济宁医学院等高校。在本系列教材编写期间得到了各合作院校专家及一线教师的大力支持和协作。在本系列教材出版之际，要特别感谢给予我们开发团队大力支持和帮助的领导及同事，感谢合作院校的师生给予我们的支持和鼓励，更要感谢开发团队每一位成员所付出的艰辛劳动。

由于水平有限，书中难免有不当之处，读者在阅读过程中如发现问题，请不吝赐教。公司网站为 http://www.dong-he.cn，公司邮箱为 dh_iTeacher@126.com。

高校物联网专业 项目组

2013 年 8 月

目　　录

第 1 章 Linux 概述

本章目标

- ◆ 了解 Linux 的诞生历史。
- ◆ 熟悉目前流行的 Linux 发行版及其特点。
- ◆ 了解 Linux 与 Windows 的不同。
- ◆ 掌握 Ubuntu Linux 的安装方法。

学习导航

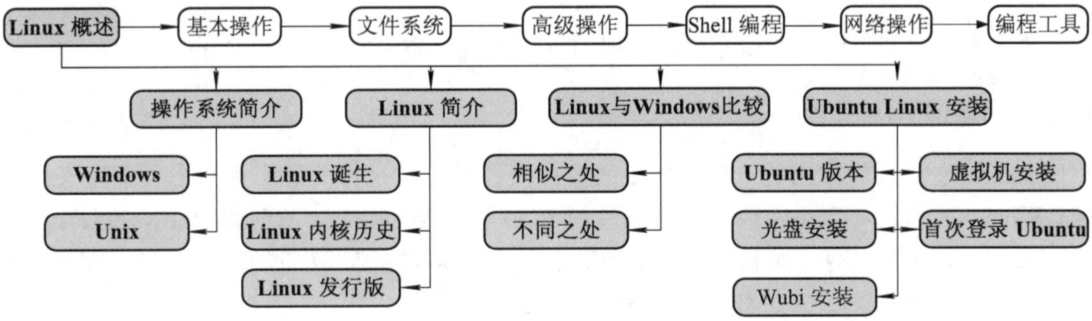

任务描述

➢【描述 1.D.1】

使用光盘安装 Ubuntu。

➢【描述 1.D.2】

使用 Wubi 程序安装 Ubuntu。

➢【描述 1.D.3】

在虚拟机上安装 Ubuntu。

1.1　操作系统简介

操作系统(Operation System，OS)是管理计算机硬件与软件资源的程序，是计算机系统的内核与基石。操作系统本质上是运行在计算机上的软件程序，但与普通的软件程序不同，其功能是管理计算机的硬件(硬盘、内存、显示器等)、软件资源(驱动程序、应用软件等)，其目的是为用户提供一种高效、公平、有序和安全的使用计算机的硬件和其他程序的环境，并为用户提供一个与系统交互的操作界面。操作系统分内核与外壳，其结构如图 1-1 所示。

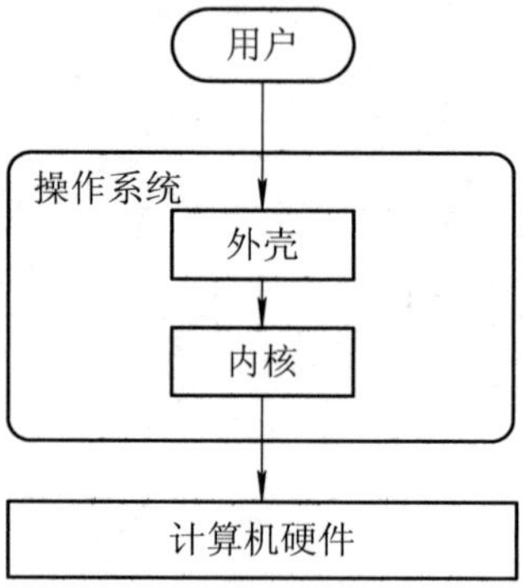

图 1-1　操作系统结构图

除了本书将要介绍的 Linux 外，常用的操作系统还有 Windows 和 Unix。

1.1.1　Windows

Windows 是微软推出的一种可视化的窗口操作系统，是目前最流行的个人桌面操作系统。Windows 系统一直不断地升级，从最初 1985 年的 Windows 1.0 到 Windows 95、NT、97、98、Me、2000、XP，到目前流行的 Windows 7，以及刚刚发行的 Windows 8。Windows 从诞生之初起即主要运行于 x86 处理器上。

1.1.2　Unix

Unix 操作系统最早是美国 AT&T 公司于 1971 年在 PDP-11 计算机上运行的操作系统。Unix 具有多用户、多任务的特点，支持多处理器架构，可以应用于从巨型计算机到普通 PC 等多种不同的平台上，是目前应用面最广、影响力最大、稳定性最好的操作系统。Unix 在发展过程中产生了许多版本或分支：

✧ BSD，美国加州大学伯克利分校推出的“Berkeley Software Distribution”。

✧ AIX，IBM 公司主持研究的 Unix 版本，主要针对 IBM 计算机的硬件环境进行了优化和增强。

✧ HP-UX，HP 公司的 Unix 系统版本，主要运行在 HP 的计算机和工作站上。

✧ Solaris，原来称为 Sun OS，是 Sun 公司开发的 Unix 版本，包含 Sun 公司开发的许多图形用户界面系统工具和应用程序，主要用于 Sun 公司的计算机和工作站上。

1.2　Linux 简介

Linux 是一种自由的、开放源码的、类似 Unix 的操作系统，目前存在着许多不同的 Linux 发行版，它们都使用了 Linux 内核。严格来说，Linux 这个词本身只表示 Linux 内核，但实际上人们已经习惯使用 Linux 来形容基于 Linux 内核的所有操作系统。

1.2.1　Linux 诞生

1991 年，还在攻读计算机科学学位的芬兰业余计算机爱好者林纳斯·托瓦兹(Linus Torvalds)编写了一款类似 Minix 系统(基于微内核架构的类 Unix 操作系统)的操作系统内核，上传至 ftp.funet.fi 服务器，并在 comp.os.minix 发布了消息。后来，这个操作系统被 ftp 管理员命名为 Linux，并加入到自由软件基金的 GNU 计划中，允许用户销售、拷贝并改动程序，但必须将同样的自由传递下去，而且必须免费公开修改后的代码，Linux 由此迅速传播开来。借助于 Internet，并在世界各地计算机爱好者的共同努力下，Linux 现已成为当今世界上使用最多的一种 Unix 类操作系统，并且使用人数还在迅猛增长。Linux 以一只可爱的企鹅作为标志，如图 1-2 所示，象征着敢作敢为、热爱生活。

图 1-2　Linux Logo

注意：GNU 是 “GNU's Not Unix” 的缩写。理查德 • 斯托曼(Richard Stallman)在 1983 年公开发起了 GNU 计划，旨在开发一个类似 Unix、并且是自由软件的完整操作系统：GNU 系统。在 Linux 诞生之前，GNU 计划已经开发出了许多高质量的自由软件，这些软件为 Linux 的开发创造了一个合适的环境，是 Linux 诞生的基础之一，以至于目前许多人都将 Linux 操作系统称为 “GNU/Linux” 操作系统。

1.2.2　Linux 内核历史

从技术上说，Linux 是一个操作系统内核。“内核”指的是一个提供硬件抽象层、磁盘及文件系统控制、多任务等功能的系统软件。一套基于 Linux 内核的完整操作系统叫做 Linux 操作系统，或是 GNU/Linux。

Linux 内核版本由 3 个数字组成，其格式为 a.b.c。其中，

- ✧ a：当前发布的内核主版本；
- ✧ b：偶数表示稳定版，奇数表示开发中的版本；
- ✧ c：错误修补的次数。

Linux 内核在内核官方网站 www.kernel.org 上发布。每一次内核新版本的发布都受到 Linux 爱好者的关注。表 1-1 列出了 Linux 内核的部分重要发展事件。

表 1-1　Linux 内核的部分重要发展事件

内核版本	日期	说　明
0.00	1991.2.4	两个进程，分别显示 AAA 和 BBB
0.01	1991.9	第一个向外公布的 Linux 内核版本
0.02	1991.10.5	Linux 第一个稳定的工作版本
0.11	1991.12.8	基本可以正常运行的内核版本
0.12	1992.1.15	主要加入数学协处理器的软件模拟程序
0.95(0.13)	1992.3.8	开始加入虚拟文件系统思想的内核版本
2.0	1996.2.9	支持多处理器
2.2	1999.1.26	支持许多新的文件系统类型，使用全新的文件缓存机制
2.4	2001.1.4	使用一种适应性很强的资源管理系统
2.6	2003.12.7	对性能、安全性和驱动程序进行改进
2.6.30	2009.6	改善文件系统，加入完整性检验补丁、线程中断处理支持等
2.6.32	2009.12	改进 Btrfs 文件系统、内存控制器支持、运行时的电源管理
2.6.34	2010.5	支持 Flash 设备文件系统、新的 Vhost net、新的 perf 功能等
2.6.38	2011.3.15	合并自动进程分组，优化进程调度，改善 VFS 虚拟文件系统可扩展性，透明化内存 Huge Pages 使用过程，实现按需自动调用等

1.2.3　Linux 发行版

Linux 内核必须配备一些软件、安装工具以及图形界面后才能方便用户使用，这就是 Linux 发行版。Linux 发行版指的就是通常所说的“Linux 操作系统”，它可以由一个组织、公司或者个人发行。Linux 发行版一般包括 Linux 内核、安装工具、GUI、各种 GNU 软件以及其他自由软件。Linux 发行版是为许多不同的目的而制作的，包括对不同计算机结构的支持、对一个具体区域或语言的本地化、实时应用和嵌入式系统等。目前有超过 300 个发行版，最普遍使用的发行版大约有十多个。下面对一些比较流行的 Linux 发行版进行列举说明。

1. Ubuntu

Ubuntu 是一个以桌面应用为主的 Linux 操作系统，由南非的马克·沙特尔沃思(Mark Shuttleworth)创立，其首个版本于 2004 年 10 月 20 日发布。Ubuntu 的名称来自非洲南部祖鲁语或豪萨语，译为乌班图，意思是“人道待人”，是非洲人的传统理念，类似于华人社会的“仁爱”思想。Ubuntu 的目标在于为一般用户提供一个最新、稳定、免费和易用的操作系统。Ubuntu 每 6 个月发布一次新版本，每个新版本都包含了最新的 GNOME 桌面环境。在随后的几年中，Ubuntu 成长为非常流行的桌面 Linux 发行版。图 1-3 是 Ubuntu 官方网站上发布的最新产品标志。

ubuntu® 友帮拓

图 1-3　Ubuntu Logo

Ubuntu Linux 系统具有如下特色：

✧　系统安全性高，采用“sudo”工具，所有系统相关的任务均需要使用此指令，并输入密码，比起传统系统以管理员账号进行管理具有更大的安全性。

✧　系统易用性强，传统的 Linux 系统软件安装和删除经常需要用户自己解决软件的依赖性问题，Ubuntu 采用 APT 系统可轻松进行软件的安装和删除。

✧　提供多种安装方式，可以直接在裸机上安装或在虚拟机上进行安装，也可以通过安装程序提供的 wubi.exe 程序在 Windows 上进行安装，这为初学者学习和研究 Linux 带来了便利。

✧　界面友好，Ubuntu 提供的桌面操作方式特别适合熟悉 Windows 的用户，初学者易于上手。

基于以上特色，本书采用 Ubuntu 进行 Linux 操作系统的讲解。

注意： APT(the Advanced Packaging Tool)是 Ubuntu 软件包管理系统的高级工具，是由几个名字以“apt-”打头的程序组成的，例如 apt-get、apt-catch 和 apt-cdrom。使用 APT 安装软件的方法见本书第 2 章。

2. RedHat

美国的 RedHat(红帽子)公司于 1995 年发布了桌面版的 RedHat Linux 2.0，之后该软件迅速流行起来。2003 年，RedHat Linux 9.0 发布。2004 年，RedHat 公司正式决定停止对 RedHat Linux 9.0 的支持，标志着 RedHat Linux 的正式完结。原本的桌面版 RedHat Linux 发行包则与来自民间的 Fedora 计划合并，成为 Fedora Core 发行版。此后，通常认为 Fedora 基于 RedHat Linux。Fedora 对用户而言，是一套功能完备、更新快速的免费操作系统，而对赞助者 RedHat 公司而言，它是许多新技术的测试平台，被认为可用的技术最终会加入到 RedHat Enterprise Linux 中。图 1-4 是 RedHat 的产品标志。

图 1-4　Red Hat Logo

3. Fedora

Fedora Linux(第 7 版以前为 Fedora Core)由 Fedora Project 社区开发、RedHat 公司赞助。Fedora 是一个开放的、创新的 Linux 操作系统，它允许任何人自由地使用、修改和重发布。Fedora 大约每 6 个月发布一个新版本，目前 Fedora 最新的版本是 Fedora17。图 1-5 是 Fedora 的产品标志。

图 1-5　Fedora Logo

4. OpenSUSE

OpenSUSE 最早是由德国的四个 Linux 爱好者推出的项目，2003 年被 Novell 公司收购。因此目前认为 OpenSUSE 是由 Novell 公司发起的开源社区计划。OpenSUSE 对个人来说是完全免费的，包括使用和在线更新。OpenSUSE 极力简化 Linux 系统下的软件开发和打包流程，旨在推进 Linux 的广泛使用，并努力使其成为使用最广泛的开放源码平台。OpenSUSE 向用户提供了漂亮的桌面环境，并提供了优秀的系统管理工具 YaST。图 1-6 是 OpenSUSE 的产品标志。

图 1-6　OpenSUSE Logo

5. Debian

Debian GNU/Linux 首次发布于 1993 年，创始人是伊恩·默多克(Ian Murdock)。Debian 以其坚守 Unix 和自由软件的精神，以及给予用户众多选择而闻名。当前 Debian 的发行版包括了 25 000 多个软件包，这些软件包都被编译成为一种方便的格式，开发人员把它叫做 deb 包。前述的 Ubuntu 就是基于 Debian 发行版的，两者都使用 APT 作为软件管理系统。Debian 目前由 Debian Project 维护，该组织是一个独立的、分散的组织，约由 3000 人组成，接受世界上多个非营利组织的资金支持。图 1-7 是 Debian 的产品标志。

图 1-7　Debian Logo

6. Mandriva

Mandriva Linux 是由法国的 Mandriva 公司开发的 Linux 发行版。每个发行版提供 12 个月的桌面软件更新，以及 18 个月的基础组件更新。Mandriva 使用 RPM 软件包管理器，其目标是让新用户更容易使用 Linux。Mandriva 是世界上第一个为非技术类用户设计的易于使用、安装和管理的 Linux 发行版，也是众多国际级 Linux 发行版中唯一一个默认支持中文环境的 Linux。图 1-8 是 Mandriva 的产品标志。

图 1-8　Mandriva Logo

1.3　Linux 与 Windows 比较

Linux 和 Windows 作为操作系统有相似之处也有不同之处。对于初学 Linux 的 Windows 用户来说，需要重点关注一下两个操作系统之间的不同。

1. 相似之处

Linux 和 Windows 的相似之处如下：

- 都是多用户操作系统，都可以由许多不同的用户来使用，都可以以组成员的方式来控制资源的访问权限；
- 都支持多文件系统，文件资源可以通过 FTP 或者其他协议与其他客户机共享；
- 都支持多种网络协议，如 TCP/IP、NetBIOS 等；
- 都可以提供网络服务能力，如 DHCP 和 DNS 等。

2. 不同之处

Linux 和 Windows 的不同之处如表 1-2 所示。

表 1-2　Linux 与 Windows 的区别

比较项	Linux	Windows
定位	Linux 的设计定位是网络，设计灵感来自于网络操作系统Unix，因此它的命令的设计比较简单、简洁。由于纯文本可以非常好地跨网络工作，所以 Linux 的配置文件和数据都以文本为基础	Windows 最初的目标是家庭和办公应用，例如打印、图形化服务
图形用户界面	图形环境并没有集成到 Linux 内核中，而是运行于系统之上的单独一层，这意味着可以在需要时再运行 GUI	Windows 是把 GUI 直接集成到操作系统内的
文件扩展名	Linux 不使用文件扩展名来识别文件的类型，而是根据文件头的内容来识别其类型	Windows 使用文件扩展名来识别文件的类型
文件执行	Linux 通过文件访问权限来判断文件是否为可执行文件。程序和脚本(其实是文本文件)的创建者或管理员可以将需要执行的文件赋予可执行权限，这样做有利于安全。保存到系统上的可执行文件不能自动执行，因此可以防止许多脚本病毒	对于 Windows 来说，用户双击以.exe 为扩展名的文件系统都尝试加载执行
系统重启问题	Linux 的设计思想之一是，遵循“牛顿运动定律”，一旦开始运行，它将保持运行状态，直到受到外界因素的干扰，比如硬件出现故障为止。除了内核之外，其他软件的安装、卸载都不需要重新引导系统	Windows 在安装软件，特别是安装驱动程序后，经常需要重启系统
远程管理	可以远程地完成 Linux 中的很多工作。只要系统的基本网络服务在运行，就可以远程登录并管理系统。如果系统中一个特定的服务出现了问题，可以在进行故障诊断的同时让其他服务继续运行。当在一个系统上同时运行多个服务的时候(例如同时运行 FTP、DNS、WWW 服务)，这种管理方式非常重要	Windows 的远程管理功能较弱

综上所述，虽然 Windows 和 Linux 有一些类似之处，但 Linux 和 Windows 的工作方式还存在一些根本的区别，这些区别是 Linux 设计思想的核心。

1.4　Ubuntu Linux 安装

Ubuntu 有各种版本，适合笔记本、桌面计算机和服务器使用。另外，由于受到来自官方的和非官方的社区支持，Ubuntu 还有不少衍生版本。用户可以根据需要下载和安装相应的版本。这里首先介绍 Ubuntu 版本的情况，然后重点介绍 Ubuntu 官方正式发行的桌面版(简称 Ubuntu 或 Ubuntu Linux)的安装。

1.4.1 Ubuntu 版本

Ubuntu 每 6 个月发布一个新版本，用户可以免费升级到最新版本。Ubuntu 鼓励用户及时地升级到新版本，以便享用最新的功能和软件。Ubuntu 版本的命名遵从“Y.MM (开发代号)”格式，Y 代表年份，MM 代表月份。括号里的名字是预发布版时确定的开发代号。每一个普通版本都将被支持 18 个月，长期支持版(Long Term Support, LTS)的桌面版本支持 3 年，服务器版本则是 5 年。

1. Ubuntu 衍生版

除 Ubuntu 外，Ubuntu 发行版还有官方衍生版和非正式衍生版。一般情况下，这些不同版本的区别在于各自的桌面环境(系统提供给用户操作的图形化环境)和应用软件不同。

下面是一些流行的官方衍生版：

✧ Kubuntu：基于 KDE 桌面环境。与 Ubuntu 的唯一区别在于桌面环境。

✧ Edubuntu：用于教育的衍生版，内置的软件全部免费，都是自由软件。

✧ Xubuntu：基于 XFce 桌面环境。由于 XFce 是一个供比较老的或者配置较低的计算机使用的桌面环境，并且 Xubuntu 使用 Ubuntu 的高质量软件包，而且可以运行 GTK+ 程序，以达到最大效率，因此 Xubuntu 是轻量级的 Ubuntu 衍生版。

✧ Ubuntu Studio：更适合于多媒体设计人员的衍生版。该版本基于 GNOME 桌面环境，内置了多种图片、音乐与影片编辑工具，并且附带了一套可以与 Mac 媲美的桌面主题。

Ubuntu 非官方衍生版的代表是 Linux Mint。它致力于使桌面系统更易用、更高效。该版本有一个巨大的安装软件包仓库，并且该仓库与 Ubuntu 软件包仓库兼容(关于软件包仓库的介绍见本书第 2 章)。Linux Mint 版本从 2006 年一开始发行就迅速流行起来。

2. Ubuntu 官方站点

Ubuntu 的部分官方站点如表 1-3 所示。

表 1-3 Ubuntu 的部分官方站点

地 址	说 明
http://www.ubuntu.com/	官方英文主页
http://www.ubuntu.org.cn/	官方中文主页
https://wiki.ubuntu.com/	官方英文社区
http://wiki.ubuntu.org.cn/	官方中文社区
http://people.ubuntu.com/	Ubuntu 桌面英文培训文档
http://people.ubuntu.com/~happyaron/udc-cn/	Ubuntu 桌面中文培训文档
http://fullcirclemagazine.org/	免费 Ubuntu 英文电子杂志
http://fcctt.org/	免费 Ubuntu 中文电子杂志
http://forum.ubuntu.org.cn/	Ubuntu 中文论坛

3. 获取 Ubuntu 发行版

Ubuntu 的最新发行版可以直接到 Ubuntu 的官方主页上下载。本书内容基于 Ubuntu 11.04，该版本的镜像文件可以从以下链接下载：

http://releases.ubuntu.com/11.04/ubuntu-11.04-desktop-amd64.iso (amd64)

http://releases.ubuntu.com/11.04/ubuntu-11.04-desktop-amd64.iso.torrent

http://releases.ubuntu.com/11.04/ubuntu-11.04-desktop-i386.iso (x86)

http://releases.ubuntu.com/11.04/ubuntu-11.04-desktop-i386.iso.torrent

从以上链接下载的文件是以 .iso 为扩展名的文件，内有 Ubuntu 完整的安装文件，可以刻录成光盘并引导机器，因此经常称之为光盘镜像文件或镜像文件。

4. Ubuntu 安装方式

Ubuntu 支持三种安装方式：光盘安装、Wubi 安装和虚拟机安装。

1.4.2 光盘安装

将下载的 iso 文件刻录成光盘，然后用光盘启动计算机并进行安装。以下三种情况下可以选择光盘安装 Ubuntu。

- ✧ 计算机是裸机(没有操作系统)，希望安装成独立的 Ubuntu 系统；
- ✧ 计算机上已经安装了 Windows 或其他系统，希望安装成双系统或多个系统；
- ✧ 计算机上有操作系统，希望重新格式化系统，然后安装成独立的 Ubuntu 系统。

下述内容用于实现任务描述 1.D.1，使用光盘安装 Ubuntu，具体步骤如下。

1. 将计算机设置成光盘启动

这里以 PhoenixBIOS 为例进行说明。将刻录好的 Ubuntu 光盘放入计算机的光驱中，机器启动后按下 F2 键进入 BIOS 设置界面，如图 1-9 所示。

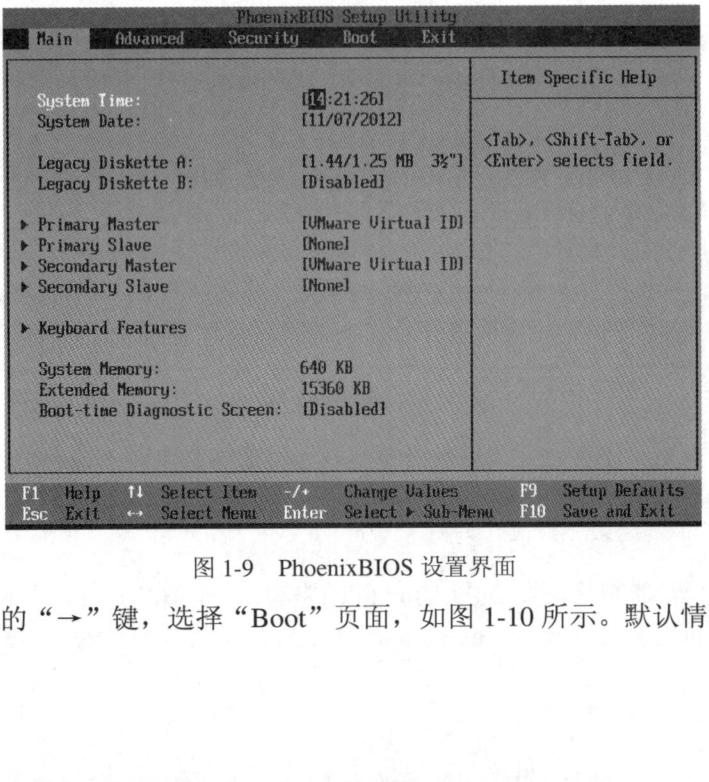

图 1-9 PhoenixBIOS 设置界面

按下键盘上的“→”键，选择“Boot”页面，如图 1-10 所示。默认情况下硬盘是第一启动顺序。

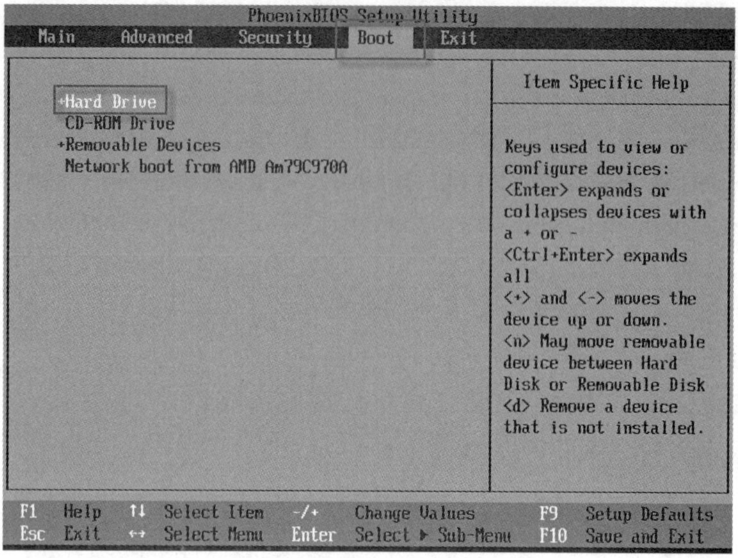

图 1-10 PhoenixBIOS Boot 页面

按下“+”或“–”键，将“CD-ROM Drive”调整到最上面，即用光盘启动，如图 1-11 所示。

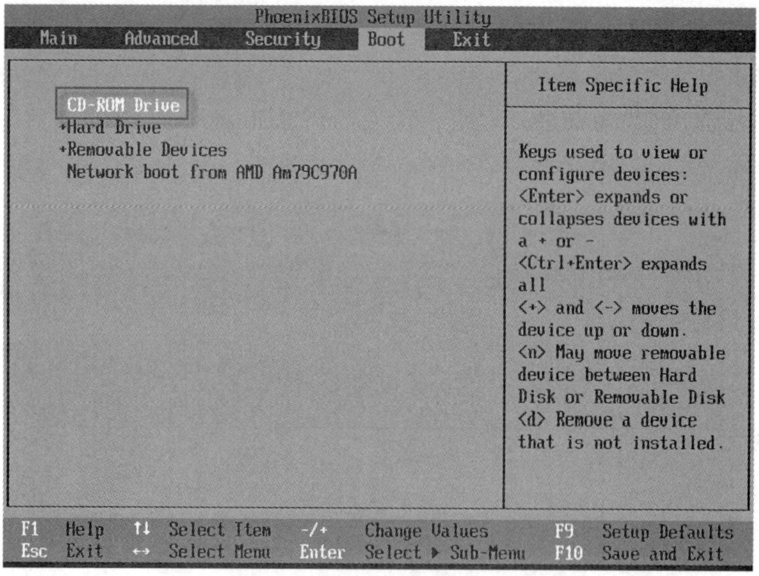

图 1-11 设置为光盘启动

然后按下 F10 键，保存设置并启动计算机，计算机将自动用 Ubuntu 光盘引导机器，并进入 Ubuntu 安装过程。

2. 选择语言

在如图 1-12 所示的界面中，选择 Ubuntu 的安装语言，如“English”或“中文(简体)”，在此选择的语言也会成为安装后 Ubuntu 的缺省语言，然后点击“安装 Ubuntu”按钮。

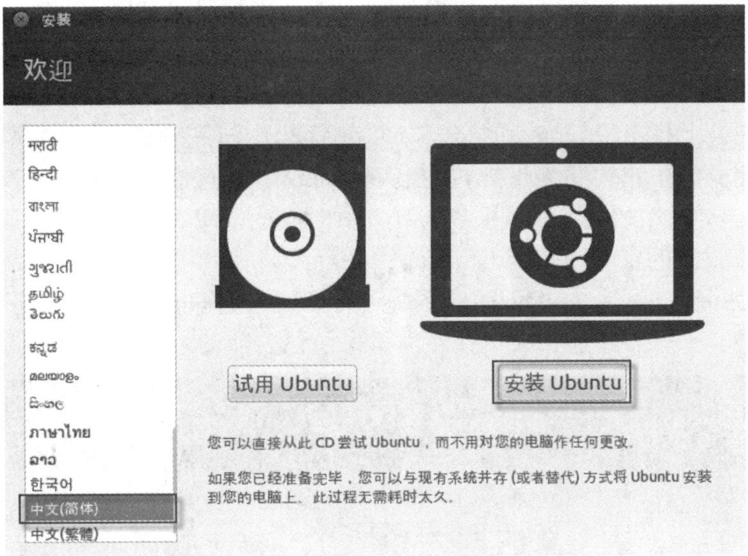

图 1-12　选择语言

3. 确认安装条件

安装程序要求确认安装条件，如图 1-13 所示。

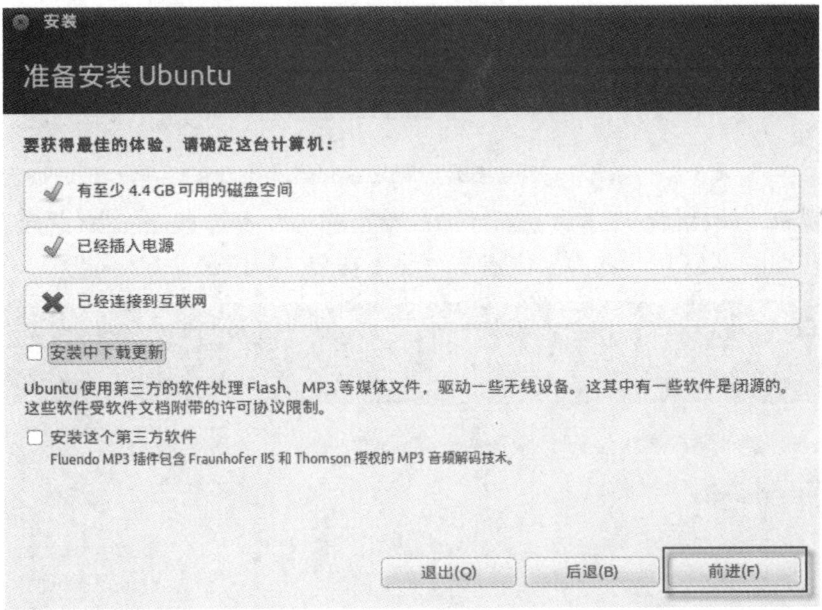

图 1-13　确认安装条件

4. 分配磁盘空间

如果计算机是裸机，安装程序提供了以下两个方案用于分配磁盘空间，如图 1-14 所示。

✧　清除整个磁盘并安装 Ubuntu，这个方案会自动重新分区硬盘。

✧　其他选项，这个方案不自动分区，需要手动地自行分区硬盘。在这里可以自己创建、调整分区，或者为 Ubuntu 选择多个分区。

如果计算机上已经安装了其他操作系统，安装程序除了提供以上两个方案外，还提供以下方案：

✧ 使用最大的连续未使用空间。如果硬盘有足够未被使用的空间，将看到这个方案。这个方案将在硬盘上找出最长连续的空间，并在空间上安装 Ubuntu。

✧ 与其他操作系统共享，如果计算机有 Windows 或其他 GNU/Linux 等操作系统，将看到这个方案。这个方案会在不损害原有操作系统的情况下缩小其占用的磁盘分区(Partition)，并在腾出的空间上安装 Ubuntu。

✧ 升级 Ubuntu x.x 到 11.04。如果系统上有低版本的 Ubuntu 系统，将看到这个方案，此方案保留文档、音乐和其他个人文件，尽量保留已安装的软件，并且清除系统设置。

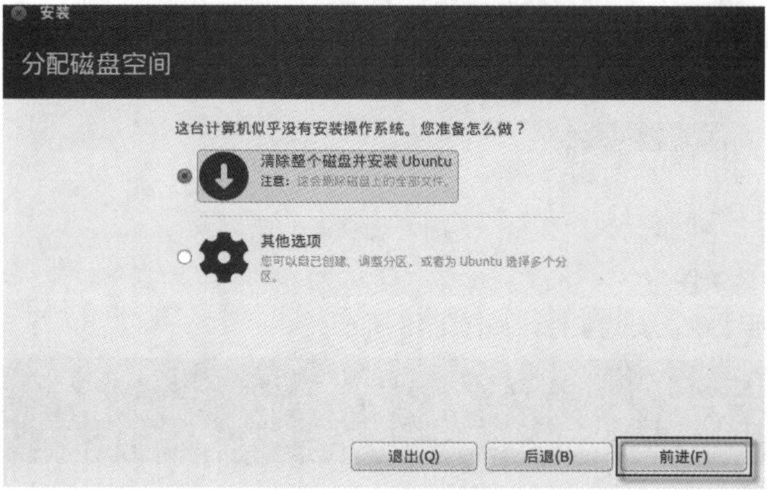

图 1-14　分配磁盘空间

本例是裸机，此种情况下建议选择“清除整个磁盘并安装 Ubuntu”，之后点击“前进”按钮，然后在如图 1-15 所示的界面中点击“现在安装”按钮。

图 1-15　清楚整个磁盘并安装 Ubuntu

5. 复制文件

进入复制文件阶段，如图 1-16 所示。

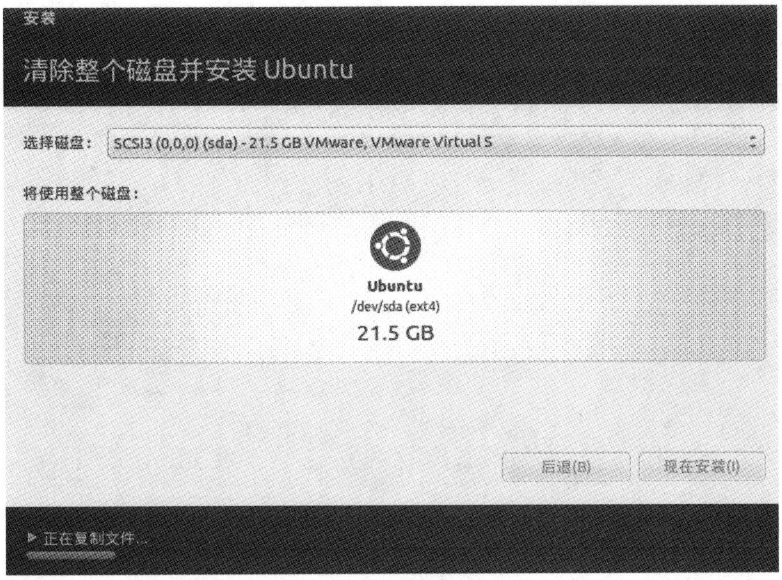

图 1-16　复制文件

6. 选择键盘布局

在文件复制过程中，可以等待文件复制完毕，也可点击“前进”按钮，安装程序要求用户选择键盘布局。不同国家键盘的排列可能会有少许分别，中国用户可以选“USA”，也可以点击“探测键盘布局”按钮(如图 1-17 所示)自动探测键盘布局，而后点击“前进”按钮。

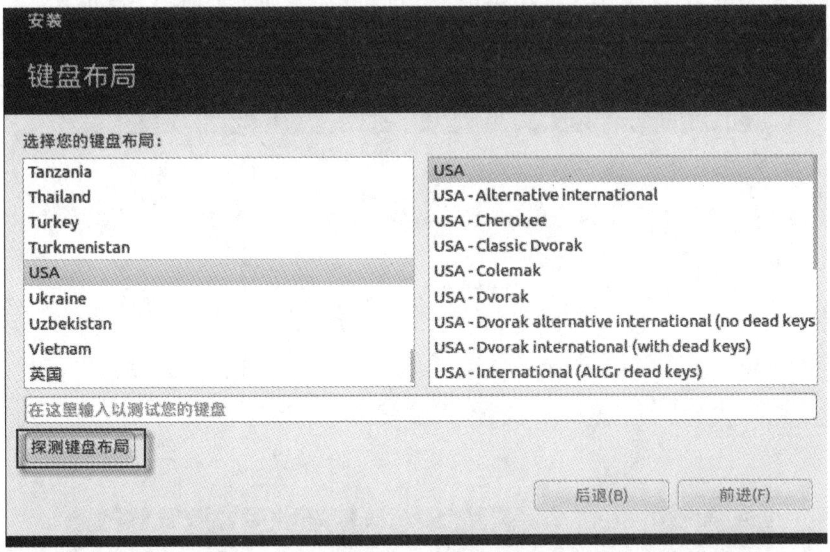

图 1-17　键盘布局

7. 选择所在地区

为方便日常操作，需要配置所在地区的时区。如果先前在选择语言时选了“中文(繁体)”，时区将缺省为台湾；如果选了“中文(简体)”，时区将缺省为上海；选了“English”，时区将为美国。可以在地图上点选接近所在地区的黑点，也可以在地图下方输入所在城市的名称，如图 1-18 所示。但要注意，这个设定除了会影响系统时区外，也会影响安装后系统的语言和软件下载点。

图 1-18　选择所在地区

8. 用户账户信息输入

Ubuntu 是多用户操作系统，可以容许多个使用者同时使用。为方便管理每一个使用者的档案和资源，每个使用者都有自己的使用者账户及密码(关于多用户的内容见本书第 4 章)。安装程序要求先建立第一个使用者的用户信息和密码，如图 1-19 所示。

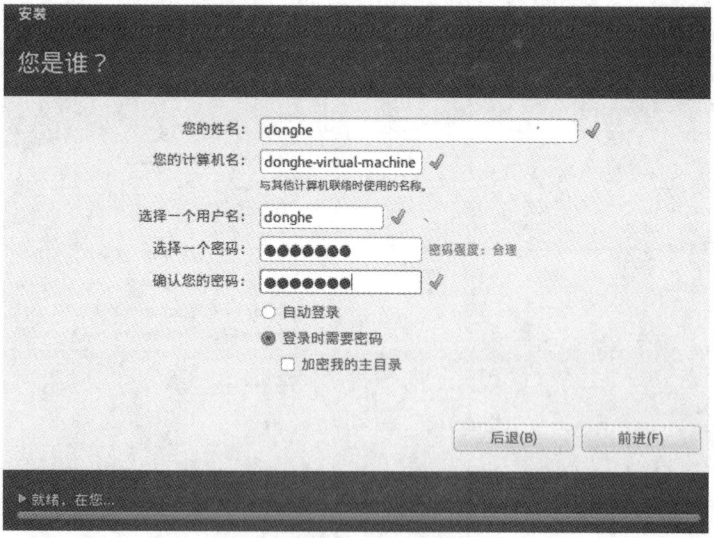

图 1-19　用户账户信息输入

9. 自动配置并完成安装

安装程序进入自动配置阶段，进行必要的软硬件设置，如图 1-20 所示。

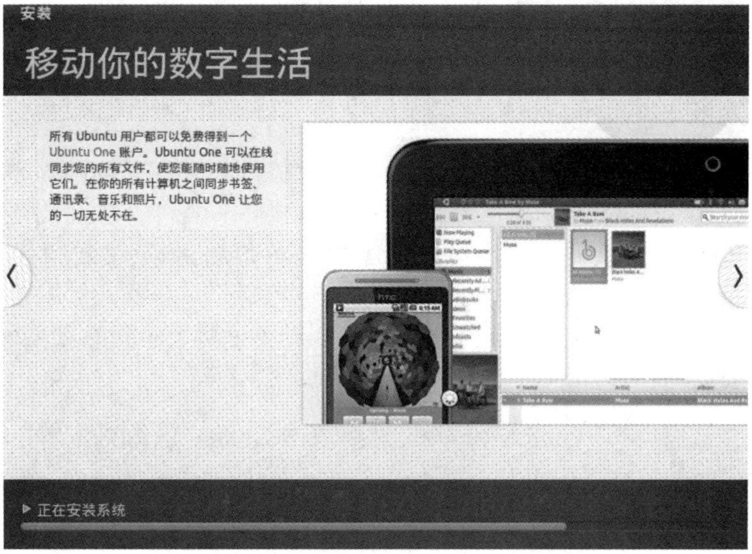

图 1-20　自动配置

当出现如图 1-21 所示的界面时，表示已经成功安装了 Ubuntu。

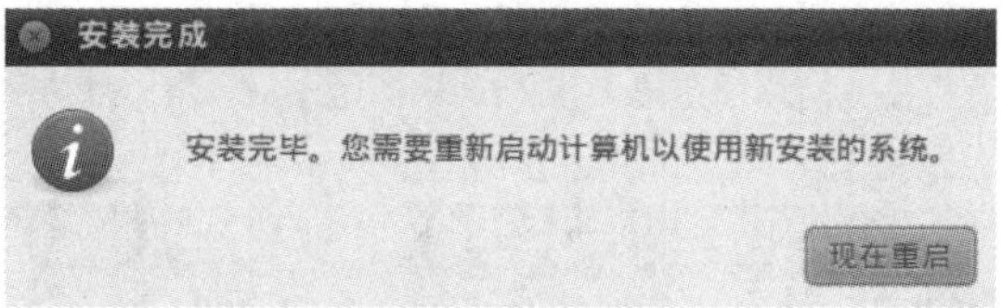

图 1-21　完成安装

10. 启动 Ubuntu

机器重新启动后，即可进入 Ubuntu 的登录界面，如图 1-22 所示。

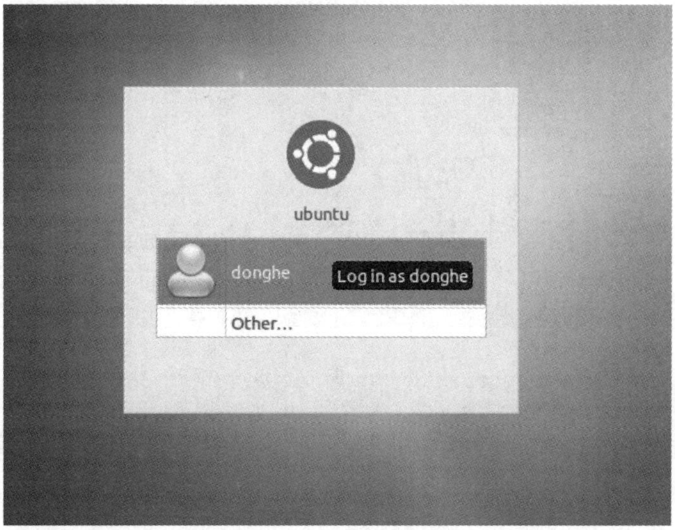

图 1-22　登录 Ubuntu

双击账户“donghe”，输入用户名和密码即可登录到 Ubuntu 的桌面。关于登录操作参见 1.4.5 小节。

1.4.3 Wubi 安装

Wubi 是专门针对 Windows 用户的 Ubuntu 安装工具。下载的 Ubuntu 镜像文件中包含有“wubi.exe”程序，Wubi 工具会在现有的 Windows 分区中创建 Ubuntu 磁盘映像文件，将 Ubuntu 写入其中，当机器启动时可以选择从 Ubuntu 启动。此种安装方式下 Ubuntu 将成为 Windows 的一个程序，可以被卸载。

下述内容用于实现任务描述 1.D.2，使用 Wubi 程序安装 Ubuntu，具体步骤如下。

1. 获取 Wubi 工具

确保机器上已经安装了 WinRAR 程序，然后双击 Ubuntu 镜像文件，用 WinRAR 打开，提取“wubi.exe”程序，如图 1-23 所示。注意，需要将“wubi.exe”程序与镜像文件(ubuntu-11.04-desktop-i386.iso)放在同一目录下。

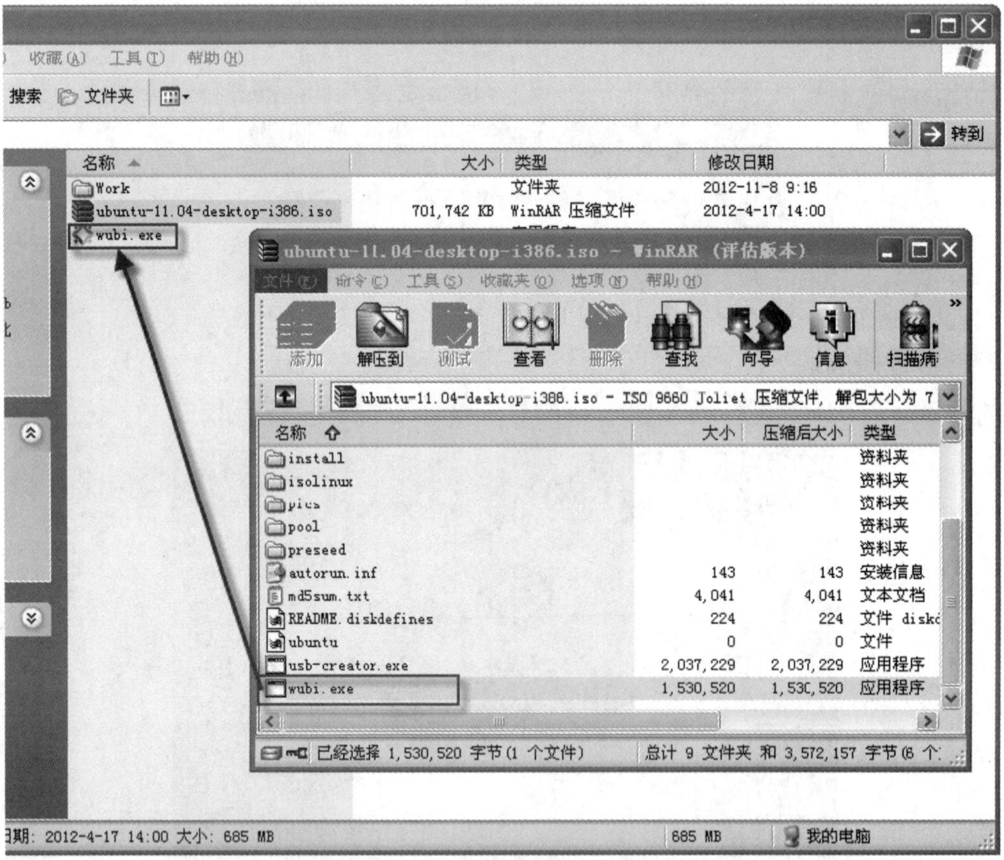

图 1-23　提取 wubi.exe

2. 启动 Wubi 并设置安装信息

双击“wubi.exe”文件，启动 Wubi 程序，设置安装位置、安装大小、用户名和密码等，如图 1-24 所示。

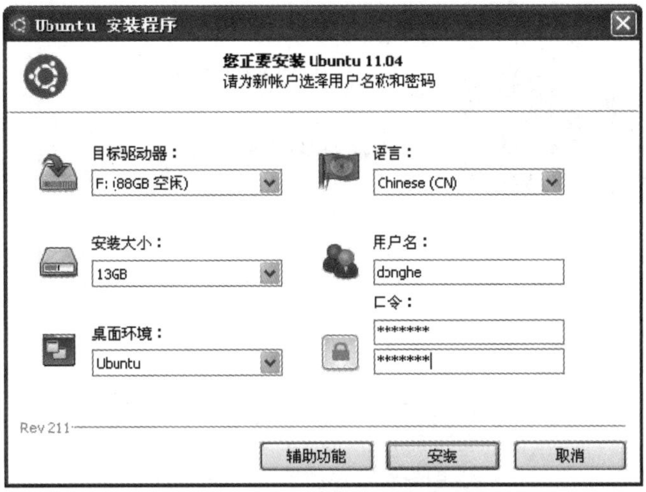

图 1-24　设置安装信息

其中，

✧　目标驱动器：Ubuntu 将要安装到的硬盘分区位置，建议使用空闲较大的分区；

✧　安装大小：用来安装 Ubuntu 的虚拟硬盘大小，不能大于目标驱动器的剩余空间，建议在 20～30 GB；

✧　桌面环境：默认是 Ubuntu；

✧　语言：在此选择的语言会成为安装后 Ubuntu 的缺省语言；

✧　用户名和口令：Ubuntu 第一个使用者的账户名和密码。

3. 开始安装 Wubi

点击“安装”按钮，开始安装 Ubuntu，如图 1-25 所示。

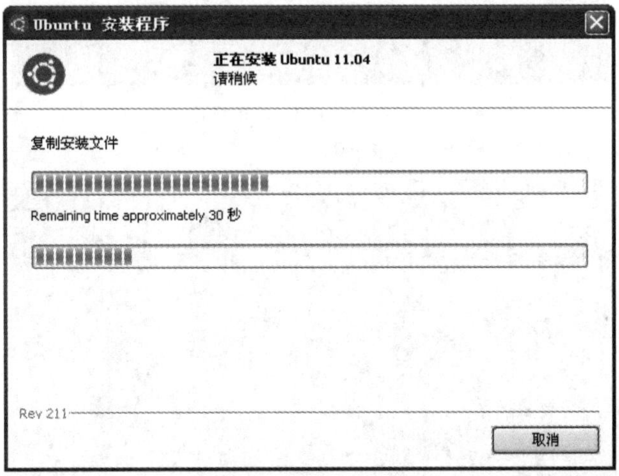

图 1-25　开始安装

4. 重新启动电脑

安装完成后，要求重新启动电脑至 Ubuntu 的安装程序，如图 1-26 所示。

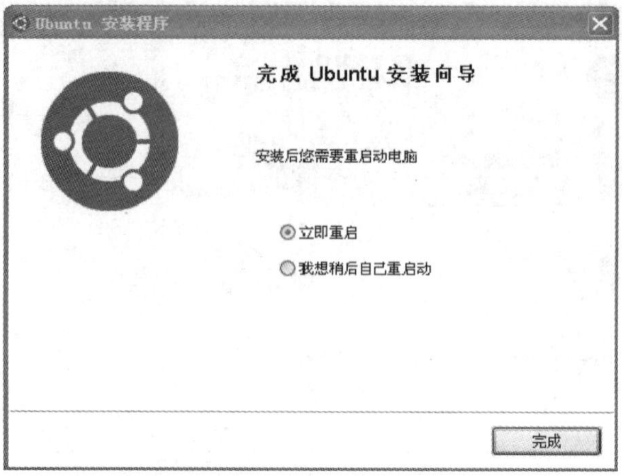

图 1-26　重新启动电脑

5. 启动 Ubuntu 安装

电脑重新启动后，选择“Ubuntu”，如图 1-27 所示。

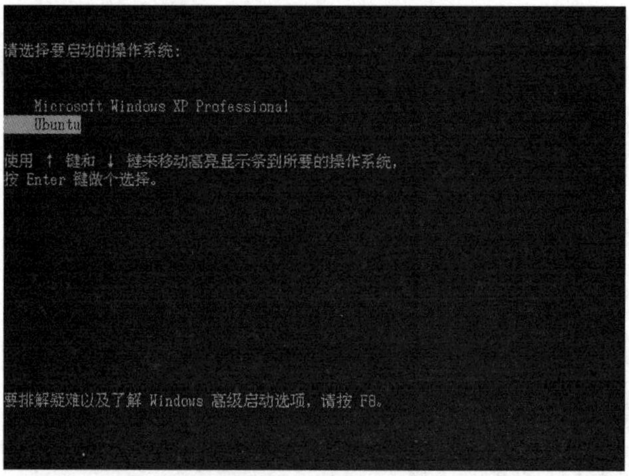

图 1-27　启动 Ubuntu

然后将启动 Ubuntu 安装，如图 1-28 所示。

图 1-28　启动 Ubuntu 安装

6. 安装 Ubuntu

接下来 Ubuntu 将进入安装阶段，如图 1-29 所示。

图 1-29　安装 Ubuntu

7. 启动 Ubuntu

电脑重新启动后，再次进入如图 1-27 所示的界面，选择“Ubuntu”后即可启动 Ubuntu，并进入前述 Ubuntu 的登录界面，如图 1-22 所示。

1.4.4　虚拟机安装

在 Windows 下安装虚拟机程序，如 VMware Workstation，将下载的 iso 文件提交给虚拟机程序作为安装镜像，在虚拟机上安装 Ubuntu。

VMware Workstation 作为一个软件在 Windows 运行，可以在同一台机器上同时运行多个操作系统，因此比较适合学习和测试操作系统。

下述内容用于实现任务描述 1.D.3，在虚拟机上安装 Ubuntu，具体步骤如下。

1. 安装 VMware Workstation

(1) 从 VMware 的官方网站 www.vmware.com 上可以下载 VMware Workstation 试用版。本书使用的是 Vmware Workstation 7.1.4 版。

(2) 双击 VMware 安装程序，安装程序装载完必要的文件后，出现安装界面，如图 1-30 所示。点击“Next”按钮进入下一步安装。

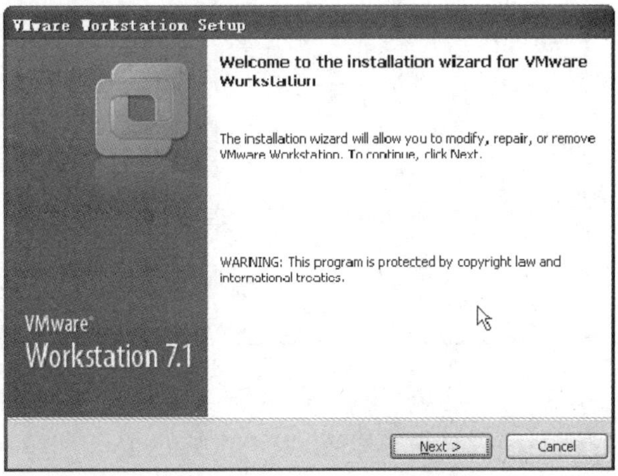

图 1-30　准备安装 VMware Workstation

(3) 选择“Typical”进入典型安装(也可选择“Custom”选择安装组件)，如图 1-31 所示。

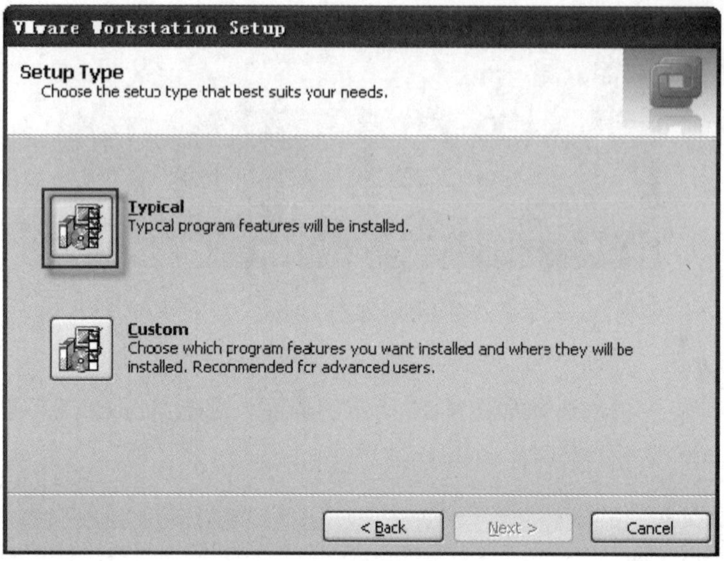

图 1-31　选择典型安装

(4) 进入安装路径设定界面。如要更改安装路径，请点击“Change...”按钮，否则点击“Next”按钮进入下一步安装，如图 1-32 所示。

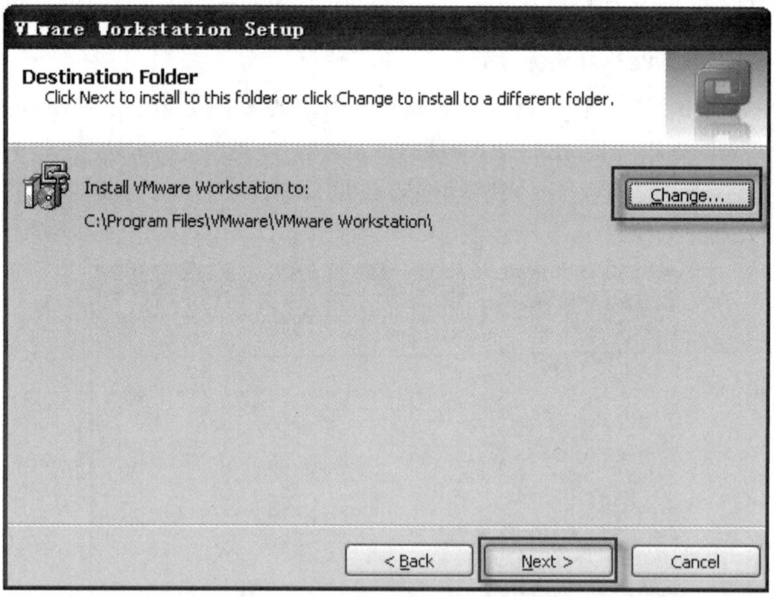

图 1-32　设定安装路径

(5) 在“Software Updates”安装向导界面，取消“Check for...”选项(意指在启动 VMware Workstation 的时候要在线检查是否有产品更新)，如图 1-33 所示，点击“Next”按钮进入下一步。

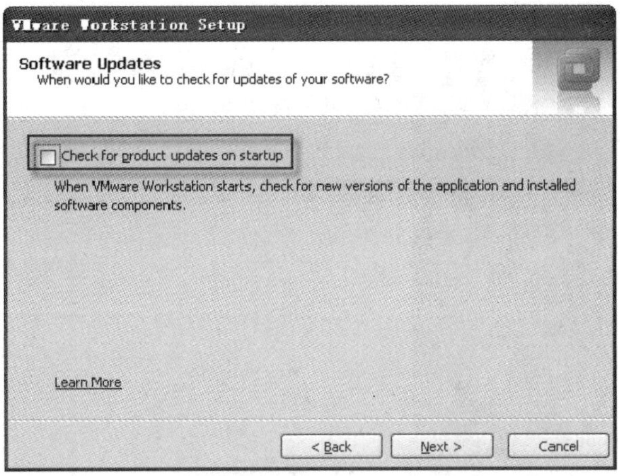

图 1-33　不选择“产品更新”

(6) 取消“Help improve ...”选项(意指帮助进行产品体验改善)，如图 1-34 所示。

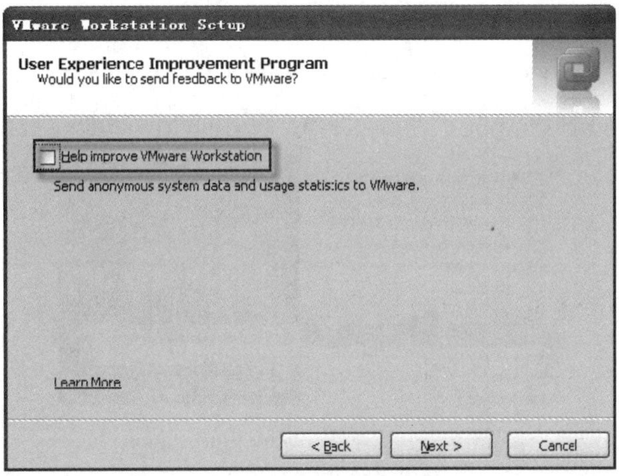

图 1-34　不选择“产品体验改善”

(7) 点击“Next”按钮，设置 VMware 安装后生成的快捷方式，建议采用默认设置，如图 1-35 所示。

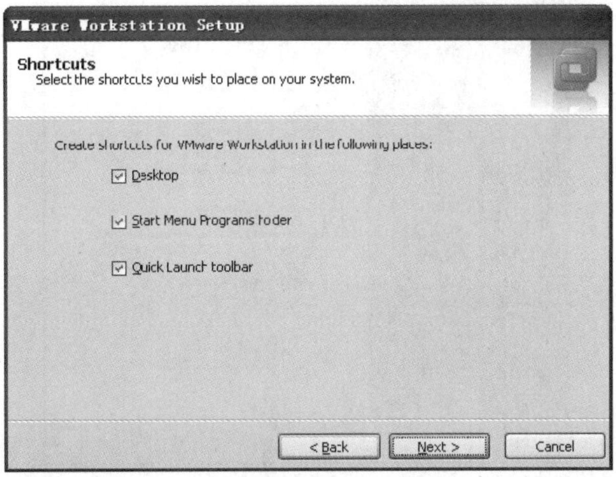

图 1-35　选择要创建的“快捷方式”

(8) 安装完成后，需要重新启动系统，如图 1-36 所示。

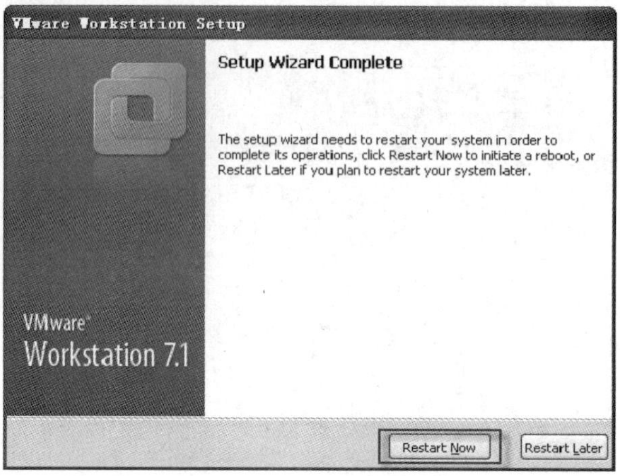

图 1-36　重新启动系统

2. 安装 Ubuntu Linux

(1) 系统重启后，点击 Windows 系统的开始菜单，启动“VMware Workstation”程序，如图 1-37 所示，点击 VMWare 中“File→New→Virtual Machine...”菜单。

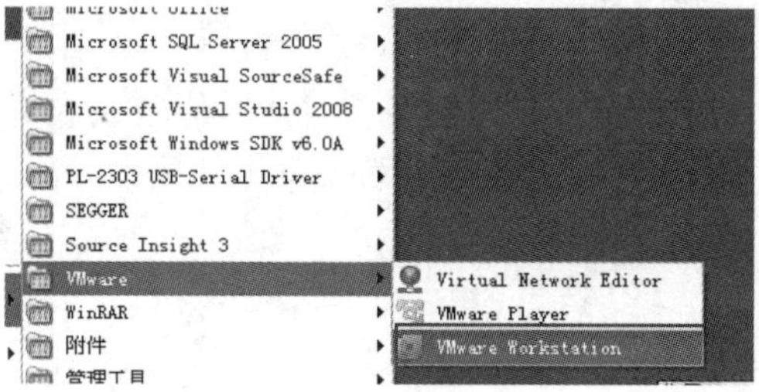

图 1-37　启动 VMware Workstation

(2) 选择“Typical(recommended)”，如图 1-38 所示。点击“Next”按钮，进入下一步。

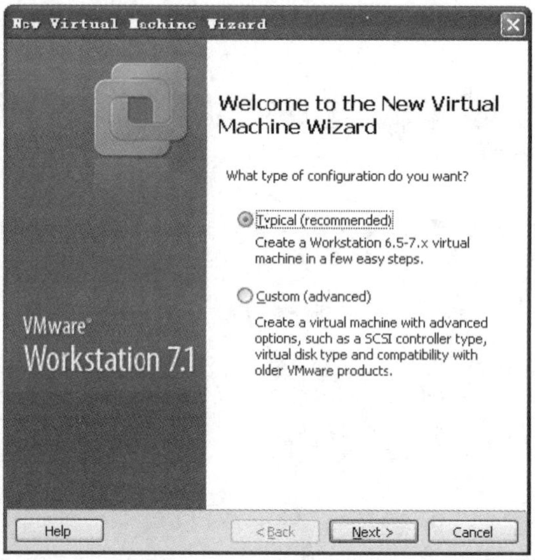

图 1-38　选择“典型”设置

(3) 点击“Browse”按钮，选择 Ubuntu Linux 光盘镜像文件，如图 1-39 所示，然后点击“Next”按钮。

(4) 输入 Ubuntu Linux 的用户名、密码等信息，如图 1-40 所示，然后点击“Next”按钮。

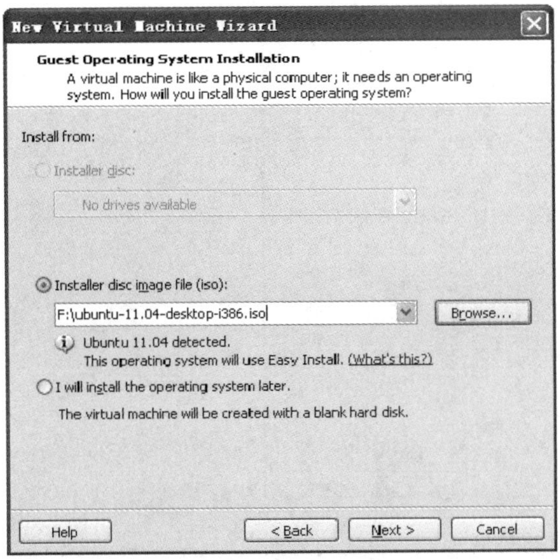

图 1-39　设置 Ubuntu 镜像文件

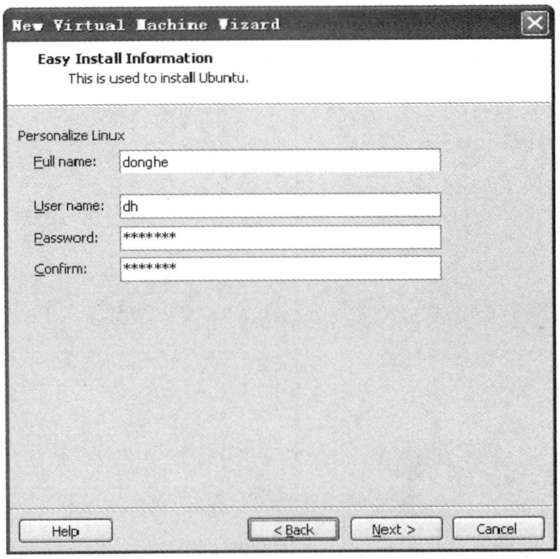

图 1-40　输入用户账户信息

(5) 设定虚拟机的名字以及虚拟机文件的位置，如图 1-41 所示，然后点击“Next”按钮。

(6) 设定虚拟机硬盘大小，建议使用默认值“20GB”，如图 1-42 所示，然后点击“Next”按钮。

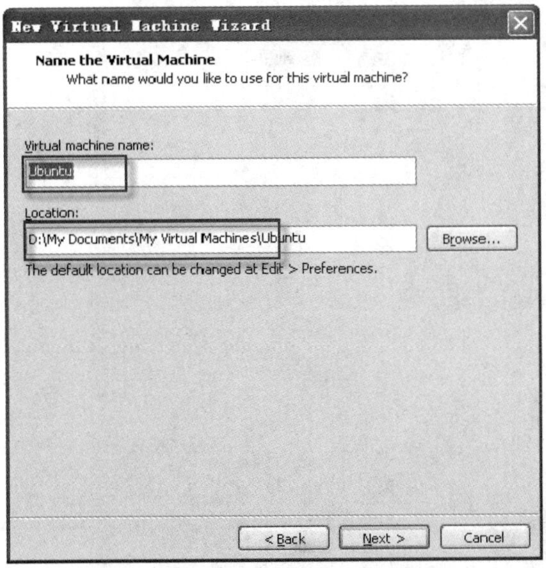

图 1-41　设定虚拟机文件位置

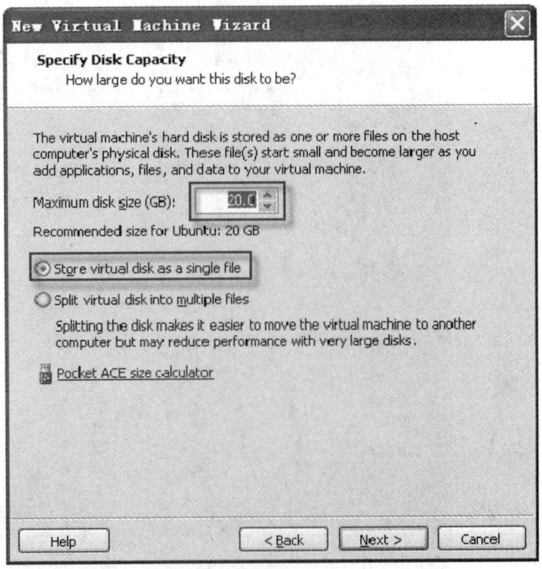

图 1-42　设定虚拟机硬盘大小

(7) 点击“Finish”按钮，如图 1-43 所示。VMware 将自动启动 Ubuntu 的安装过程并完成 Ubuntu 的安装，安装过程与前述的 Wubi 安装过程类似。

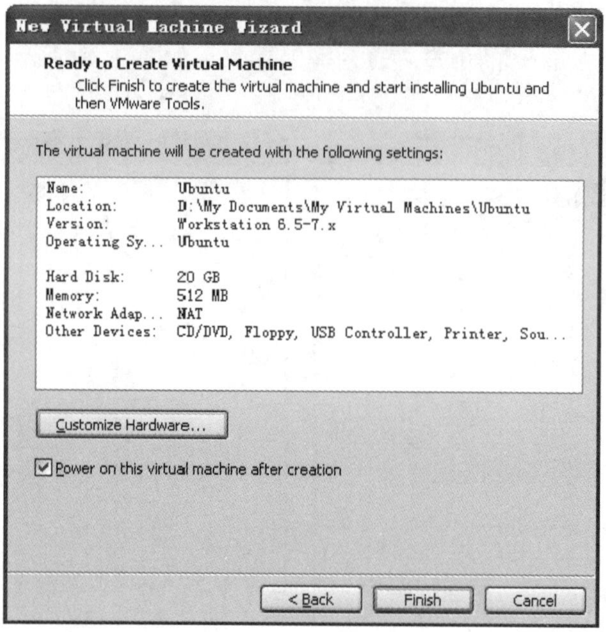

图 1-43　确认安装信息

(8) Ubuntu 安装完毕后自动重新启动，即可进入前述 Ubuntu 的登录界面，如图 1-44 所示。

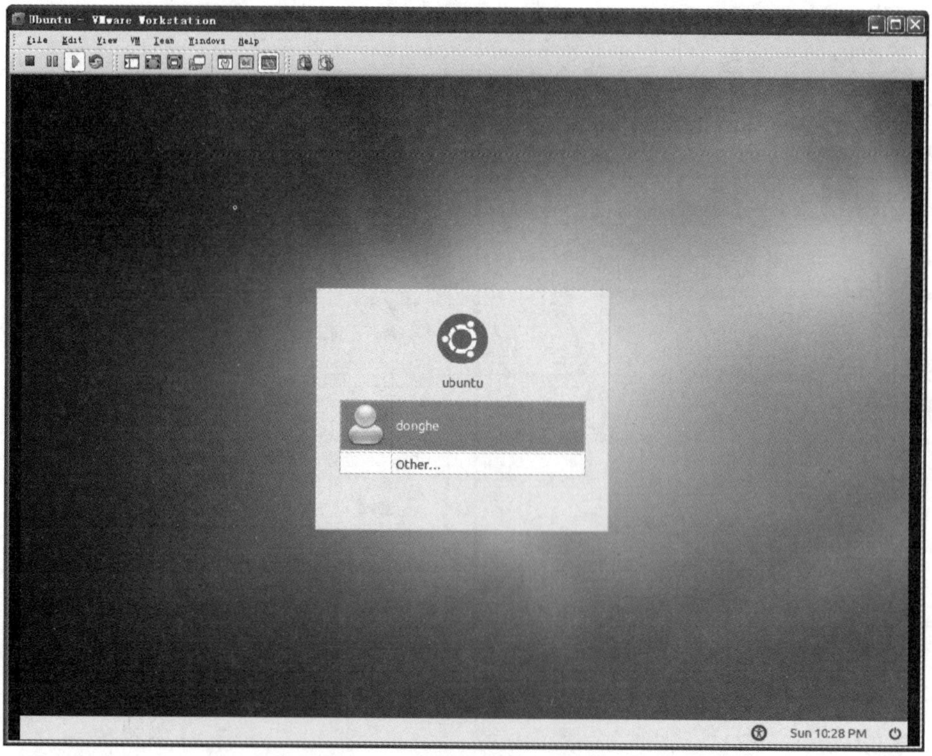

图 1-44　在虚拟机中启动 Ubuntu

1.4.5　首次登录 Ubuntu

Ubuntu 启动后自动进入登录界面，如图 1-22 所示。点击登录框中的账户“donghe”，在屏幕下方面板中可进行系统语言设置、键盘和登录桌面设置。如果使用虚拟机，建议在“登录后的桌面”框中选择“Ubuntu Classic”，以减少对系统资源的消耗，如图 1-45 所示。

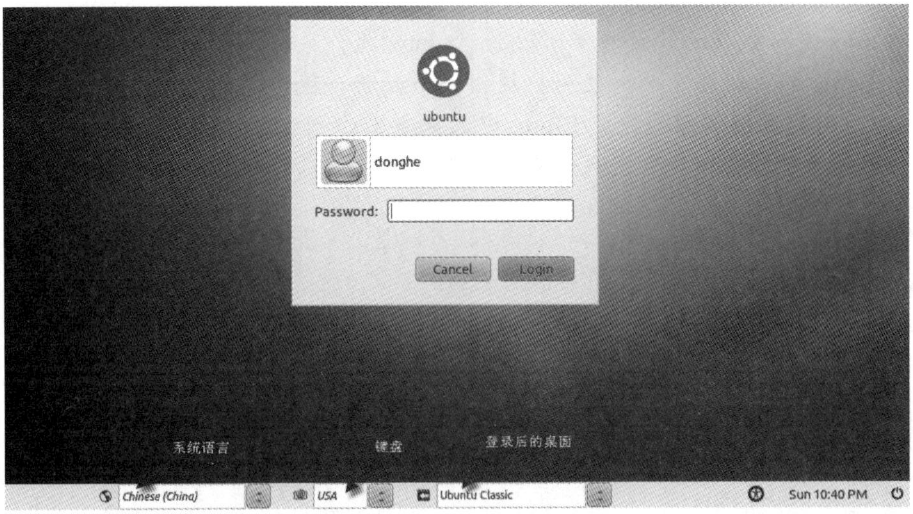

图 1-45　登录设置

在登录框中输入密码，点击“Login”按钮，即可登录到 Ubuntu 桌面，如图 1-46 所示。

图 1-46　首次登录后的桌面

首次登录 Ubuntu 后的桌面还不能显示中文，需要设置网络并且安装语言支持，详细内容见第 2 章。

小　结

通过本章的学习，学生应该能够了解到：

- ◆ Linux 是一种开放源码的类 Unix 的操作系统。
- ◆ 狭义上说，Linux 这个词本身只表示 Linux 内核。
- ◆ Linux 发行版指的就是通常所说的“Linux 操作系统”。
- ◆ Ubuntu 的目标在于为一般用户提供一个最新、稳定、免费和易用的操作系统。
- ◆ 可以通过网络远程地完成 Linux 中的很多工作。
- ◆ Ubuntu 支持三种安装方式：光盘安装、Wubi 安装和虚拟机安装。

练　习

1. 下列关于 Linux 的描述错误的是______。

A. Linux 是一种类 Unix 操作系统

B. Linux 的操作系统源码开放

C. Ubuntu 是基于 Red Hat 发展起来的

D. 从技术上说 Linux 是一个内核

2. 下列不属于 Linux 发行版的是______。

A. Windows 7

B. Ubuntu

C. OpenSUSE

D. Debian

3. 简述 Linux 与 Windows 的不同之处。

4. Ubuntu 支持三种安装方式：______、______和______。

第 2 章　基 本 操 作

本章目标

- ◆ 掌握 Ubuntu 网络连接的设置方法。
- ◆ 掌握 Ubuntu“新立得软件包管理器”安装和删除软件的方法。
- ◆ 了解 Linux 常见的几种桌面环境。
- ◆ 掌握 Ubuntu 常用的桌面操作：快捷方式创建、工作区设置和分辨率设置。
- ◆ 熟悉终端和 Shell 的概念。
- ◆ 掌握 Shell 终端中运行命令程序和 UI 程序的方法。
- ◆ 掌握通过 Shell 命令安装和删除软件的方法。
- ◆ 掌握查看 Shell 命令帮助的方法。
- ◆ 掌握 Gedit 和 Vim 的使用。

学习导航

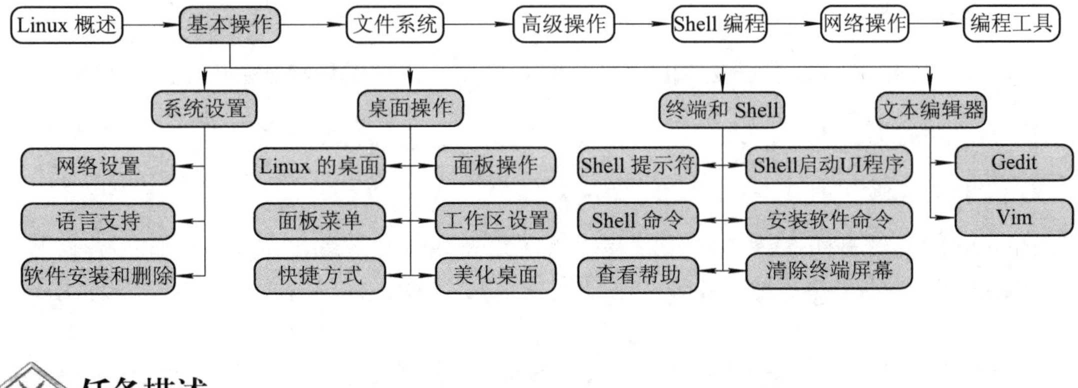

任务描述

➢【描述 2.D.1】

为 Ubuntu 配置网络。

➢【描述 2.D.2】

为 Ubuntu 添加语言支持。

➢【描述 2.D.3】

在新立得软件包管理器设定软件源。

➢【描述 2.D.4】

使用新立得软件包管理器中安装和删除软件。

➢【描述 2.D.5】

在桌面上创建用于终端的快捷方式。

➢【描述 2.D.6】

美化 Ubuntu 桌面：设置分辨率、桌面背景、桌面主题、屏幕保护程序。

➢【描述 2.D.7】

Gedit 插件的设置和使用。

➢【描述 2.D.8】

演示 vim 的基本操作。

2.1 系统设置

Ubuntu Linux 常用的系统设置内容包括网络设置、语言支持、软件安装/删除和显示设置等。

2.1.1 网络设置

Ubuntu 的系统升级、语言安装以及软件在线安装等都依赖于网络，因此，做这些工作之前要先设置好网络。假设系统在局域网内通过网关上网，下面介绍网络设置的相关步骤。

下述内容用于实现任务描述 2.D.1，为 Ubuntu 配置网络，具体步骤如下。

1. 启动网络设置

点击面板菜单“System→Preferences→Network Connections”(中文翻译是“系统→首选项→网络连接”)，如图 2-1 所示。

在网络连接窗口中，可以配置有线和无线上网连接参数，在如图 2-2 所示的五个选项卡中，可以设置有线(Wired，本地网卡)、无线(Wireless)、移动宽带(Mobile Broadband)、VPN 和 DSL。

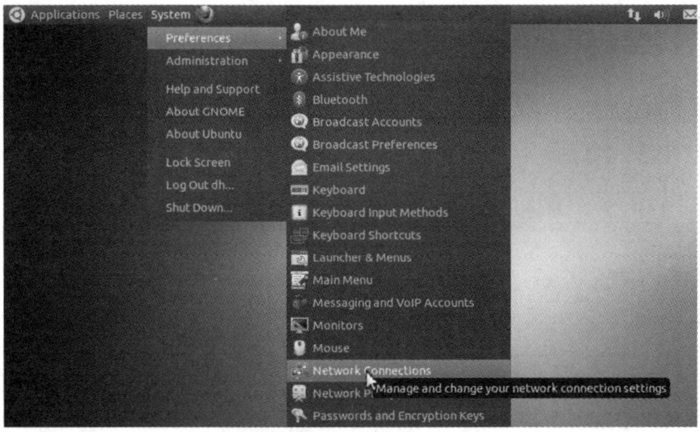

图 2-1　启动网络设置

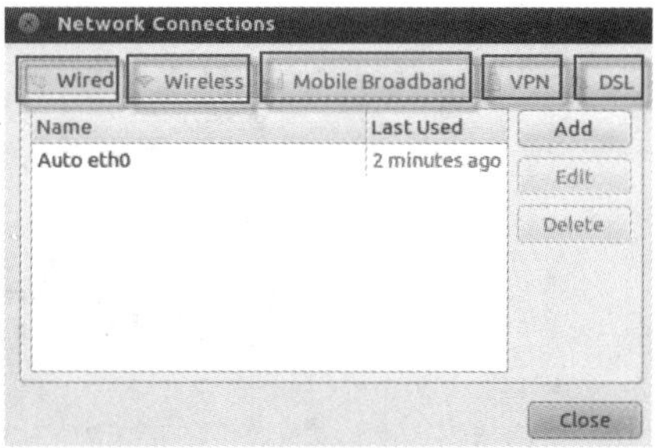

图 2-2　网络连接设置

2. IP 地址设置

如果计算机已经安装了网卡，在“Wired(有线)”选项卡内将显示“Auto eth0”，选择“Auto eth0”，再点击“Edit(编辑)”按钮，在弹出的窗口内选择“IPv4 settings”选项卡，进行 IPv4 设置，如图 2-3 所示。

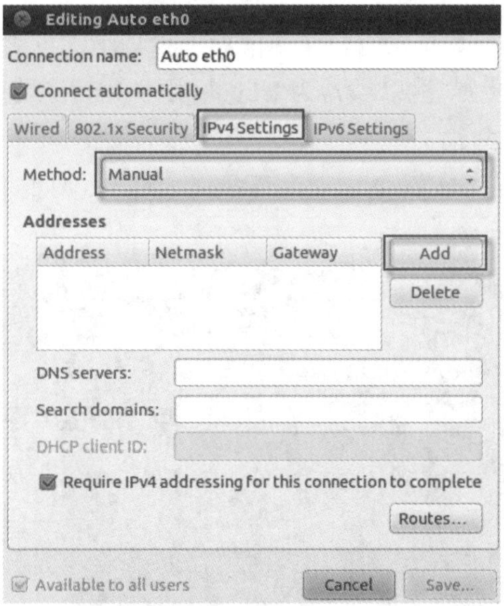

图 2-3　设置有线连接

在图 2-3 中的“Method”组合框内选择“Manual”，以手动设置 IP 地址，而后点击“Add(添加)”按钮，输入 IP 地址、子网掩码、网关，在“DNS servers”框中输入当地的 DNS 服务器地址，如图 2-4 所示。其中，网关和 IP 地址的具体值请与网络管理员联系；“8.8.8.8”表示使用 Google 公司提供的域名服务器，也可以使用当地电信部门提供的其他域名服务器。最后点击“Save”按钮，保存设置。关于网络的相关概念介绍参见第 6 章。

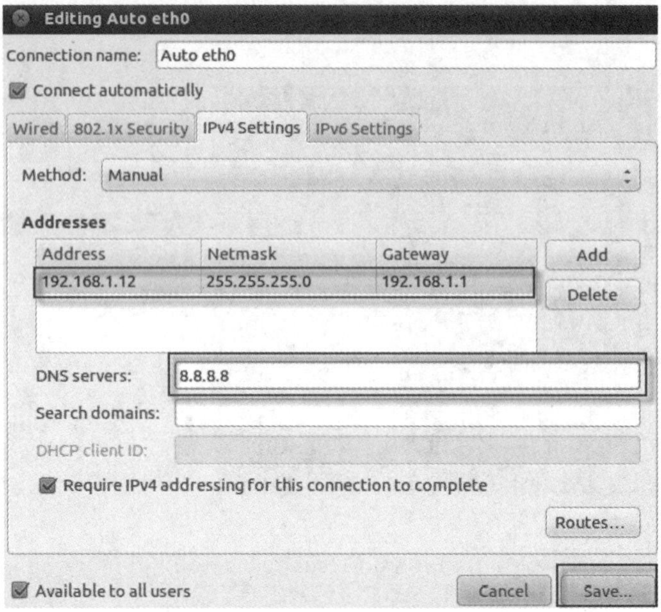

图 2-4　配置 IP 地址和 DNS

2.1.2　语言支持

Ubuntu 刚安装完后桌面菜单和窗口还不能完全支持中文，需要添加中文语言支持。下述内容用于实现任务描述 2.D.2，为 Ubuntu 添加语言支持，具体步骤如下。

1. 启动“语言支持”窗口

点击面板菜单“System→Administration→语言支持”(中文翻译是“系统→系统管理→语言支持”)，如图 2-5 所示。

图 2-5　启动“语言支持”窗口

2. 更新语言信息

首次运行“语言支持”时，系统将提示“没有可用的语言信息”，并建议进行更新，如

图 2-6 所示。点击“更新”按钮，系统将从网络上获得有用的语言信息。

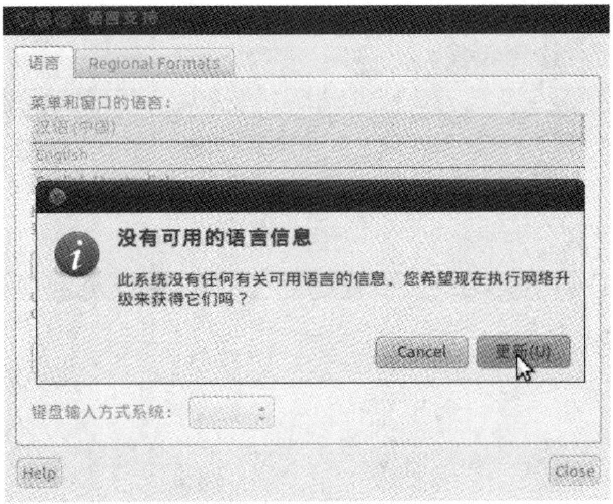

图 2-6　更新语言信息

3. 设置窗口和菜单的首选语言

更新完语言信息后，在图 2-7 中的“菜单和窗口的语言”列表框内，可以用鼠标拖动某个语言进行排列。这里的显示顺序决定了系统对菜单和窗口的语言翻译，处于首位的将作为第一翻译语言。例如，若把“汉语(中国)”放在首位，那么 Ubuntu 将把桌面中的菜单和窗口的非汉语语言尽量翻译成汉语，若不可用(没有安装相应语言)，则尝试下一个条目，但最后一个条目始终是英语。

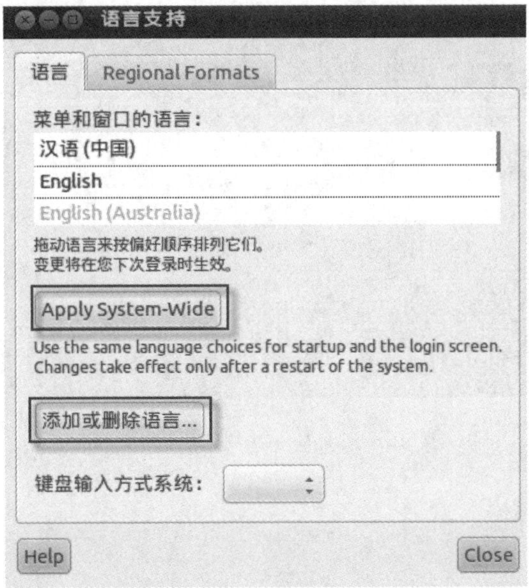

图 2-7　设置语言

4. 添加语言

设置完菜单和窗口的首选语言后，需要添加相应的语言。点击图 2-7 中的“添加或删除语言”按钮，在弹出的“已安装语言”窗口内选中“中文(简体)”，并选中“翻译”、“输入法”和“额外的字体”组件复选框选项，如图 2-8 所示，最后点击“应用变更”按钮，系统将自动通过网络进行语言安装。

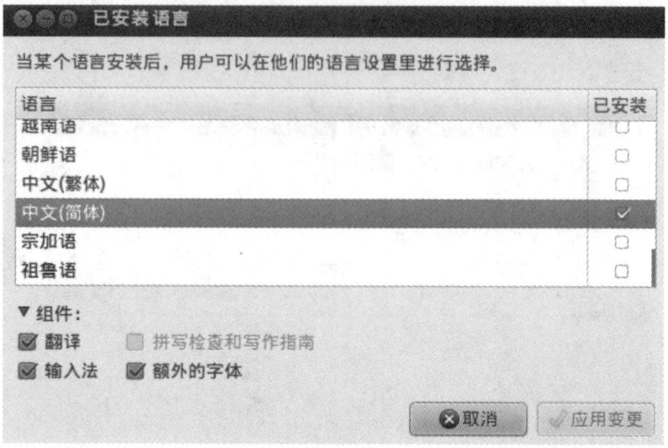

图 2-8　添加语言支持

5. 应用到整个系统

点击图 2-7 所示的“Apply System-Wide(应用到整个系统)”按钮，而后重启系统，使设置生效，如图 2-9 所示。

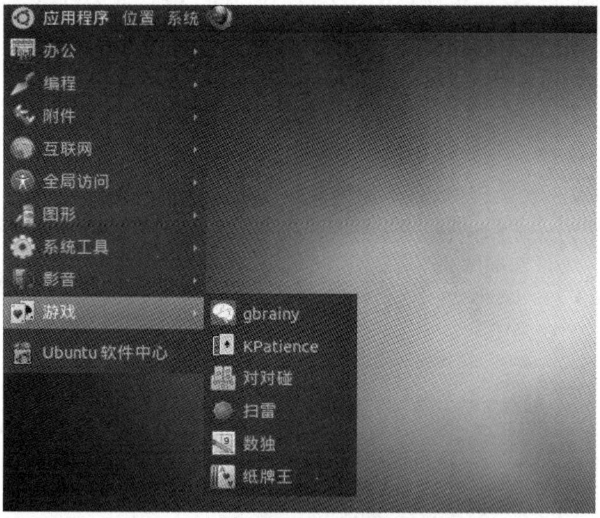

图 2-9　添加完语言支持后的桌面

2.1.3　软件安装和删除

1. 软件包

Linux 操作系统的设计理念之一是尽可能提高软件系统内部的耦合度，因此整个系统包含了大量的软件组件，各软件组件之间分工协作形成一个可以为用户提供良好服务的工作环境。这种设计理念带来两个负面问题：软件组件依赖和软件组件冲突问题。Debian 软件包管理机制很好地解决了以上两个问题，用户只需要执行安装或删除命令，软件包的依赖关系由系统来自动解决。

Ubuntu 的软件包文件可以分为两种类型：

✧　二进制软件包(Binary Packages，扩展名为 .deb)，包含二进制文件、库文件、帮助文件、版权信息等；

✧　源码包(Source Packags)：包含软件源程序、版本修改说明、编译指示等。

2. 软件包仓库

Internet 上有专门为 Ubuntu 建立的软件包仓库，其中包含大量的软件包，它们按照是否遵守 GPL 协议分成四种类型，如表 2-1 所示。

表 2-1　软件包仓库类型

类　型	特　点	描　　述
main(主要)	开源软件，可以被自由发布	Ubuntu 开发团队提供完全技术支持的软件
restricted(受限)	专供特殊用途的软件	被 Ubuntu 开发团队支持，但因为不能直接修改程序，因此 Ubuntu 可能不能提供完全的技术支持。一般主要是硬件驱动程序
universe(公共)	自由发布	可以和“main”软件相安无事地共同运行，但没有安全升级的保障
multiverse(多元化)	不开源、不允许自由发布	不被 Ubuntu 开发团队支持，用户自己承担任何版权和技术风险

在“新立得软件包管理器”中可以看到软件包的类型，如图 2-10 所示。

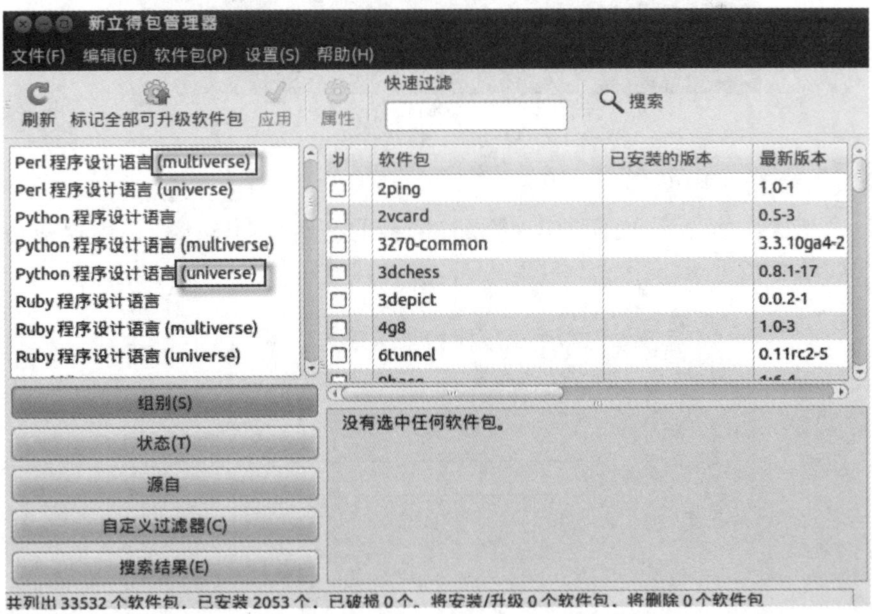

图 2-10　新立得包管理器中的软件包类型

3. 设定软件源

Internet 上软件包仓库的地址一般称为 Ubuntu 软件源，设定好软件源，就可以通过“软件中心”或“新立得软件包管理器”方便地在线安装软件包。软件源的设定可以在“软件中心”或“新立得软件包管理器”中进行，这里以“新立得软件包管理器”中设定软件源的方法进行举例。

下述内容用于实现任务描述 2.D.3，在新立得软件包管理器中设定软件源，具体步骤如下。

(1) 打开新立得软件包管理器。

点击面板菜单“系统→系统管理→新立得软件包管理器”，如图 2-11 所示。

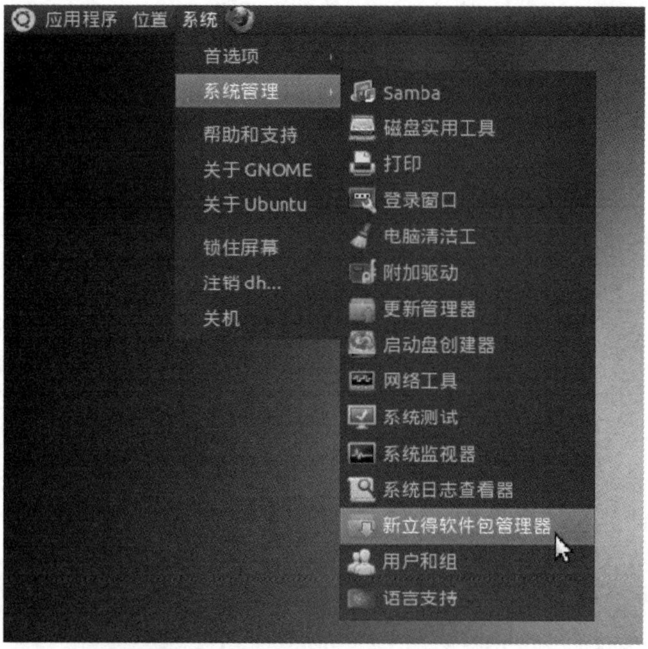

图 2-11　启动新立得软件包管理器

(2) 输入当前用户密码。

由于是系统操作(执行管理任务)，需要在随后的密码框内输入当前用户密码，以进行授权操作，如图 2-12 所示。

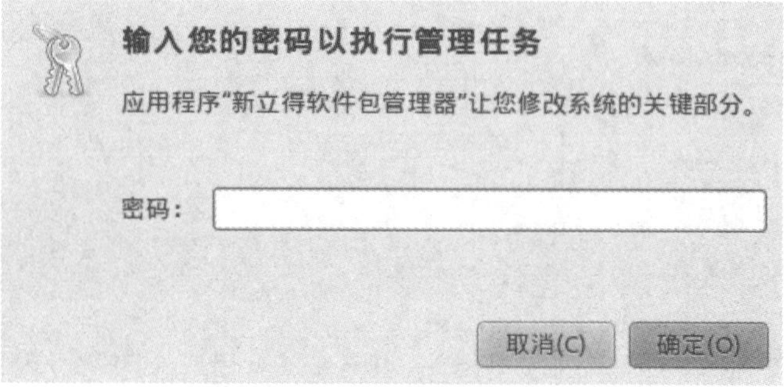

图 2-12　输入密码

然后点击“确定”按钮，将弹出“新立得包管理器”窗口，如图 2-13 所示。

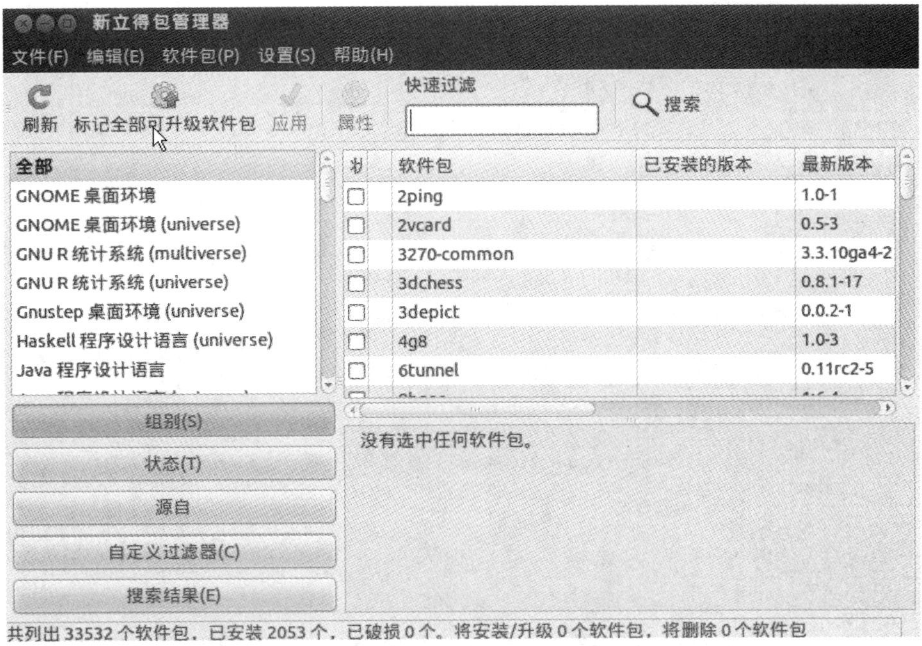

图 2-13　“新立得包管理器”窗口

(3) 启动“软件源”窗口。

在“新立得包管理器”窗口内点击菜单“设置→软件库”，如图 2-14 所示。

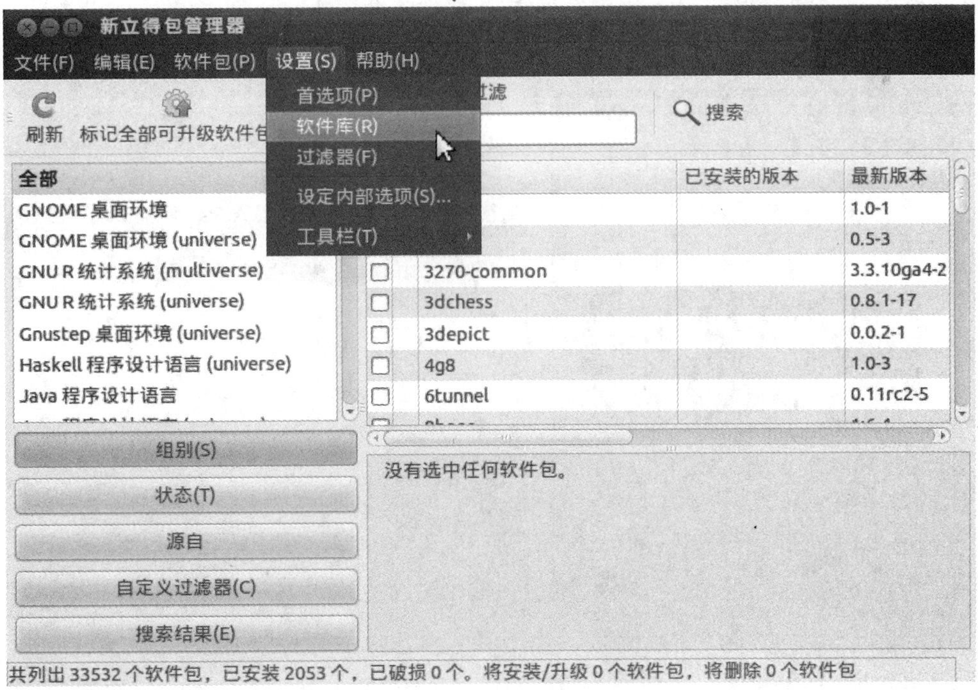

图 2-14　启动软件源设置

而后将启动“软件源”窗口，如图 2-15 所示。

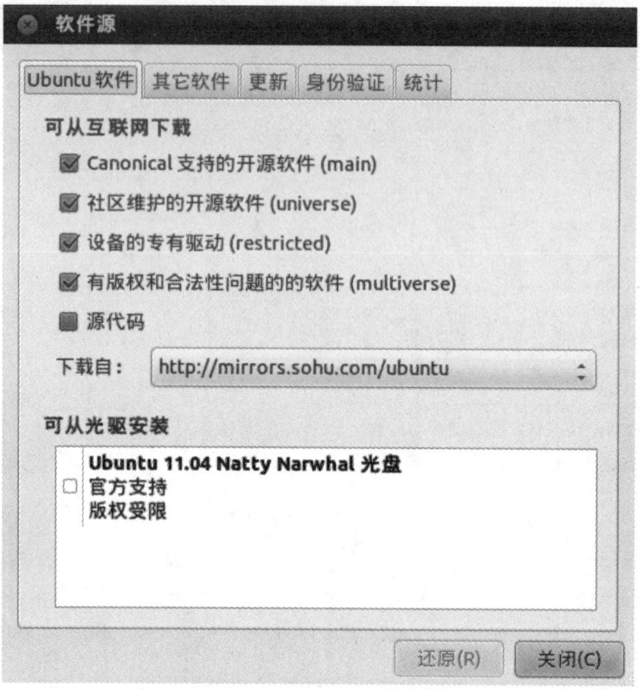

图 2-15　“软件源”窗口

(4) 选择最佳服务器。

在“软件源”窗口内的“下载自”列表框内选择“其他站点”，如图 2-16 所示。将弹出“选择下载服务器”窗口，如图 2-17 所示。

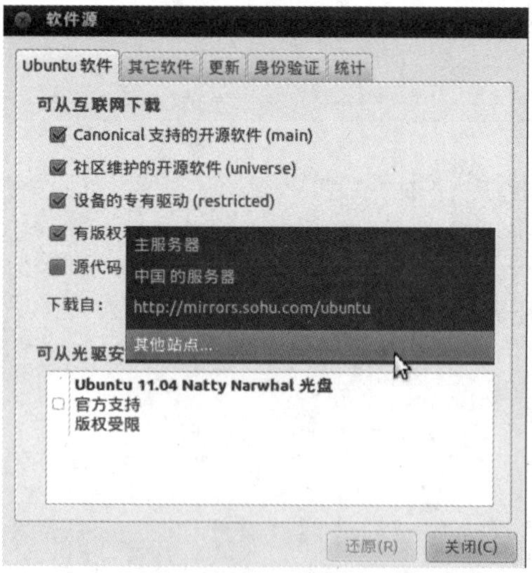

图 2-16　启动“选择下载服务器”窗口

图 2-17　“选择下载服务器”窗口

(5) 测试下载服务器。

然后点击“选择最佳服务器”按钮，系统将自动测试最近的速度最快的站点地址作为当前的软件源，如图 2-18 所示。

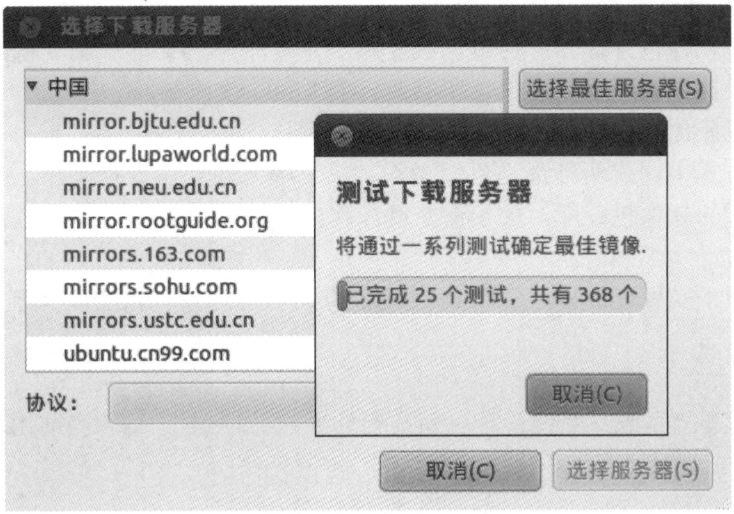

图 2-18 测试下载服务器

(6) 应用服务器变更。

测试完毕后，点击“选择最佳服务器”按钮关闭当前窗口，而后点击“软件源”窗口的“关闭”按钮即可。一般情况下，系统将弹出窗口提示仓库信息已变更，并且需要点击“新立得包管理器”窗口的“刷新”按钮使变更生效，如图 2-19 所示。

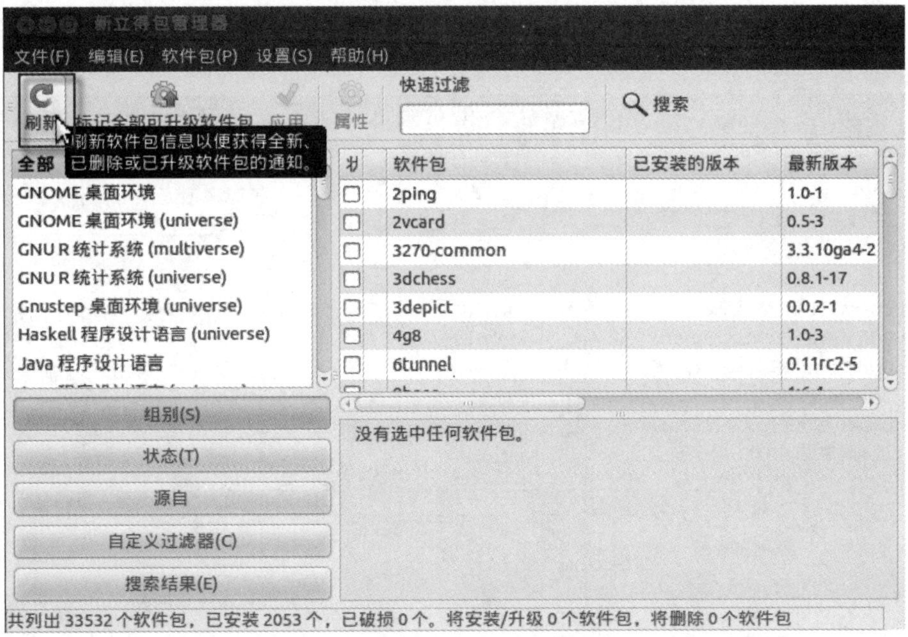

图 2-19 点击“刷新”按钮

4. 软件安装和删除

Ubuntu 管理软件包安装和删除软件有三种方式：

✧ Ubuntu 软件中心：通过面板菜单“应用程序→Ubuntu 软件中心”进行，软件中心主要包含针对 Ubuntu 的软件包。

✧ 新立得软件包管理器：通过面板菜单“系统→系统管理→新立得软件包管理器”进行，新立得软件包管理器几乎包含所有流行的 Linux 软件包。

✧ 命令行操作：在 Shell 下通过命令操作进行。

上述三种方式中，前两种都是界面操作，第三种方式是命令行操作，与第二种操作方式使用的是相同的软件包仓库，关于命令行操作的方法见 2.3 节。本书重点介绍第二种操作方式。

下述内容用于实现任务描述 2.D.4，使用新立得软件包管理器安装和删除软件，具体步骤如下：

(1) 打开新立得软件包管理器。

点击面板菜单“系统→系统管理→新立得软件包管理器”，输入当前用户的密码，如图 2-20 所示。

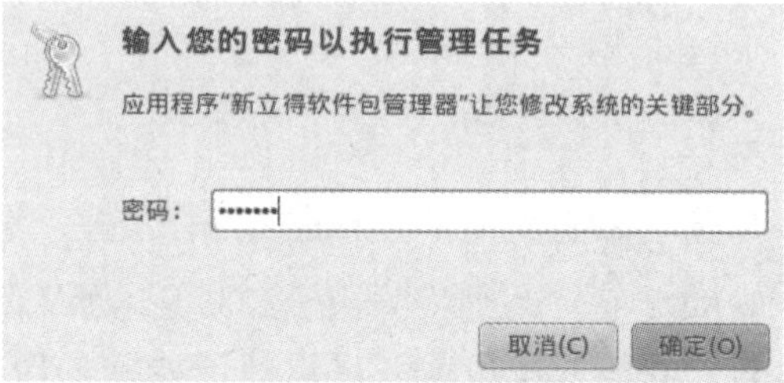

图 2-20　输入密码

点击“确定”按钮后，将打开“新立得包管理器”窗口，如图 2-21 所示。

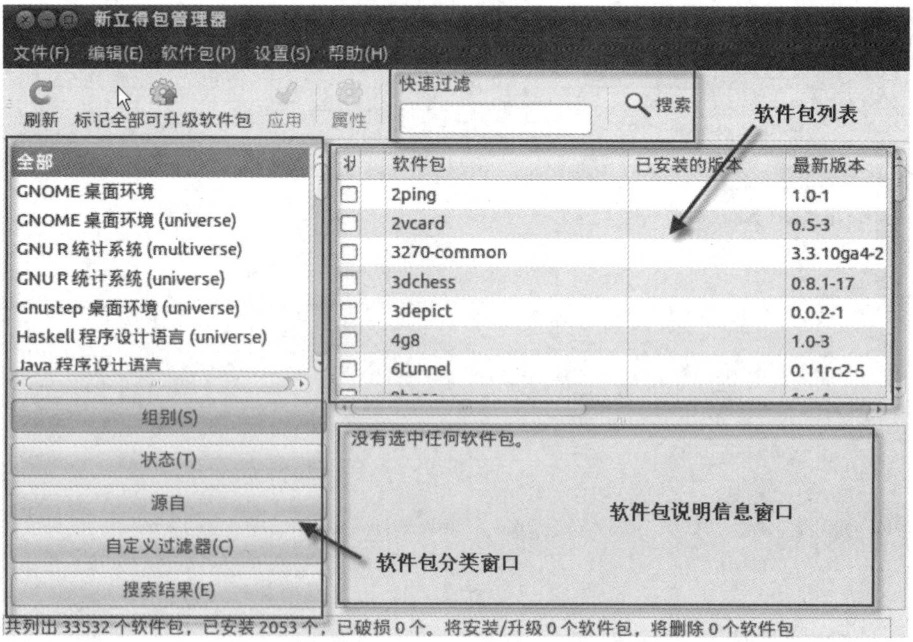

图 2-21　“新立得包管理器”窗口

(2) 搜索软件。

在“新立得包管理器”窗口内的搜索框内输入要搜索的软件包名，如 gedit，然后按下回车键，“软件包”列表内将显示搜索到的软件，如图 2-22 所示。

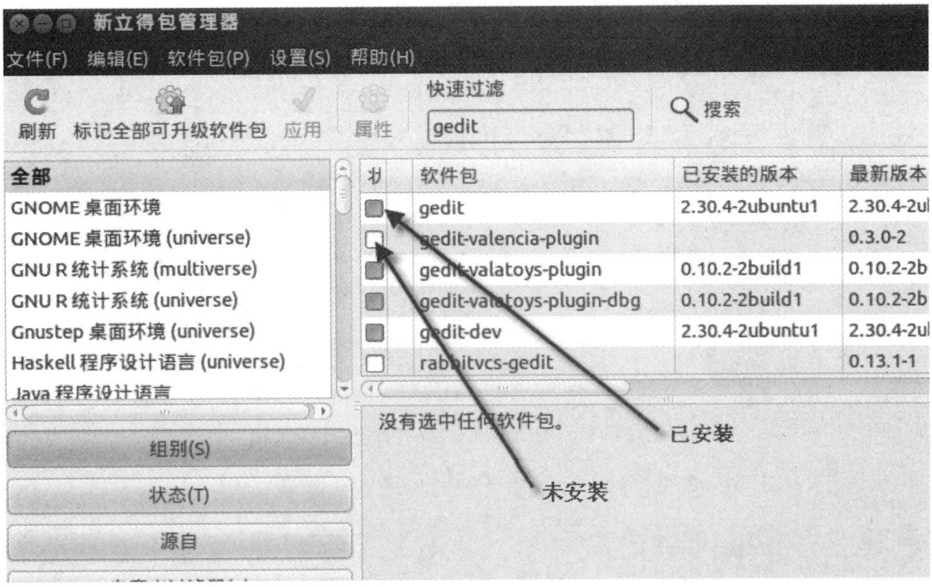

图 2-22 搜索软件

(3) 标记删除或安装。

✧ 若要删除软件：在已安装的软件包上点击右键，选择“标记以便删除”；

✧ 若要安装软件：在未安装的软件包上点击右键，选择“标记以便安装”；

如图 2-23 所示。

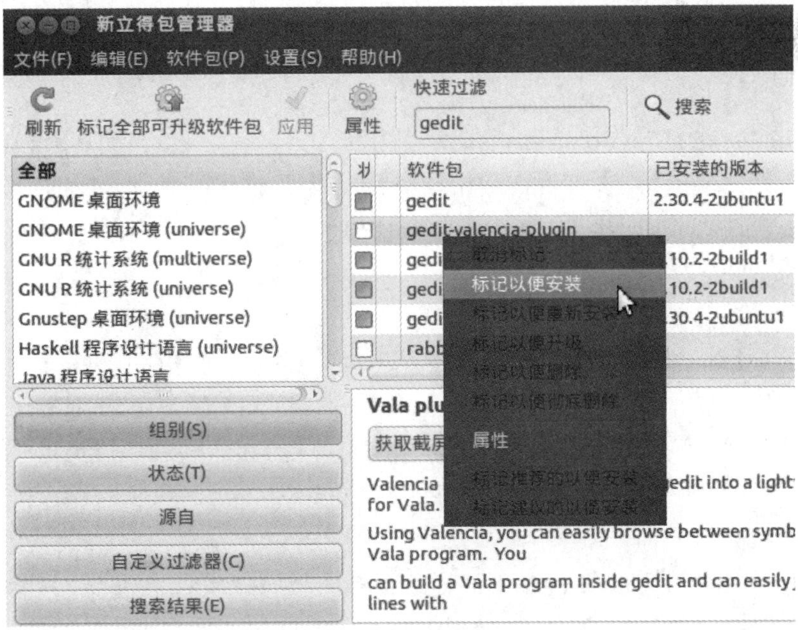

图 2-23 标记安装或删除

(4) 应用确定。

然后点击工具栏上的“应用”按钮，如图 2-24 所示，即可实现软件包的安装和删除。注意，软件的安装需要 Ubuntu 联网才能成功完成。

图 2-24　点击“应用”以进行安装或删除

2.2　桌面操作

所谓计算机桌面，是指系统提供给用户操作的图形化环境，在该环境内用户通过操作鼠标和键盘(主要是鼠标)可以方便地管理计算机上的各种资源。

2.2.1　Linux 的桌面

与 Windows 不同，Linux 系统中存在多种桌面环境，目前比较有名的是 KDE、GNOME 和 XFce。

1. KDE

KDE(Kool Desktop Environment)早期是运行于 Unix 上的一款桌面环境程序，整个系统都是使用 Qt(一个 C++ 图形用户界面应用程序开发框架)程序库进行开发的。KDE 一贯以界面华丽著称，目前使用 KDE 作为默认桌面环境的 Linux 发行版有 Kubuntu、Fedora、OpenSUSE、Mandriva 等。

2. GNOME

GNOME 是使用 GTK 库(基于 C 语言的图形用户界面应用程序开发框架)构建的桌面环境。早期由于 KDE 基于的开发库 Qt 需要商业授权，因此 GNOME 计划是作为 KDE 的替代品而发起的。GNOME 桌面主张简单、好用和恰到好处。目前使用 GNOME 作为默认桌面环境的有 Ubunut(11.04 版本之前)、Morphix、Gnoppix 等。

3. XFce

XFce 是一个运行在 Unix/Linux 下的轻量级桌面环境。XFce 是基于 GTK+ 开发的，它使用 xfwm 作为窗口管理器。XFce 是使用率仅次于 KDE 与 GNOME 的桌面系统。XFce 是一个供比较老的或者配置较低的计算机使用的桌面环境。

4. Unity

Unity 是基于 GNOME 桌面环境的用户界面，由 Canonical 公司开发，最初出现在 Ubuntu11.10 中，目前是 Ubuntu12.04 之后版本的默认桌面系统。Unity 的特点是鲜艳而华丽，不过目前用户对 Unity 的评价褒贬不一。

以上桌面环境都运行于 Linux 中的 X Window 系统之上。

注意：“X Windows”系统是 Unix/Linux 中的底层图形界面系统；“窗口管理器”是根据 X Windows 协议实现的管理窗口的建立、删除、层叠、变换之类工作的程序；KDE 和 GNOME 本身就包含窗口管理器，而 XFce 使用 xfwm 作为窗口管理器。

2.2.2　面板菜单

GNOME 面板菜单(也称面板主菜单或主菜单)位于桌面上部，如图 2-25 所示，有三个子菜单：“应用程序”、“位置”和“系统”。

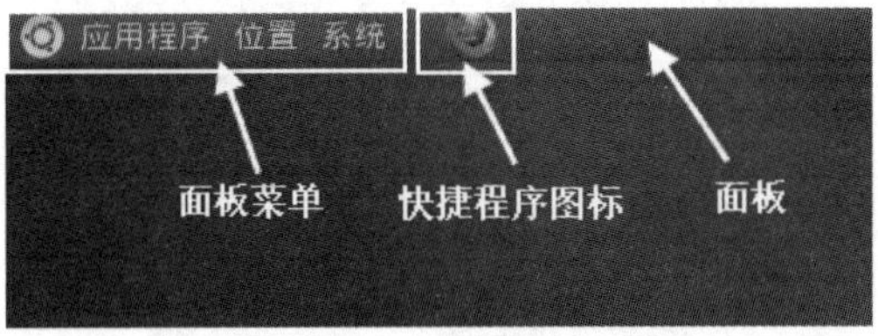

图 2-25　GNOME 主菜单

✧　“应用程序”子菜单，可以启动办公、网络浏览、编程等工具程序；

✧　“位置”子菜单，可以访问用户主目录(类似于 Windows 下的“我的文档”)，以及进入“文件系统浏览器”(类似于 Windows 的资源管理器)；

✧　“系统”子菜单，可以进入系统管理程序、查看帮助，以及进行关机等操作。

上述“应用程序”子菜单和“位置”子菜单中的菜单项可以通过“主菜单编辑器”进行删除和添加，点击主菜单的“系统→首选项→主菜单”，如图 2-26 所示。

图 2-26　选择主菜单编辑器

如图 2-27 所示，进入主菜单编辑器，即可添加或删除相应菜单项。

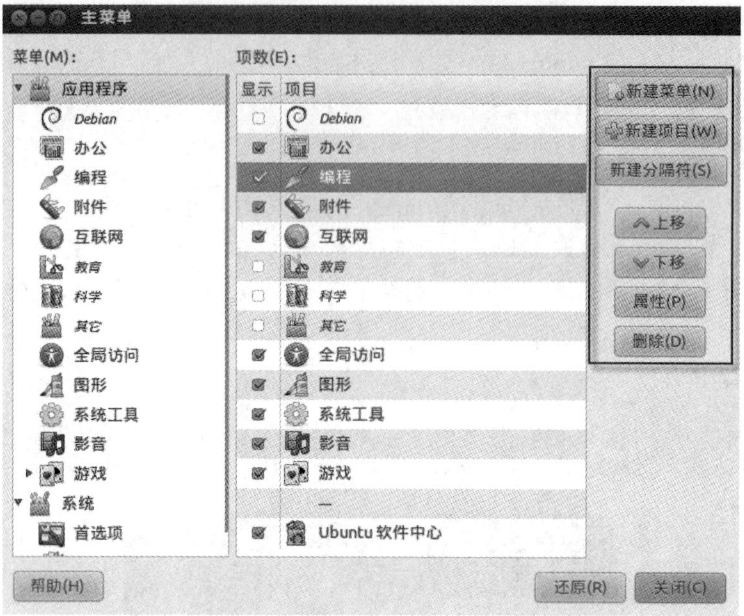

图 2-27　主菜单编辑器

2.2.3　快捷方式

用户可以在桌面上添加程序或文件夹的快捷方式，以便快速运行程序或打开文件夹。在桌面上创建的快捷方式有三种类型：

✧　应用程序：指向应用程序，一般是图形界面程序；

✧　终端中运行的程序：指向在 Shell 终端中运行的程序，类似于 Windows 中的命令行程序。

✧　位置：指向文件夹，类似于 Windows 中的文件夹快捷方式。

下述内容用于实现任务描述 2.D.5，在桌面上创建用于打开终端的快捷方式，具体步骤如下。

1. 启动“创建启动器”

在桌面的空白处点击右键，选择“创建启动器”，如图 2-28 所示。

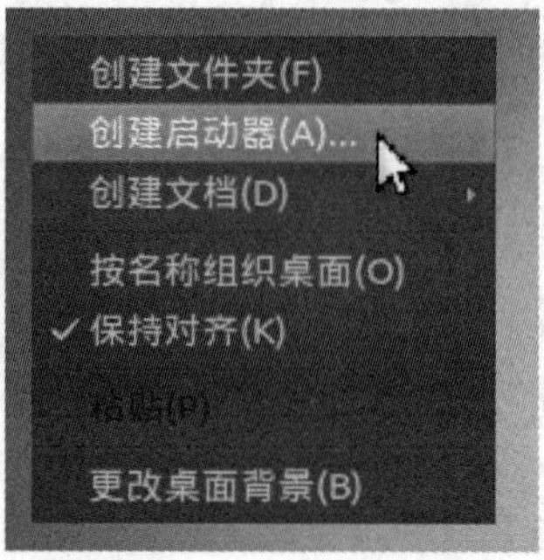

图 2-28　启动“创建启动器”

2. 选择类型

在“创建启动器”窗口内的“类型”列表框中选择快捷方式的类型为“应用程序”，如图 2-29 所示。

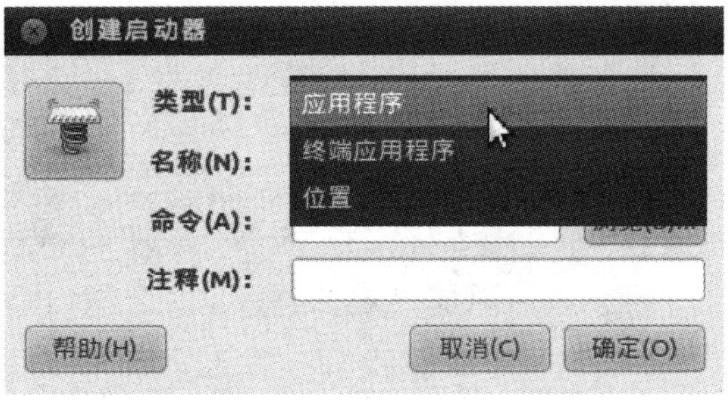

图 2-29　“创建启动器”窗口

3. 添加命令

在“命令”编辑框内输入“/usr/bin/gnome-terminal”，(其中 gnome-terminal 是位于“/usr/bin”目录下的窗口终端程序，关于终端的使用见 2.3 节)，或者点击“浏览”按钮在选择应用程序窗口内用鼠标在文件目录内选择要使用的程序，如图 2-30 所示。

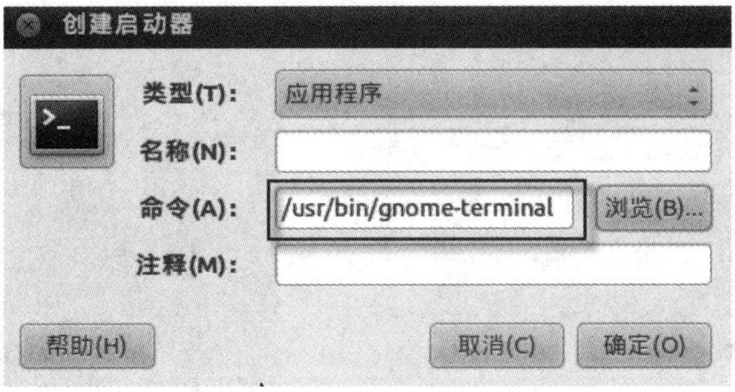

图 2-30　添加命令

4. 设定图标

如图 2-31 所示点击左上角的图标。

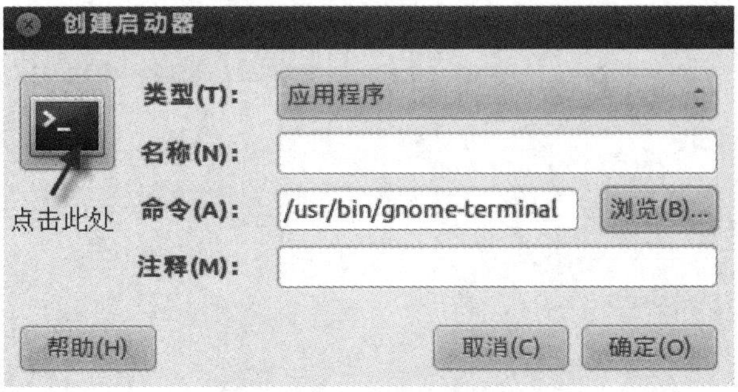

图 2-31　点击设定图标

在“选择一个图标”窗口内选择一个和上述“命令”相关的图标，为快捷方式设定图标，如图 2-32 所示。

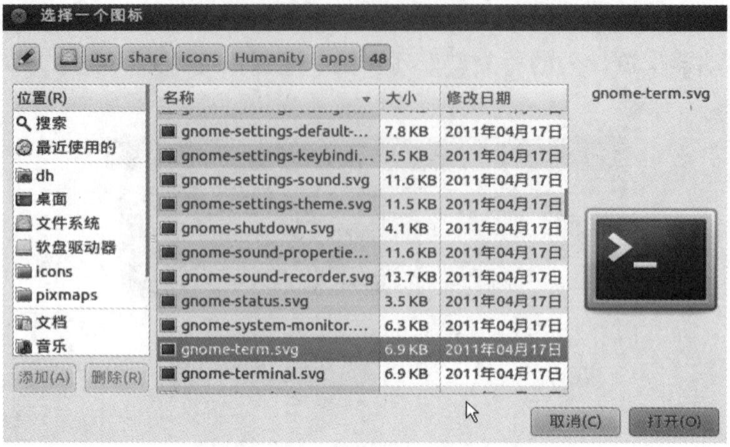

图 2-32　设定快捷方式的图标

5. 输入名称

在如图 2-33 所示的“名称”和“注释”编辑框内为快捷方式输入名称和注释说明。最后点击“确定”按钮完成快捷方式的创建。

快捷方式创建完毕后，桌面上将出现刚才创建的快捷方式，如图 2-34 所示。

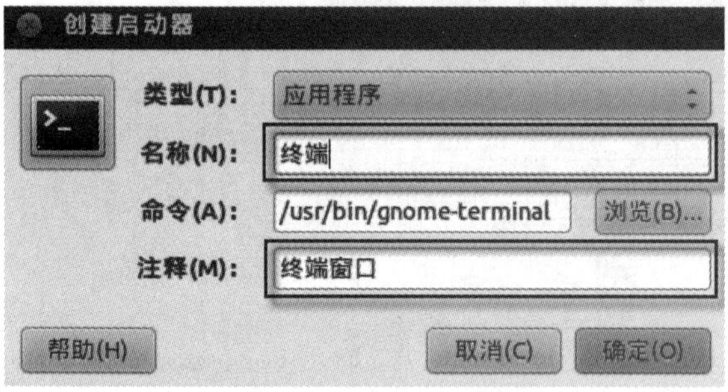

图 2-33　输入快捷方式的名称

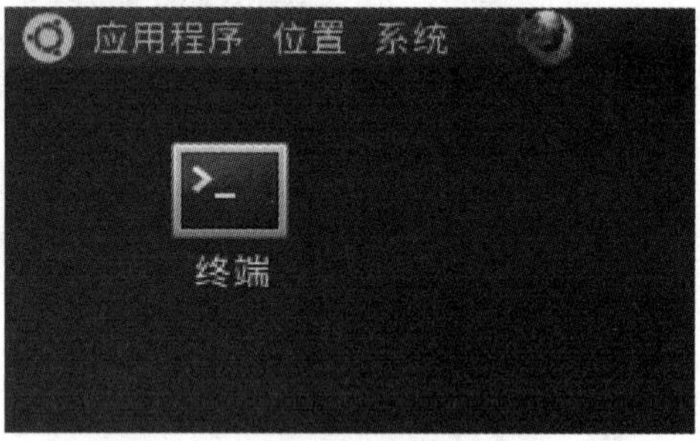

图 2-34　创建完成的快捷方式

6. 使用快捷方式

在桌面上，用鼠标左键双击快捷方式的图标即可打开“终端”程序，如图 2-35 所示。

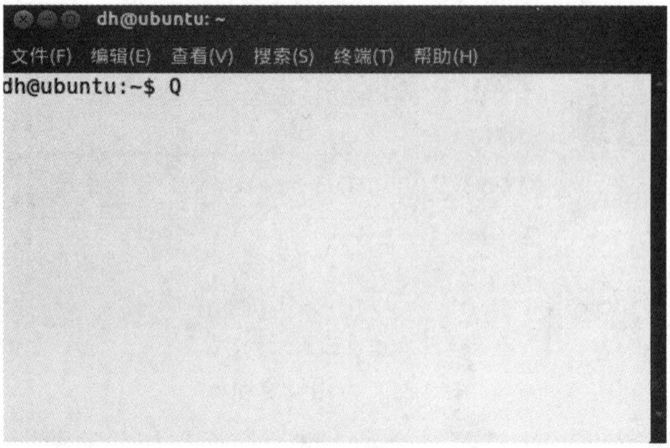

图 2-35　打开“终端”程序

2.2.4　面板操作

桌面上默认有两个面板，分别在桌面的顶部和底部，如图 2-36 所示。一般情况下顶部面板用于显示主菜单、系统操作(例如音量、时间、关机等)；底部面板类似于 Windows 下的任务栏，用于显示正在运行的程序、垃圾桶、工作区等。

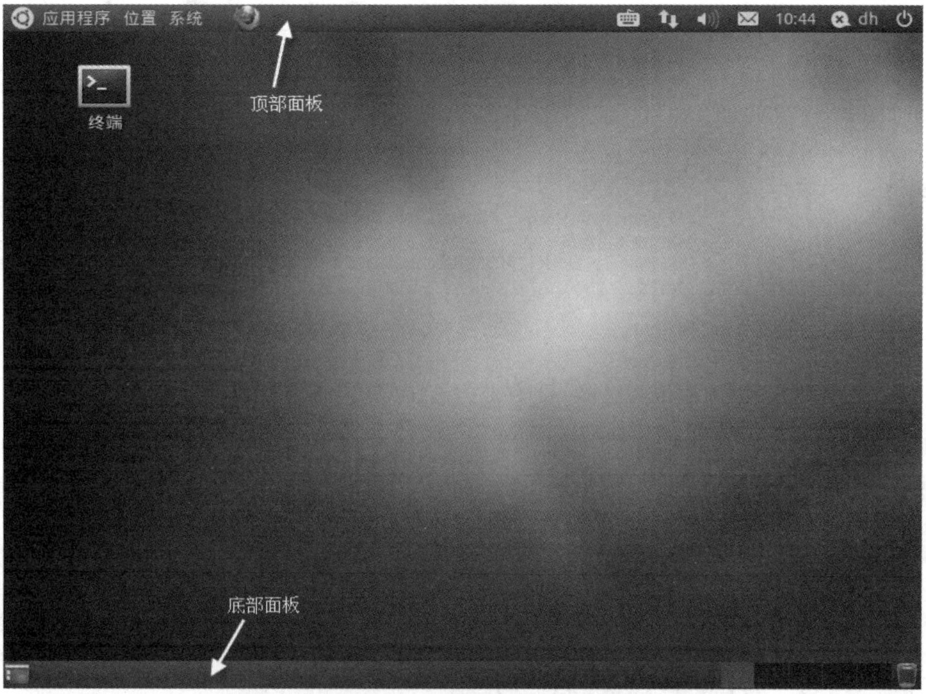

图 2-36　桌面上的面板

两个面板都可以添加应用程序的快捷方式。下面以顶部面板为例，介绍具体操作步骤。

1. 启动“添加到面板”

在面板的空白处点击鼠标右键，然后选择“添加到面板”，如图 2-37 所示。

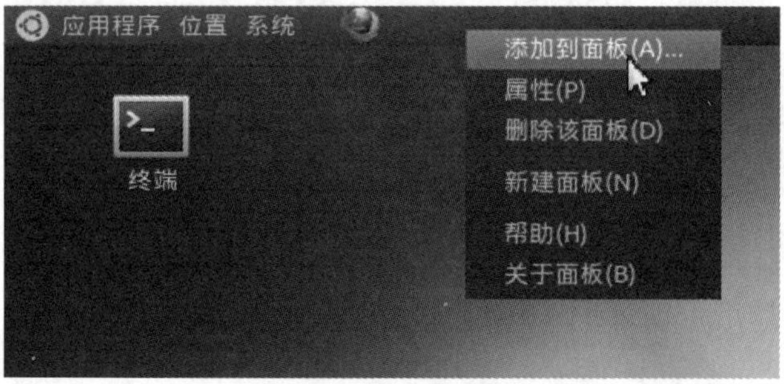

图 2-37　在面板上创建快捷方式

2. 选择程序

然后在“添加到面板”窗口中选择要添加到面板上的项目(程序)，这里选择“系统监视器”，如图 2-38 所示。

图 2-38　选择要添加到面板的程序

最后点击“添加”按钮即可在面板上看到刚刚添加的快捷方式图标，如图 2-39 所示。双击该图标即可启动“系统监视器”程序。

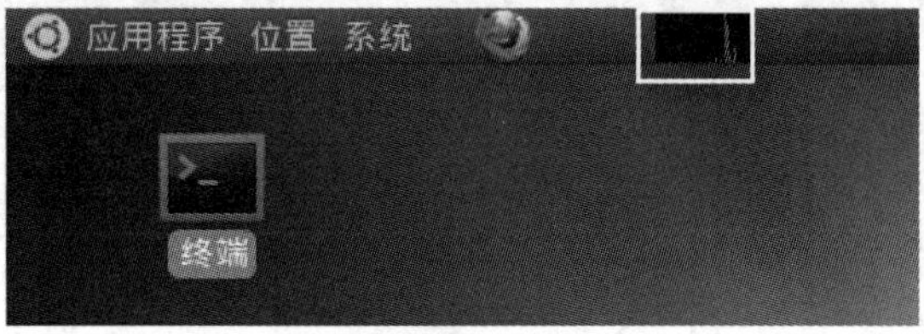

图 2-39　面板上的快捷方式

2.2.5　工作区设置

为方便工作，Ubuntu 桌面允许设置多个工作区分别对应不同的桌面。设置好的工作区在 Ubuntu 底部面板上形成工作区切换器，如图 2-40 所示。Ubuntu 默认设置了 5 个工作区，点击切换器上的按钮，就可以切换不同的桌面，然后在不同的工作区桌面打开窗口进行工作，互不影响。

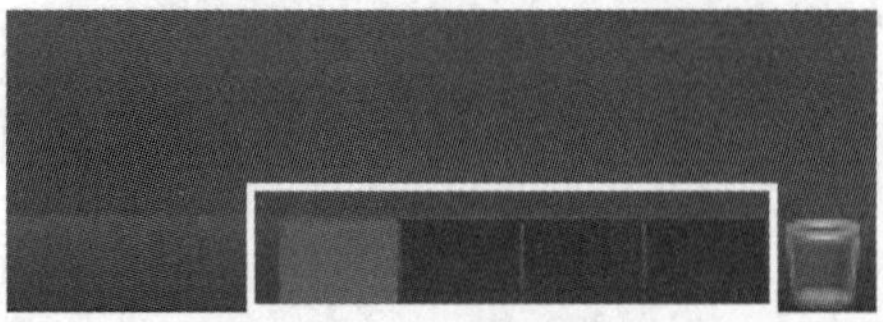

图 2-40　工作区切换器按钮

用户可以修改工作区的数量，具体操作步骤如下。

1. 启动“首选项”

在工作区切换器上点击鼠标右键，选择“首选项”，如图 2-41 所示。

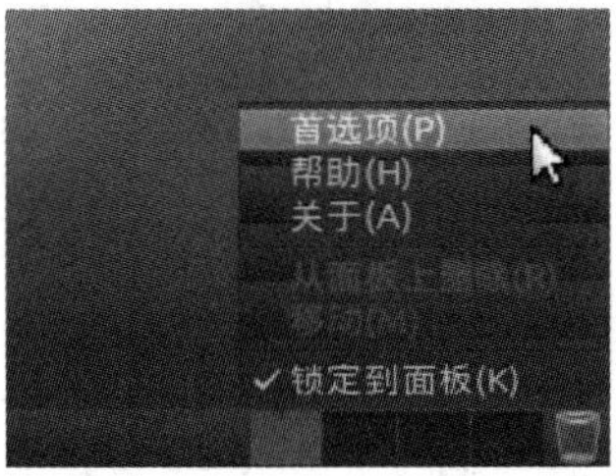

图 2-41　在工作区切换按钮上点击右键

2. 设置工作区数量

然后，可以在“工作区切换器首选项”窗口内修改工作区数量，如图 2-42 所示。

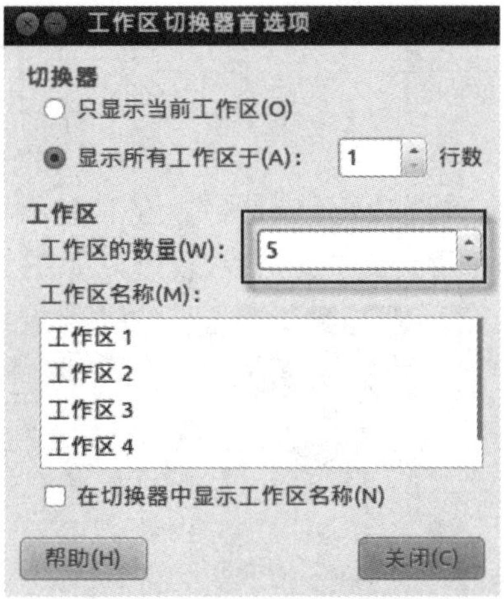

图 2-42　修改工作区数量

3. 修改工作名称

双击某个工作区的名称可修改工作区名称，修改完毕按下回车键即可完成名称修改，如图 2-43 所示。

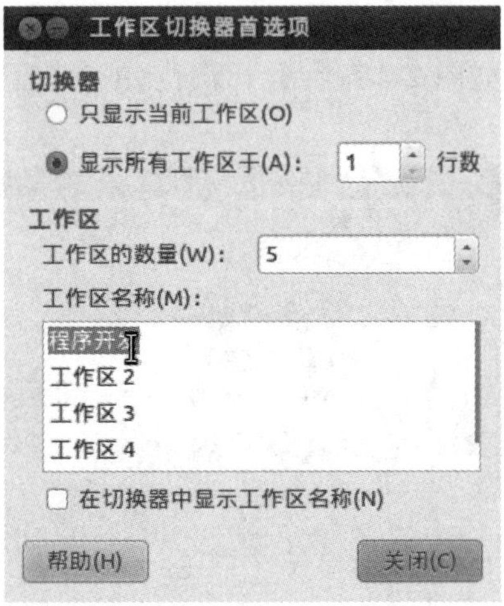

图 2-43　修改工作区名称

4. 完成修改

点击“关闭”按钮完成修改，可在工作区切换器看到修改后的结果，如图 2-44 所示。

图 2-44　工作区设置结果

2.2.6 美化桌面

Ubuntu 的桌面背景、桌面主题以及分辨率都可以通过桌面提供的菜单操作进行设置。

下述内容用于实现任务描述 2.D.6，美化 Ubuntu 桌面：设置分辨率、桌面背景、桌面主题、屏幕保护程序，具体步骤如下。

1. 设置分辨率

(1) 点击面板菜单“系统→首选项→显示器”，在“显示器首选项”窗口内的分辨率组合框内选择要设置的分辨率，而后点击“应用”按钮，如图 2-45 所示。

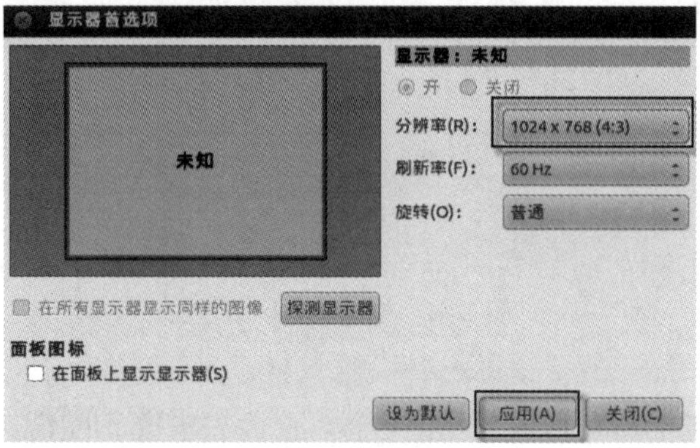

图 2-45　设置分辨率

(2) 系统将测试并用所设置的分辨率进行显示，如果感觉合适，可以在弹出的窗口内点击“保持当前配置”按钮，如图 2-46 所示。而后点击“显示器首选项”窗口内的“关闭”按钮完成设置。

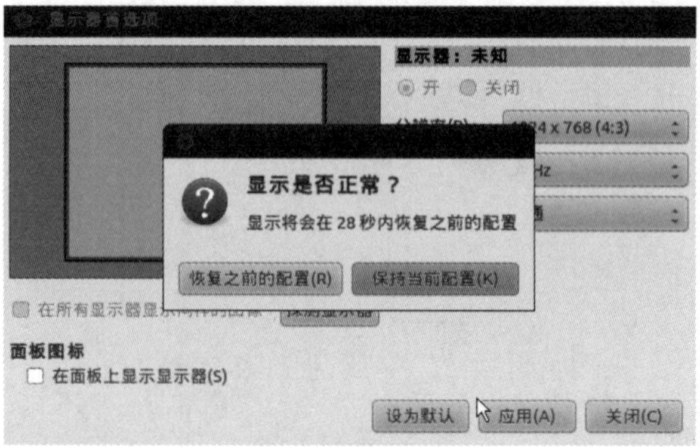

图 2-46　保存配置

2. 设置桌面背景

(1) 在 Ubuntu 的桌面上点击鼠标右键，选择“更改桌面背景”，如图 2-47 所示。

(2) 在“外观首选项”窗口内的“背景”选项卡中，选择要使用的背景方案，如图 2-48 所示，选择设置完毕后点击“关闭”按钮。

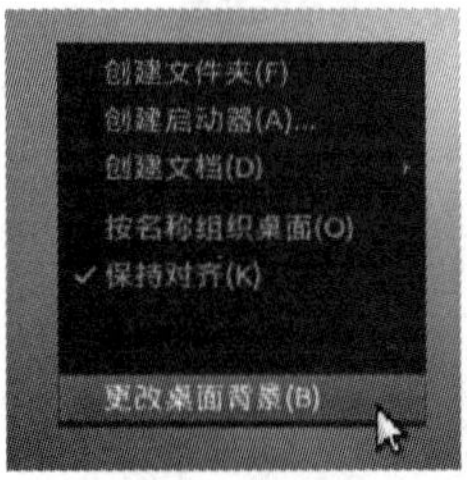

图 2-47　启动“更改桌面背景”

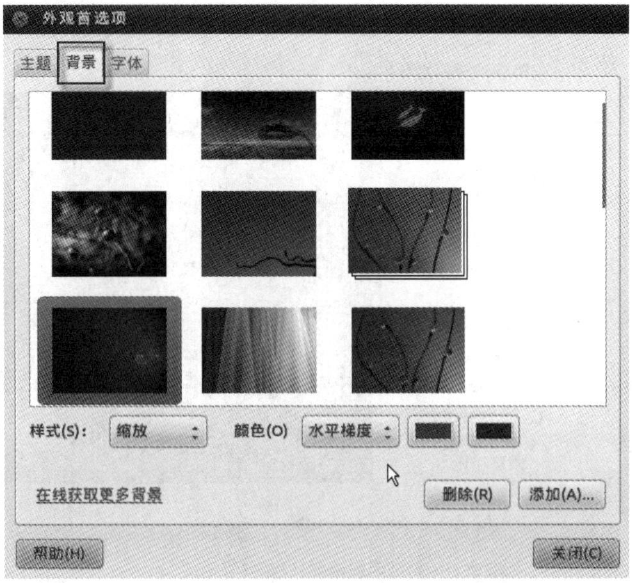

图 2-48　选择桌面背景

3. 设置桌面主题

在“外观首选项”窗口内的“主题”选项卡中，选择要使用的主题方案，如图 2-49 所示，设置完毕后点击“关闭”按钮。

图 2-49　设置桌面主题

4. 设置屏幕保护程序

点击面板菜单“系统→首选项→屏幕保护”程序，启动“屏幕保护程序首选项”窗口，如图 2-50 所示。在“屏幕保护程序首选项”窗口中，选择要使用的屏幕保护程序主题，设置进入屏幕保护的时间，设置完毕后点击“关闭”按钮。

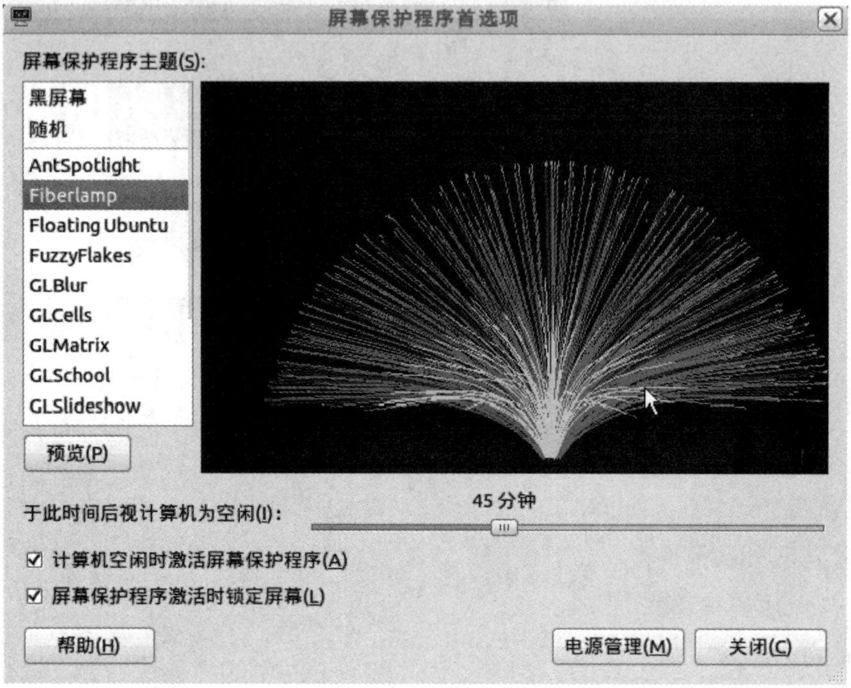

图 2-50　设置屏幕保护程序

2.3　终端和 Shell

“终端”的概念来源于早期计算机时代，例如在 Unix 中，类似于显示器可以操纵计算机主机的输入/输出设备叫做终端(terminal)。经过技术演进，终端逐渐被显示器和键盘取代。

当用户通过终端登录到系统时，其实使用的是 Shell 程序。Shell 的原意是指操作系统的外壳程序，在 Shell 中用户可以通过 Shell 提供的命令程序与操作系统进行交互以完成相关工作。Linux 中的 Shell 程序(简称 Shell)有多种，如 bash、sh、csh 等。Ubuntu 刚安装完毕时，默认的 Shell 是 bash。

现代版的 Unix 或 Linux，如 Ubuntu，一般都提供了“终端模拟器程序”，打开该窗口程序，相当于连上一台终端并且打开了一个 Shell 程序。因此在实际使用中，一般不特别区分终端模拟器、终端和 Shell。如果不特别说明，本书中提到的 Shell 或终端即是可以输入命令的终端模拟器程序。

点击 Ubuntu 面板菜单“应用程序→附件→终端”，或前述创建的桌面快捷方式“终端”即可启动终端或 Shell，如图 2-51 所示。

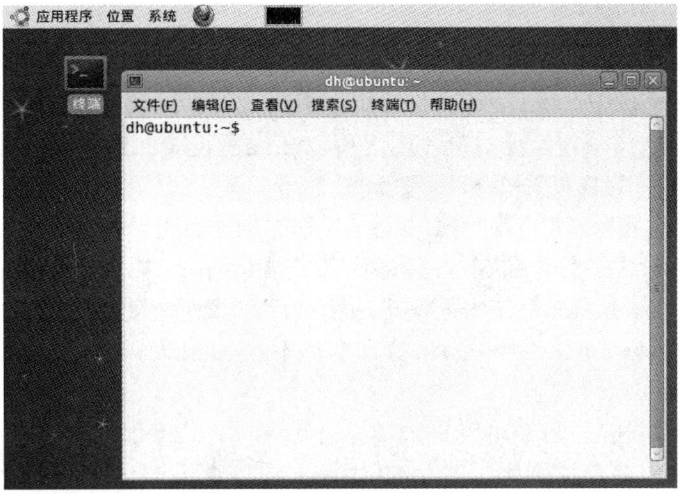

图 2-51　终端模拟器程序

2.3.1　Shell 提示符

启动终端后，首先看到的是 Shell 命令输入提示符，简称提示符，默认情况下提示符是一个“$”符号，其后是光标，如图 2-52 所示。

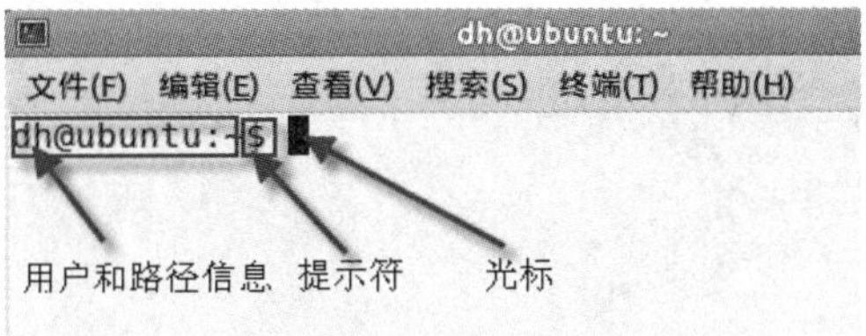

图 2-52　Shell 提示符

“$”提示符前面的信息是“用户和路径信息”，其格式如下：

<用户名>@<计算机名>:<当前目录>

图 2-52 中的“~”符号，在 Linux 中表示“当前用户主目录”，若当前登录用户名是“dh”，则“当前用户主目录”(也称用户主目录或主目录)是“/home/dh”；若登录用户是“test”，则“当前用户主目录”是“/home/test”(而超级管理员 root 用户比较特殊，其用户主目录是“/root”)。

当用户使用 cd 命令改变工作目录后，提示符中的目录信息会改变，如图 2-53 所示。

图 2-53　Shell 提示符变化

注意：本书各章节中的命令举例省略用户和路径信息，直接用符号“$”代替 Shell 中的带有用户和路径信息的完整提示符。

2.3.2 Shell 命令

在 Linux 操作系统中，不论哪一种 Shell，主要功能都是解释用户输入的命令。当启动 Shell 后，可以看到一个 Shell 提示符，用户可以在提示符后面输入命令。

Shell 命令可以分为内部命令和外部命令：

✧ 内部命令，也称做内置命令，是 Shell 程序的一部分，其中包含的是一些比较简单的 Linux 系统命令，这些命令在 Shell 程序内部完成运行。

✧ 外部命令，是 Linux 系统中的实用应用程序(例如前面使用的新立得软件包管理器，对应的命令名字是 synaptic)，命令的可执行实体不在 Shell 内部，但是其执行过程由 Shell 控制。

由于 Shell 中的 which 命令可用来定位一个程序文件，因此可以通过 which 命令来判断某个命令是否是外部命令。例如，在 Shell 中输入以下命令。

【示例 2-1】 which 命令

```
$ which  ls
$ which  if
```

执行结果如图 2-54 所示。

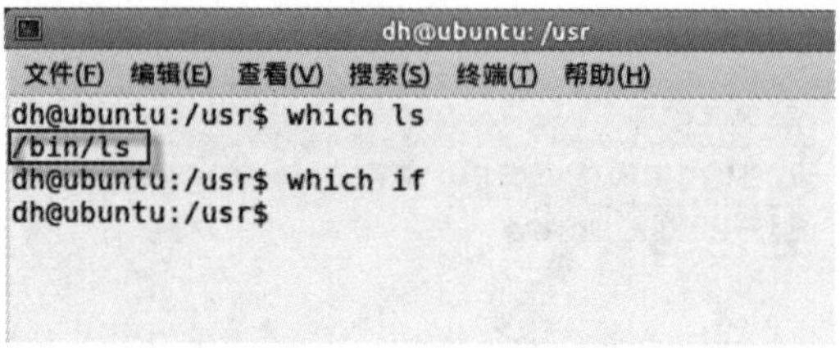

图 2-54 which 命令

图 2-54 中，which ls 命令的输出是 ls 命令程序所在的路径，依此可以判断出 ls 命令是外部命令。which if 命令没有输出，依此可以判断出 if 不是有效命令或是内部命令(其实 if 是内部命令)。

在 Shell 中运行 Shell 命令的一般格式如下：

<命令> [选项] [参数]

命令、选项和参数之间用空格隔开，其中：

✧ 命令，必须输入，可以是 Shell 的内部或外部命令。

✧ 选项，可选输入，是包含一个或多个字母的代码，主要用于改变命令的执行方式。一般以符号“-”开头，用于区分参数。选项一般可以合并使用。

✧ 参数，可选输入，指定命令要操作的对象，如文件名或目录名。

命令输入完毕后，需要按下回车键以交给 Shell 解释执行该命令。

例如，在 Shell 中输入以下命令。

【示例 2-2】 ls 命令

```
$ ls  -al  /usr
```

其中：

✧ ls 是列举目录内容的命令；

✧ -al 是该命令的选项，是要求命令以列表的形式显示输出所有内容，其实这里是 -a

和 -l 的合并；

✧　/usr 是命令参数，指定命令要操作的对象是/usr 目录。

按回车键后，执行结果如图 2-55 所示。

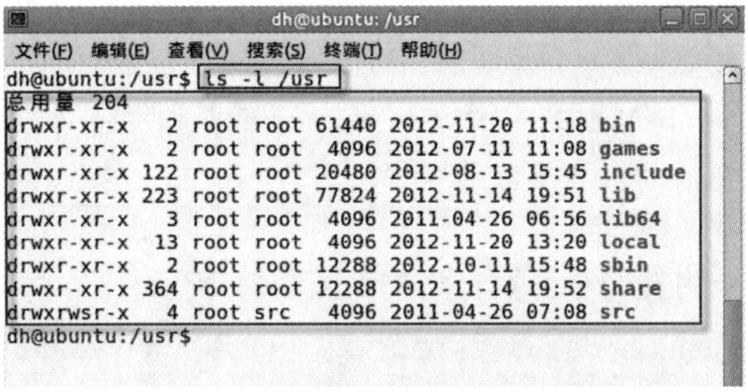

图 2-55　Shell 命令的输入和执行

2.3.3　查看帮助

在 Shell 中可以通过“查看帮助”命令查看某个命令的帮助手册，主要有以下两种命令：

✧　man 命令，用于查看外部命令的帮助手册。

✧　help 命令，用于查看内部命令的帮助手册。

另外，部分外部命令还可以通过其自身的选项“--help”来查看帮助。这里重点介绍 man 和 help 命令。

1. 查看外部命令的帮助

使用 man 命令查看外部命令的帮助手册，常用语法格式如下：

man <外部命令>

例如，查看 ls 命令帮助手册的命令如下。

【示例 2-3】　man 命令

$ man ls

执行结果将在终端中显示 ls 命令的帮助手册，如图 2-56 所示。

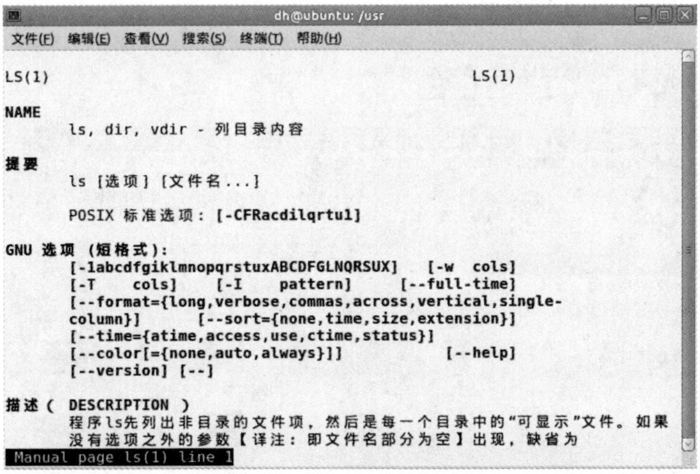

图 2-56　利用 man 命令查看 ls 命令的帮助手册

man 命令自动查找紧随其后的命令程序的帮助手册，并在屏幕上格式化显示。可以用 Page Up 和 Page Down 键翻页，按下 Q 键即可退出 man 命令。

2. 查看内部命令的帮助

使用 help 命令查看内部命令的帮助，常用语法格式如下：

help <内部命令>

例如，查看内部命令 if 的帮助，可以在 Shell 中输入以下命令。

【示例 2-4】 help 命令

```
$ help  if
```

其中，if 是 Shell 的一个内置命令，执行结果如图 2-57 所示。

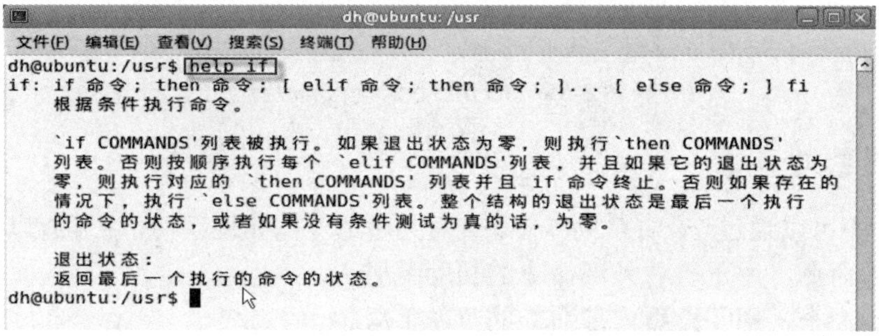

图 2-57 使用 help 命令查看内置命令的帮助

2.3.4 Shell 启动 UI 程序

利用 Shell 运行命令的方式在 Shell 中运行程序是非常快捷的“启动某些界面(UI)程序”的方式(相对于鼠标操作来说)，例如输入 gcalctool 命令即可快速启动“计算器”程序；输入 nautilus 命令即可启动“文件夹管理器”程序。

在终端中输入命令时，可以在命令后面追加“&”符号，指定 Shell 在后台运行刚刚输入的命令(否则是前台运行，运行过程中，用户不能继续在终端中输入命令直到程序结束)，如图 2-58 所示。

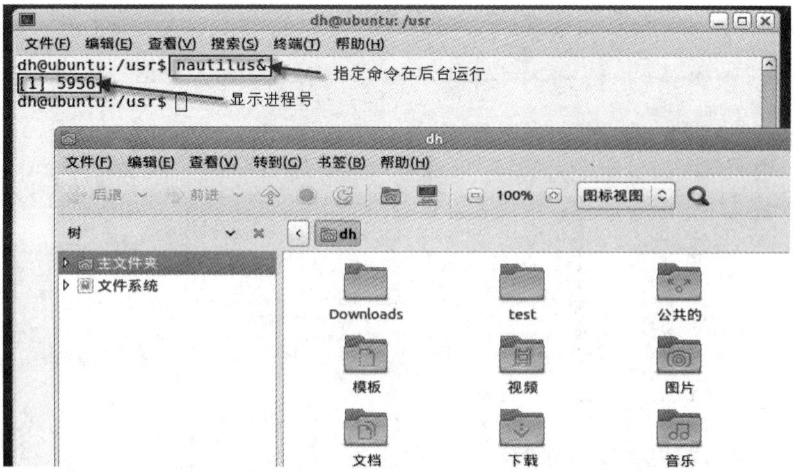

图 2-58 在后台运行 Shell 命令

通过上例可知，用户输入命令后，文件管理器“nautilus”并没有立刻显示，终端将在后台运行“nautilus”，紧接着显示“nautilus”的进程号，然后终端自动回到命令提示符状态(在这个过程中，nautilus 显示在屏幕上)，以便用户可以继续在终端中输入其他命令。

2.3.5　安装软件命令

在 Ubuntu 上，除了可以使用“新立得软件包管理器”以图形化方式安装和删除软件外，还可以在 Shell 终端中通过命令的方式快速搜索、安装或删除软件。

1. 搜索软件

搜索软件使用 apt-cache search 命令，其常用的语法格式如下：

apt-cache search <字符串>

例如，要搜索包含“gedit”字符串的软件，可以在终端中输入以下命令。

【示例 2-5】　search 命令

```
$ apt-cache search gedit
```

命令执行结果如图 2-59 所示。

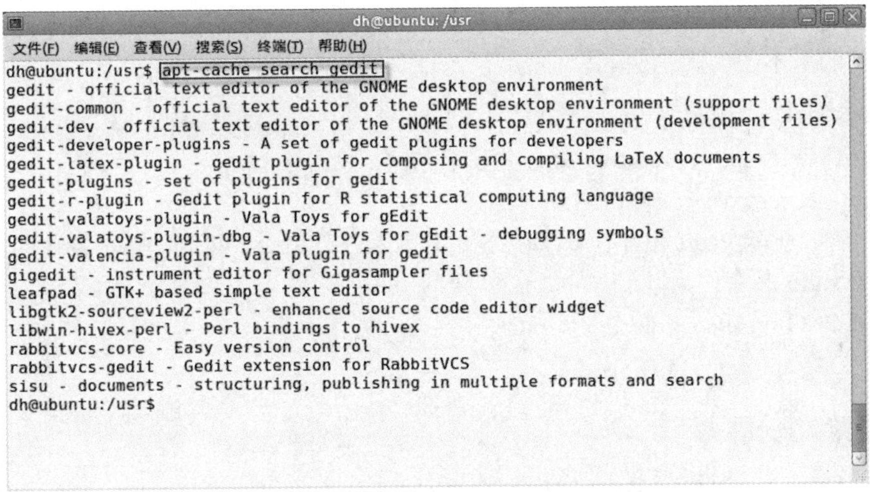

图 2-59　使用 apt-cache 命令搜索软件

在图 2-59 所示的搜索结果中，每行显示一个被搜索到的软件，符号“-”前面的字符是软件包名，其后是软件包的介绍。以上述搜索结果中的第一行为例，“gedit”是软件包名，“official text editor of the GNOME desktop environment”是软件包的介绍。

2. 安装软件

安装软件使用 apt-get install 命令，其常用语法格式如下：

apt-get　install　<软件包名>

在 Ubuntu 上，安装软件需要管理员权限，因此需要通过 sudo 命令，该命令作为某些命令的前缀时允许用户以特权的方式执行该命令。sudo 命令的具体含义参见第 3 章内容。

例如，要安装例 2-5 中的 gedit 软件，可以在终端中输入以下命令。

【示例 2-6】　apt-get 命令

```
$ sudo apt-get install gedit
```

执行上述命令时，系统要求输入当前用户的密码(注意：密码输入过程中不会显示)，执行结果如图 2-60 所示。

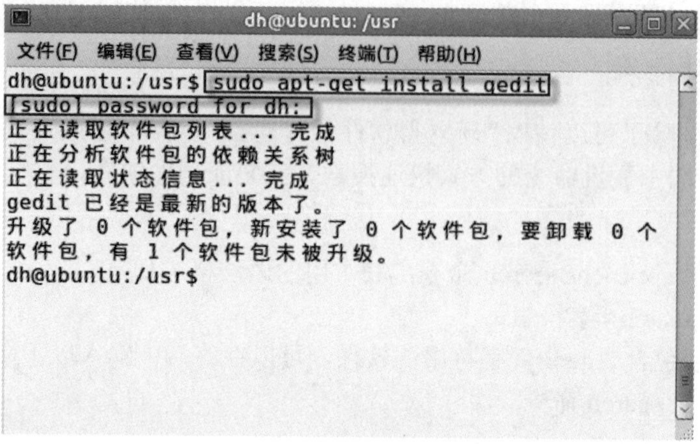

图 2-60 安装软件包

分析上述执行结果，由于本例使用的系统已经安装了 gedit 的当前版本，因此提示“gedit 已经是最新的版本了”等信息。

3. 删除软件

删除软件使用 apt-get remove 命令，其语法格式如下：

apt-get remove <软件包名>

例如，若要删除 gedit 程序，可以在终端中输入以下命令，注意，与安装软件包时一样，也需要使用 sudo 命令作为前缀。

【示例 2-7】 apt-get 命令

$ sudo apt-get remove gedit

2.3.6 清除终端屏幕

当在终端窗口内工作一段时间后，窗口内显示的内容过多会不方便工作，这时可以使用清除终端屏幕的 clear 命令，该命令没有参数和选项。在终端中输入该命令后，执行结果如同一个新打开的终端窗口，如图 2-61 所示。

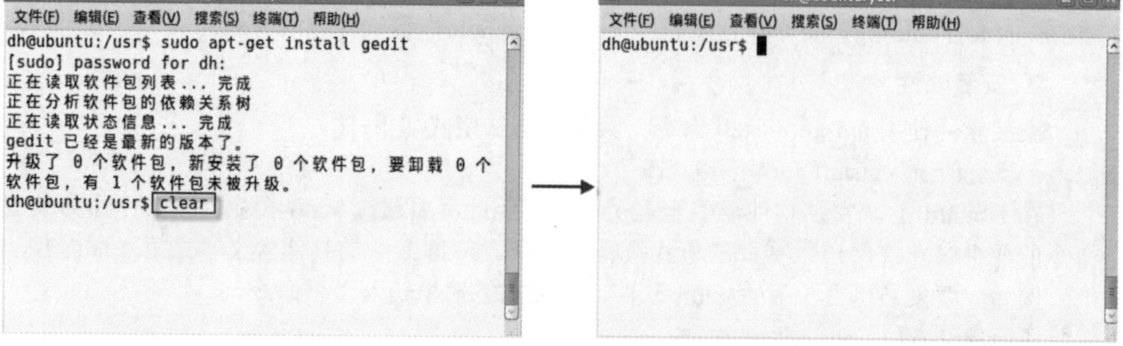

图 2-61 clear 命令执行结果

2.4　文本编辑器

用户在使用 Linux 过程中经常需要编辑文本文件，如编写 Shell 程序自动执行命令，创建 C 语言源程序文件等，因此必须掌握至少一种文本编辑器以便高效地输入文本和修改文本文件。在 Ubuntu 中常用的文本编辑器有以下两种：

✧　Gedit：图形化文本编辑器程序；

✧　Vim：在 Shell 中运行的基于命令行的文本编辑器。

2.4.1　Gedit

Gedit 是 Ubuntu 默认的图形化文本编辑器程序，它具有语法高亮和编辑多个文件的功能，同时提供良好的中文支持。

1. Gedit 的启动

Gedit 的启动有两种方式：

✧　菜单操作，点击面板菜单“应用程序→附件→文本编辑器”。

✧　命令行启动，在终端中输入命令 gedit 或 gedit&。

2. Gedit 的使用

Gedit 的使用方式类似于 Windows 下的记事本或写字板程序，如图 2-62 所示为 Gedit 的界面。

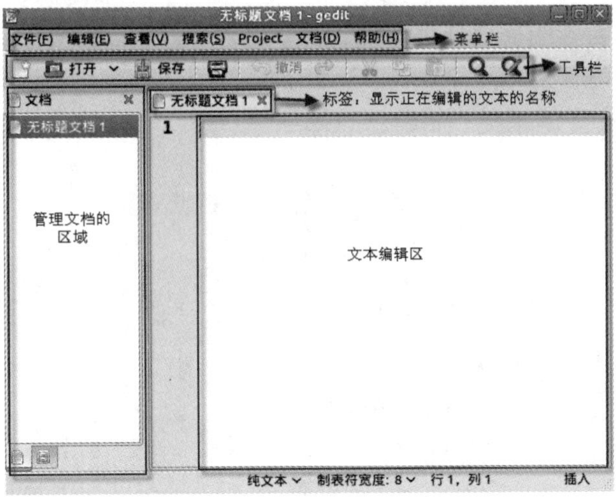

图 2-62　Gedit 的界面

3. Gedit 的设置

点击 Gedit 的“编辑→首选项”菜单，即可设置 Gedit，如图 2-63 所示。

在“Gedit 首选项”窗口内可以进行如下重要设置：

✧　开启/禁用“显示行号”功能；

✧　开启/禁用“括号匹配”功能；

✧ 设置“制表符”宽度；

✧ 开启/禁用“自动缩进”功能；

✧ 设置编辑区的字体和背景色；

✧ 开启/禁用“扩展插件”。

以上功能的开启，对于程序代码的编辑特别有用。

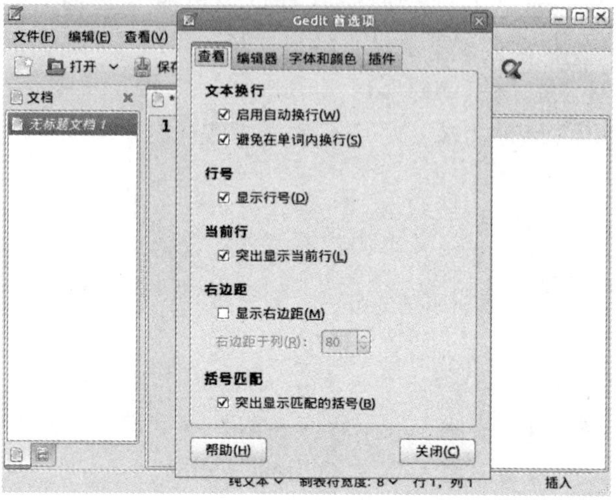

图 2-63 Gedit 的设置

4. Gedit 插件

Gedit 支持插件功能，用户可以为 Gedit 开发新插件，可以动态地添加新特性。这里介绍一下 Ubuntu Gedit 自带的插件使用方法。

下述内容用于实现任务描述 2.D.7，Gedit 插件的设置和使用，具体步骤如下：

(1) 点击 Gedit 程序的菜单“编辑→首选项”，打开“Gedit 首选项”窗口，如图 2-64 所示。

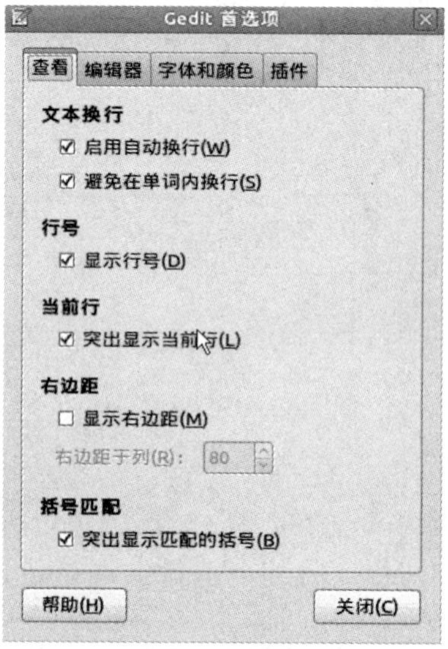

图 2-64 “Gedit 首选项”窗口

(2) 在“Gedit 首选项”窗口中的“插件”选项卡中，选择“嵌入式终端”插件，如图 2-65 所示，然后点击“关闭”按钮。

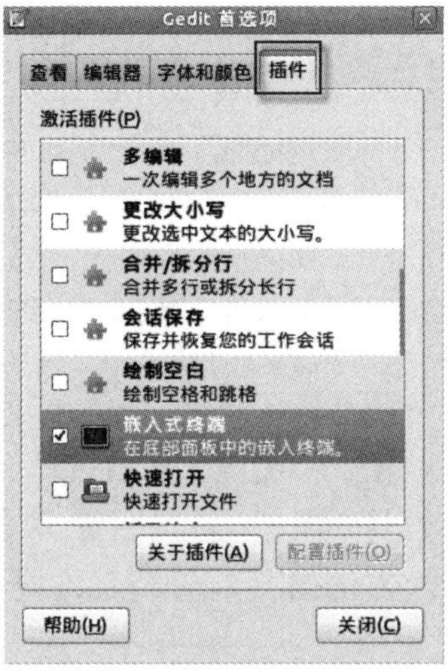

图 2-65　选择“嵌入式终端”插件

(3) 点击 Gedit 程序的菜单“查看→底部面板”，如图 2-66 所示。

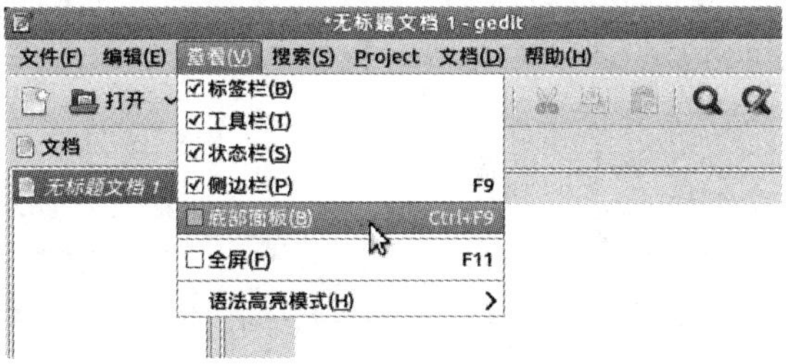

图 2-66　启用底部面板

(4) 在底部面板的“终端”选项卡中，可以使用“嵌入式终端”插件输入并运行命令，如图 2-67 所示。

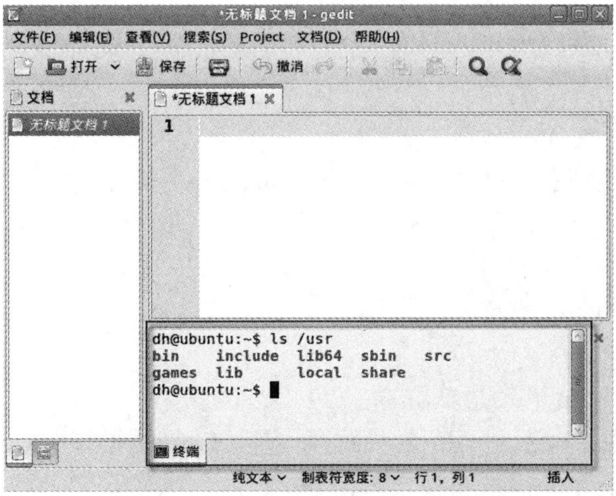

图 2-67　使用“嵌入式终端”插件

2.4.2 Vim

Vim 是著名编辑器 Vi 的改良版(Vi Improved)，可以完成复杂的编辑与格式化功能。Vim 不需要图形化环境，可以在 Shell 下直接运行，其功能强大而且运行速度快。

1. Vim 模式

掌握 Vim 的使用需要从 Vim 的模式开始学起。Vim 在运行过程中可以处于下面三种基本模式之一：

✧ 正常模式，也叫命令模式，Vim 刚启动时处于该模式下，可以输入各种命令来控制 Vim；

✧ 文本模式，在该模式下可以进行文字的输入；

✧ 命令行模式，也叫底行模式，在该模式下可以在 Vim 的最下面一行输入命令来控制 Vim，例如文件的保存、Vim 的退出等。

三种模式可以相互转换，转换方法如图 2-68 所示。

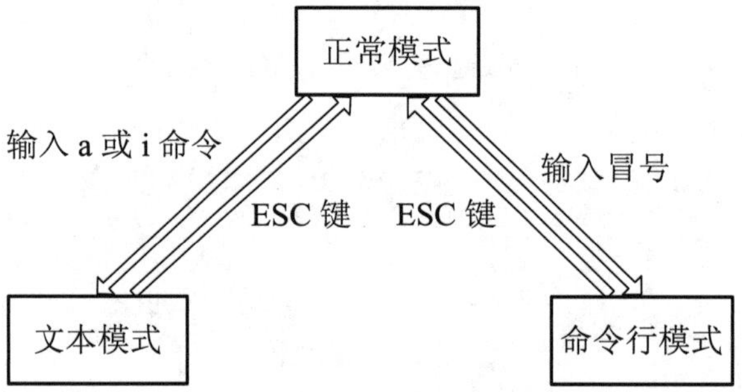

图 2-68　Vim 三种模式之间的转换

进行模式转换时需要注意以下几点：

✧ 无论是在文本模式还是在命令行模式都可以按下 Esc 键进入正常模式。若 Vim 已经处于正常模式下，如果计算机的扬声器正常，系统会发出滴滴声(也可以此判断 Vim 正处于正常模式)。

✧ 正常模式下，输入命令 a 或 i 进入文本模式；输入冒号进入命令行模式。

✧ 文本模式和命令行模式不可以相互转换。

2. Vim 基本操作

下述内容用于实现任务描述 2.D.8，演示 Vim 的基本操作，具体步骤如下：

(1) 启动 Vim。

在终端中输入命令“vim”即可启动 Vim 程序。

【描述 2.D.8】　vim 命令

```
$ vim
```

如图 2-69 所示是 Vim 启动后的界面。

如前所述，Vim 刚启动后进入正常模式(命令模式)，该模式下 Vim 只接收正确的命令，若输入的不是合法的命令，系统将发出嘀嘀声。

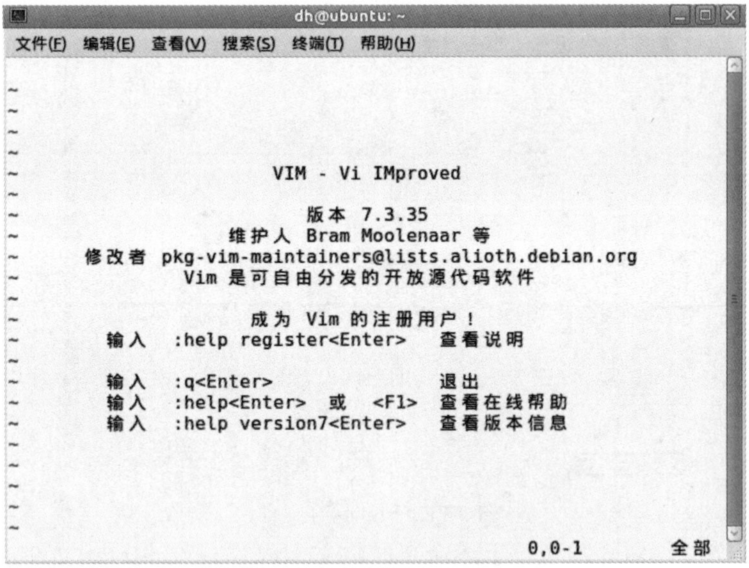

图 2-69　启动 Vim 后的界面

(2) 文本输入。

在正常模式下输入字符“a”或“i”，则进入文本模式。Vim 将在底部显示进入了文本的“插入”状态，并且在窗口左上角显示输入符，如图 2-70 所示。在文本模式下即可以进行正常的文字输入。

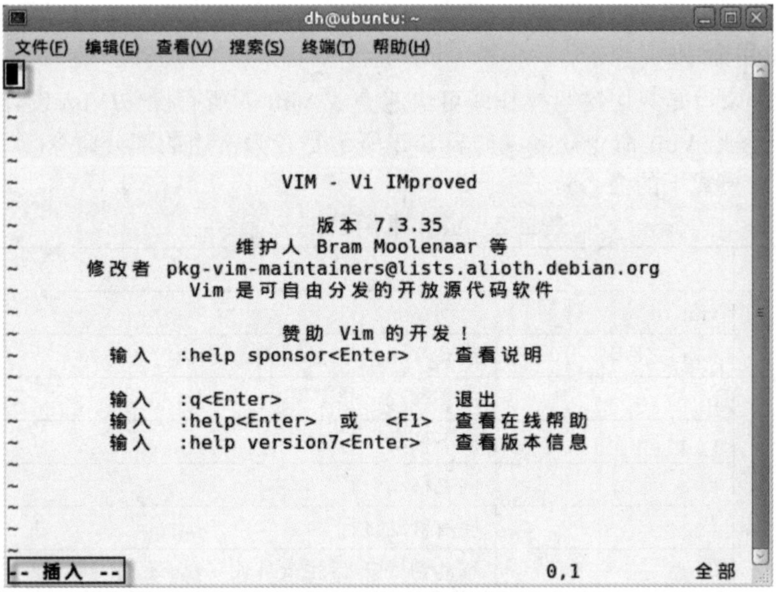

图 2-70　进入文本模式

(3) 文件保存。

文件保存操作需要在命令行模式下执行 w 命令。文本输入完毕后按下 Esc 键，进入正常模式，然后再输入冒号“:”，Vim 进入命令行模式，接下来输入“w test.txt”，如图 2-71 所示。

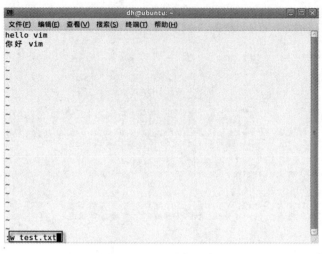

图 2-71　Vim 保存文件

最后按下回车键，Vim 即执行上述命令，将文本内容写入 test.txt 文件。在命令行模式下执行完命令后，Vim 自动进入正常模式，输入“a”或“i”可以再次进入文本模式。

(4) 退出 Vim。

退出 Vim 需要在命令行模式下执行 q 或 wq 命令，执行前者命令时，若后续输入的文本没有保存，Vim 将提示文件没有保存；执行后者命令是先保存文件然后退出 Vim。按下 Esc 键，确保 Vim 进入正常模式，输入冒号“:”，在命令行模式下输入“wq”，即可保存文件然后退出 Vim。

3. Vim 常用命令

Vim 的设计宗旨是只用键盘操作即可快速完成 Vim 的所有操作(Vim 设计时，鼠标还没有流行起来)，因此 Vim 命令众多，如表 2-2 所示是较为常用的部分命令(前缀带有冒号的命令表示命令行模式下的命令)。

表 2-2　Vim 常用的部分命令

类　型	命　令	说　明
进入 Vim	vim	启动 Vim
	vim 文件名	启动 Vim 并打开或新建文件
光标移动	h	向左移动一个字符
	j	向下移动一行
	k	向上移动一行
	l	向右移动以行
	0	移动到行开始(注意是数字 0，不是字母 o)
	$	移动到行尾
屏幕翻滚	Ctrl + u	向文件首翻半屏
	Ctrl + d	向文件尾翻半屏
	Ctrl + f	向文件尾翻一屏
	Ctrl + b	向文件首翻一屏

续表

类　型	命　令	说　　明
文本插入/追加	a	在光标后追加文本
	A	在当前行尾追加
	i	在光标前插入
	I	在当前行首插入
	o	在当前下面新开一行
	O	在当前行上面新开一行
文本删除	dd	删除当前行
	dw	删除一个单词
	nx	删除光标后 n 个字符，例如 3x
	nX	删除光标前 n 个字符，例如 3X
撤消/重做	u	恢复上一个命令以前的状态，可以多次按下 u 命令
	.	重复一条命令
搜索	/字符串	向下搜索字符串
	?字符串	向上搜索字符串
	n	继续搜索
	N	继续向相反方向搜索
替换	:s/p1/p2/g	将当前行中所有 p1 均用 p2 替换
	:n1,n2s/p1/p2/g	将第 n1 至 n2 行中所有 p1 均用 p2 替换
	:g/p1/s//p2/g	将文件中所有 p1 均用 p2 替换
复制/粘贴	nyy	将当前 n 行放入缓冲区
	p	将缓冲区的内容放到当前行下面
保存文件	w	存盘
	w 文件名	存盘至文件
退出 Vim	q	退出
	wq	保存退出
	q!	强制退出

小　结

通过本章的学习，学生应该能够了解和掌握：

- Ubuntu 的系统升级、语言安装以及软件在线安装等都依赖于网络，因此做这些工作之前要先设置好网络。
- 所谓计算机桌面，是指系统提供给用户操作的图形化环境。
- Linux 系统中存在多种桌面环境，目前比较有名的是 KDE、GNOME 和 XFce。
- 通过 Ubuntu 的“创建启动器”操作可以创建桌面“快捷方式”。
- Linux 桌面允许设置多个工作区分别对应不同的桌面，以方便工作。

- ◆ Ubuntu 上软件安装和删除可以通过“新立得软件包管理器”，也可以通过 Shell 命令进行。
- ◆ 在实际使用中，一般不特别区分终端模拟器、终端和 Shell。
- ◆ Linux 操作系统中，不论哪一种 Shell，主要功能都是解释用户输入的命令。
- ◆ 在 Ubuntu 中有两种常用的编辑器：Gedit 和 Vim，前者是图形化程序，后者是在 Shell 中运行的基于命令行的文本编辑器。
- ◆ Vim 在运行过程中有三种基本模式：正常模式、文本模式和命令行模式。

练　习

1. 关于终端和 Shell，下列描述错误的是______。

A. 从本质上说，当登录到 Ubuntu 桌面时，用户正在使用的是图形 Shell 程序

B. Shell 可以接受并解释用户输入的命令

C. 从本质上说，Ubuntu Linux 是由 Linux 内核和 Shell 组成的

D. Ubuntu Linux 中的 Shell 程序(简称 Shell)只有一种：bash

2. Vim 在运行过程中可以处于______、______和______三种基本模式之一。

3. 简述 Ubuntu 上安装和删除软件的方法。

第 3 章　文件系统

本章目标

- 熟悉 Linux 文件类型。
- 了解 Linux 系统的结构及各目录的作用。
- 掌握目录创建、删除和内容查看。
- 掌握常用文件的复制、移动、删除、内容比较等操作。
- 掌握软链接和硬链接的区别。
- 掌握创建链接文件的方法。
- 熟悉文件权限概念。
- 掌握文件的权限设置。
- 掌握简单的正则表达式写法。
- 掌握使用 grep 命令查找文件内容的方法。
- 掌握文件的备份和还原操作。
- 了解文件补丁的制作和补丁的使用。

学习导航

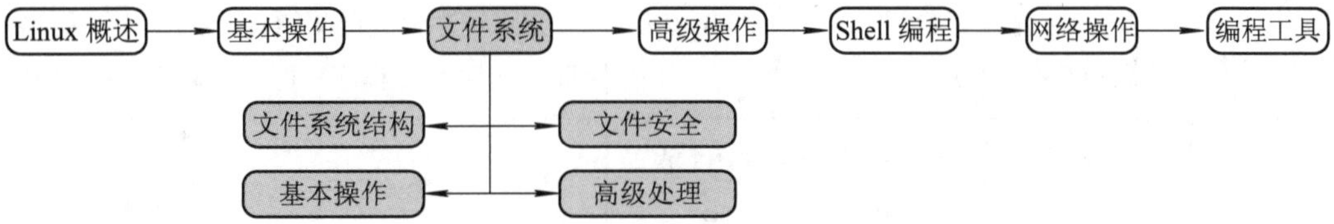

任务描述

➢【描述 3.D.1】

使用 diff 命令比较两个自定义文件的内容，并分析其输出结果。

➢【描述 3.D.2】

使用 uniq 命令删除文件中的重复行。

➢【描述 3.D.3】

创建链接文件。

➢【描述 3.D.4】

演示链接文件的读写。

➢【描述 3.D.5】

使用 grep 命令对文件内容进行查找。

➢【描述 3.D.6】

使用 sort 命令对文件内容进行排序。

➢【描述 3.D.7】

使用 gzip 命令对文件进行压缩和解压缩。

➢【描述 3.D.8】

使用 tar 命令对文件进行备份和还原。

3.1 文件系统结构

使用计算机时经常会执行一些和文件相关的操作，例如读、写、创建/修改或执行文件等。因此需要了解 Linux 中的文件概念，包括文件的组织和管理、操作系统中文件的表示，以及文件存储的过程等。在 Linux 操作系统中，所有被操作系统管理的资源，例如网络接口卡、磁盘驱动器、打印机、输入/输出设备、普通文件或是目录都被看做是一个文件。

3.1.1 文件类型

Linux 支持 6 种文件类型，如表 3-1 所示。

表 3-1 文 件 类 型

文件类型	描　述	示　例
普通文件	用于在辅助存储设备(如磁盘)上存储信息和数据	包含程序源代码(用 C、C++、Java 等语言编写)、可执行程序、图片、声音、图像等
目录文件	用于表示和管理系统中的文件，目录文件中包含一些文件名和子目录名	/root、/home
链接文件	用于不同目录下文件的共享	当创建一个已存在文件的符号链接时，系统就创建一个链接文件，这个链接文件指向已存在的文件
设备文件	用于访问硬件设备	包括键盘、硬盘、光驱、打印机等
命名管道(FIFO)	是一种特殊类型的文件，在 Linux 系统下，进程之间的通信可以通过该文件完成	
套接字文件(socket)	用于网络中两个进程之间的通信	

3.1.2　文件系统结构

Linux 文件系统的结构层次鲜明，就像一棵倒立的树。文件系统结构从一个主目录开始，称为根目录。根目录下可以有任意多个文件和子目录，并且可以按任意的方式组织在一起。文件组织结构使得一个目录和它包含的文件或子目录之间成为父子关系。一个典型的 Linux 文件系统包含成千上万个文件和目录，如图 3-1 所示。

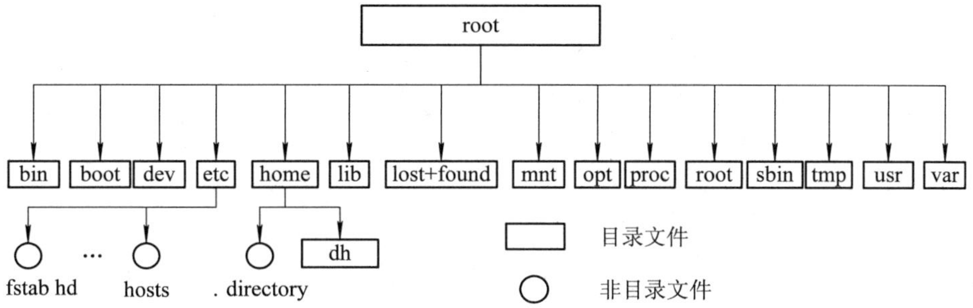

图 3-1　典型的 Linux 文件结构

图 3-1 中的“.directory”文件是 home 目录下的文件，文件名以符号“.”开头表示是隐藏文件。当登录 Linux 时，首先进入到一个特殊的目录，称为用户主目录(也称为主目录)。例如图 3-1 中的目录“dh”就是用户“dh”的主目录，“dh”是用户的名字。

根据 1994 年发布的文件系统标准(FSSTND)，所有的 Linux 文件系统都有标准的文件和目录结构。标准目录又包含一些特定的文件，表 3-2 所示是部分标准目录及其说明。

表 3-2　标准目录及其说明

标准目录	说　　明
根目录(/)	根目录位于分层文件系统的最顶层，用斜线(/)表示。它包含一些标准文件和目录，因此可以说它包含了所有的目录和文件
/bin	也被称为二进制目录，包含了系统管理员和普通用户使用的重要的 Linux 命令的二进制(可执行)程序
/boot	存放用于启动 Linux 系统的所有文件，包括 Linux 内核的可执行文件(在 Ubuntu 上，文件名是 vmlinuz 加上发行版本和发布信息，例如 vmlinuz-2.6.38-8-generic)
/dev	也称设备目录，存放连接到计算机上的设备(光驱、打印机、调制解调器)所对应的文件。这些文件称为特殊文件，分为两种：字符特殊文件和块特殊文件
/etc	存放和特定主机相关的文件和目录，例如系统配置文件；/etc 目录不包含任何二进制文件，这个目录下的文件主要由管理员使用；普通用户对大部分文件只有读权限
/home	存放所有普通系统用户的默认工作目录(用户主目录)
/lib	存放重要的库文件，其他的库文件则大部分存储在 /usr/lib 下
/mnt	主要用来临时装载文件系统(可执行 mount 命令完成装载工作)。这个目录包含了光驱、软驱的装载点
/opt	用来安装附加软件包

续表

标准目录	说　明
/proc	存放进程和系统信息
/root	大多数 Linux 系统中，/root 目录是系统管理员的目录，普通用户没有权限访问 /root 目录
/sbin	目录 /sbin、/usr/sbin 和 /usr/local/sbin 存放了系统管理工具、应用软件和最基本的管理命令
/tmp	存放临时性的文件，一些命令和应用程序会用到这个目录
/var	用来存放易变数据，这些数据在系统运行过程中会不断地改变
/usr	是 Linux 文件系统中最大的目录之一，它存放了可以在不同主机间共享的只读数据

3.1.3 主目录和当前工作目录

当用户登录 Linux 或在 Ubuntu 上打开一个终端后，首先进入一个特殊目录，称为“用户主目录”。例如，图 3-1 所示的目录“dh”就是用户“dh”的主目录。Linux 规定可以用符号“~”表示当前登录用户的“用户主目录”。

当前所在的目录称为“当前工作目录”。当前工作目录可以用“.”表示，当前工作目录的父目录可以用“..”表示。

3.1.4 文件或目录的表示

Linux 下的文件或目录通过路径来表示，路径有两种表示方式：

- ✧ 绝对路径：从根目录开始。
- ✧ 相对路径：从当前工作目录开始。

1. 绝对路径

在使用操作文件或目录的命令时，可以使用文件的完整表示，方法是从根目录开始按照所在目录的位置进行描述。例如，假设根目录下的 etc 目录下有个 test 文件，则该文件的完整表示是：

/etc/test

若/etc 目录下有个子目录 ab，而 ab 下有个字母 dc，则目录 dc 的完整表示是：

/etc/ab/dc

2. 相对路径

若操作的是当前目录下的文件(目录)，也可以使用文件的简洁表示，即不用从根目录开始而是从当前目录位置开始描述。例如，当用户“dh”登录系统后，打开 Shell 终端后首先进入它的主目录“/home/dh”，则当前 test 子目录下的 a 文件(即“/home/dh/test/a”)可以表示为：

test/a

或

./test/a

还可以表示为：

~/test/a

3.1.5　pwd 命令

使用 pwd 命令可以确定当前所在目录的绝对路径。例如，在当前目录下直接执行 pwd 命令。

【示例 3-1】　pwd 命令

$ pwd

命令执行结果如图 3-2 所示。

图 3-2　pwd 命令执行结果

上述命令执行结果输出的是“/home/dh”，这也是当前用户的主目录。

3.1.6　标准文件

一个应用程序必须先打开文件，才能对这个文件进行 I/O(输入/输出)操作。对每个执行的命令，Linux 系统都会自动打开 3 个文件，命令从其中一个文件读取输入信息，并把输出信息和错误信息发送到其他两个文件中。这 3 个文件称做标准文件，分别是：

- ✧ stdin，标准输入文件，一般指键盘输入；
- ✧ stdout，标准输出文件，一般指显示器；
- ✧ stderr，标准错误输出文件，一般指显示器。

在 Linux 中，每个打开的文件都有一个小的整数与之对应，称为文件描述符。0、1、2 分别是 stdin、stdout 和 stderr 的文件描述符。内核根据文件描述符执行文件操作(如读、写文件)。

3.2　基本操作

本节将介绍 Linux 下目录操作和文件操作命令的使用，包括目录创建、删除和查看，以及文件的查看、复制、删除和比较等。这些操作都是文件的基本操作，掌握它们有助于快速管理文件系统。

3.2.1　目录操作

1. 创建新目录 mkdir

用 mkdir 命令创建一个新目录，其语法格式如下：

mkdir [选项]　<目录名>

其中：

✧ 选项，是命令执行时可使用的参数，常用选项有：

- -m mode，对新建的目录设置权限，权限的设置方法同 chmod 命令(见本章后续内容)；
- -p，创建存在中间路径的目录。

✧ 目录名，要创建的目录名字，必须输入。

例如，下面的命令在当前目录下建立一个目录名为 information 的目录。

【示例 3-2】　mkdir 命令

$ mkdir information

命令执行结果如图 3-3 所示。

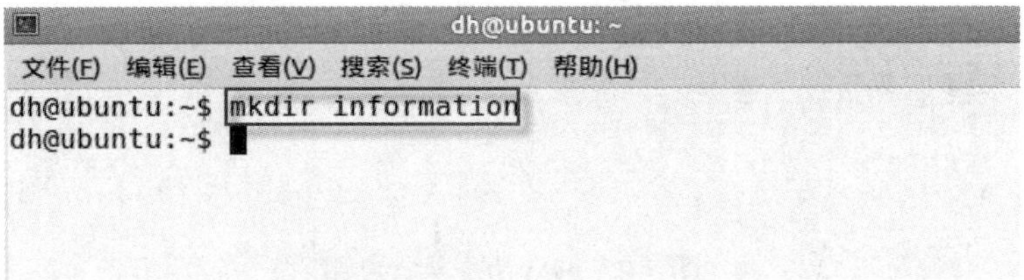

图 3-3　mkdir 命令输入格式

命令执行完后虽然终端没有任何的提示，不过目录名为 information 的目录已经建立完成。执行 ls 命令可以看到刚刚建立的 information 目录，如图 3-4 所示。

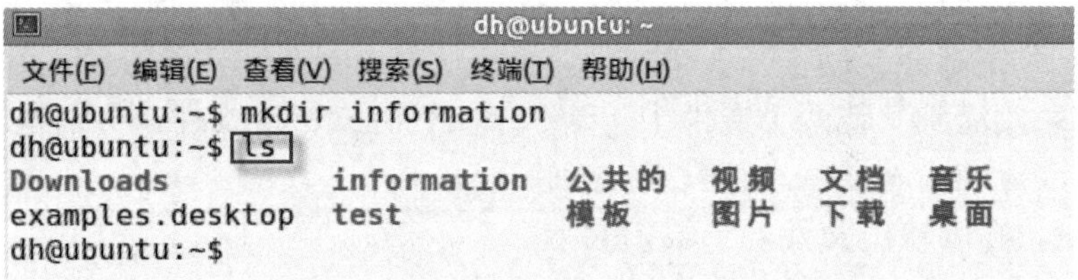

图 3-4　建立的 information 目录

下面的示例 3-3 解释了选项“-p”的意义。若需要在 information 目录下建立目录 A，在 A 目录下建立目录 B，可执行下列命令。

【示例 3-3】　mkdir 命令

$ mkdir　information/A/B

由于在 information 目录下 A 目录还不存在，因此直接执行上述命令会出错，如图 3-5 所示。

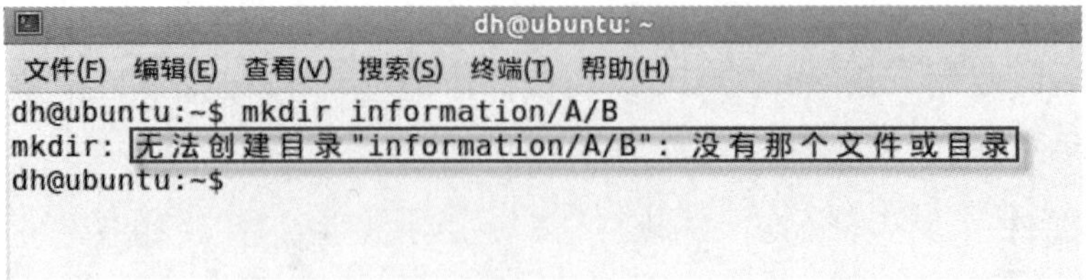

图 3-5　直接使用 mkdir 创建多个子目录

这时，可以使用 mkdir 命令的 -p 选项。

【示例 3-4】　mkdir -p 命令

$ mkdir -p information/A/B"

命令执行结果如图 3-6 所示。

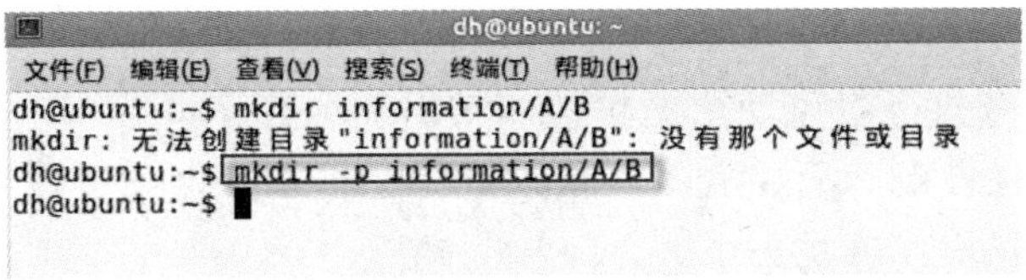

图 3-6　使用 -p 选项创建多个子目录

然后使用 ls 命令查看，发现目录 A 和 B 都已经正确创建完毕，如图 3-7 所示。

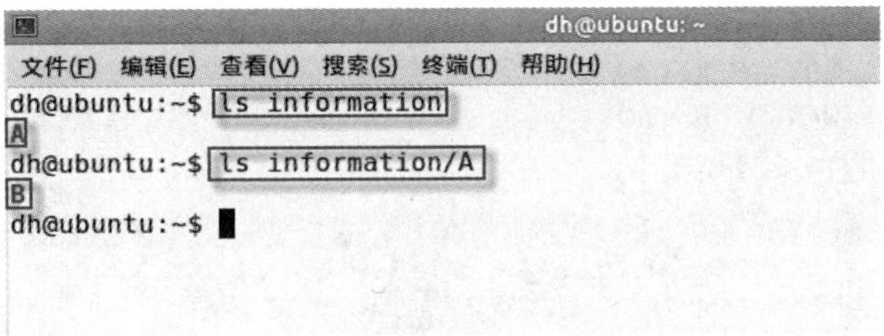

图 3-7　查看创建的子目录

2. 改变目录 cd

cd 命令用于改变目录，其语法格式如下：

cd　[目录名]

其中，目录名是要切换到的目录的名字。例如，使用 cd 命令切换当前目录到 information 目录下，可执行下面操作。

【示例 3-5】　cd 命令

$ cd information

命令执行结果如图 3-8 所示。

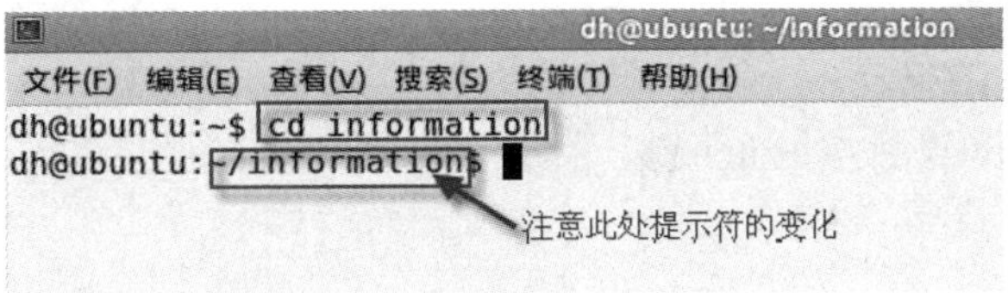

图 3-8　切换目录

使用 cd 命令的小技巧如下：

✧　cd：进入用户主目录；

✧　cd ~：进入用户主目录；

✧　cd -：返回进入此目录之前所在的目录；

✧　cd ..：返回上级目录；

✧　cd ../：返回进入此目录之前所在的目录。

在使用 cd 命令时，不管目录名是什么，cd 与目录名之间必须有空格，如 cd/、cd..、cd. 都是非法的。

3. 删除空目录 rmdir

用 rmdir 命令删除一个空目录，其语法格式如下：

rmdir [选项] <目录名>

其中：

✧ 选项，是命令执行时可使用的参数，常用选项有：

- -p，当子目录被删除后，若其父目录成为空目录，则此父目录一并删除；
- -v，提示删除操作成功。

✧ 目录名，必须输入，是要删除目录的名字。

例如，下面的命令演示如何删除示例 3-2 建立的 information、A、B 目录。

【示例 3-6】 rmdir 命令

```
$ cd ..
$ rmdir -pv information/A/B
```

命令执行结果如图 3-9 所示。

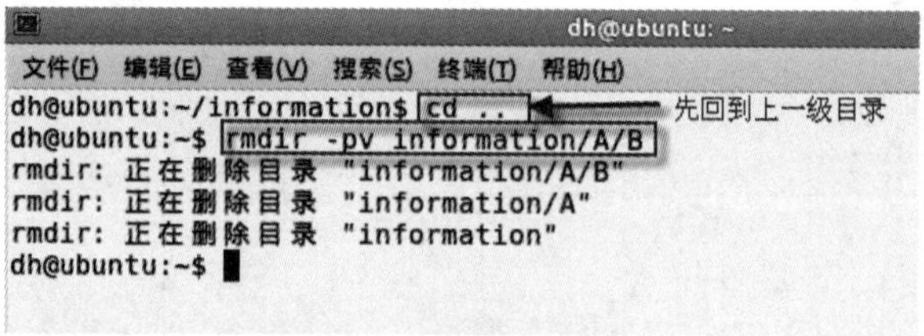

图 3-9 rmdir 命令输入格式

其中，将选项“-p”和“-v”合并在一起描述为“-pv”(也可以分开写为“-p -v”)，rmdir 命令先删除 information 下的 B 目录，当删除了 information/B 后，B 目录的父目录 A 成了空目录，因此又接着删除了 A 目录。同理，rmdir 命令又自动删除了 information 目录。

⚠ **注意**：rmdir 命令只能删除空目录，若目录有文件或子目录则不能删除，此时可以使用后面介绍的 rm 命令。

4. 显示当前目录 pwd

直接在终端输入 pwd 后按 Enter 键，就会显示当前所在目录的绝对路径，前述 3.1.5 节已介绍。

5. 列目录内容 ls

ls 命令是 Linux 下最常用的命令之一，其语法格式如下：

ls [选项] [目录或文件]

其中：

✧ 选项，是命令执行时可使用的参数，常用选项有：

- -a，显示指定目录下的所有子目录与文件，包括隐藏文件；
- -d，将目录名像其他文件一样列出，而不是列出目录里面的内容；
- -l，采用长格式来显示文件的详细信息；
- -r，将目录的内容清单以英文字母顺序的逆序显示；
- -R，若目标目录及子目录中有文件，就列出所有的文件；

- -t，按时间信息排序。

✧　目录或文件，是要列出的目录或文件，如果省略，则表示的是列出当前目录的内容。

例如，下面的命令可查看 /user 目录下的内容。

【示例 3-7】　ls 命令

```
$ ls -l /usr
```

命令执行结果如图 3-10 所示。

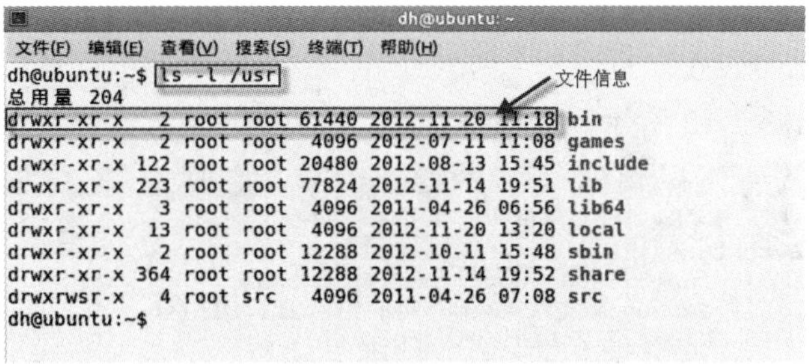

图 3-10　ls 命令执行结果

从图 3-10 中可以看出，用命令“ls -l”可以列出目录或文件的详细信息，其描述如图 3-11 所示。

图 3-11　文件描述信息

其中，文件属性由 10 个字符组成，第一位是文件类型，剩下的 9 位为文件权限。关于文件权限的内容见本章 3.3 节。其中，文件类型的表示方法如表 3-3 所示。

表 3-3　文件类型的表示方法

符　号	类　型
-	普通文件
b	块设备文件
c	字符设备文件
d	目录
l	链接文件
p	命名管道(FIFO)

3.2.2　查看文本文件内容

Linux 提供了多个命令来显示文本文件的内容，例如 cat、more、less 等。

1. cat 命令

cat 命令用于查看完整的文件内容，其语法格式如下：

```
cat [选项] <文件列表>
```

其中：

✧ 选项，是命令执行时可使用的参数，常用选项有：
- -E，在每一行的末尾显示符号$；
- -n，显示每一行的行号，包括空行；
- -b，显示每一行的行号，不包括空行；
- --help，显示这个命令的用途，简要解释每一个选项的作用。

✧ 文件列表，是要查看的文件，若是多个文件，之间由空格分开。

例如，下面使用 cat 命令显示 /etc/passwd 文件的内容及行号。

【示例 3-8】 cat 命令

    $ cat -n /etc/passwd

命令执行结果如图 3-12 所示。

图 3-12 cat 命令执行结果

2. more 命令

当查看文件的内容多于一页时，可以使用命令 more 或 less 来分页显示文件。more 命令语法格式如下：

    more [选项] <文件列表>

其中：

✧ 选项，是命令执行时可使用的参数，常用选项有：
- +number，从第 number 行开始显示内容；
- -number，指定每屏幕要显示 number 行；
- -s，把重复的空行，压缩成一个空行；
- -p，不以卷动的方式显示每一页，而是先清除整个屏幕，再显示文本。

✧ 文件列表，是要查看的文件。

“文件列表”中文件的内容分页显示出来后，按空格键显示文件下一页，按 Enter 键显示文件下一行，在屏幕的左下角会显示从头到当前位置已经显示的内容所占的百分比，按 Q 键可以退出命令回到 Shell。

例如，下面命令可分页显示 /etc/passwd 文件的内容。

【示例 3-9】 more 命令

    $ more /etc/passwd

命令执行结果如图 3-13 所示。

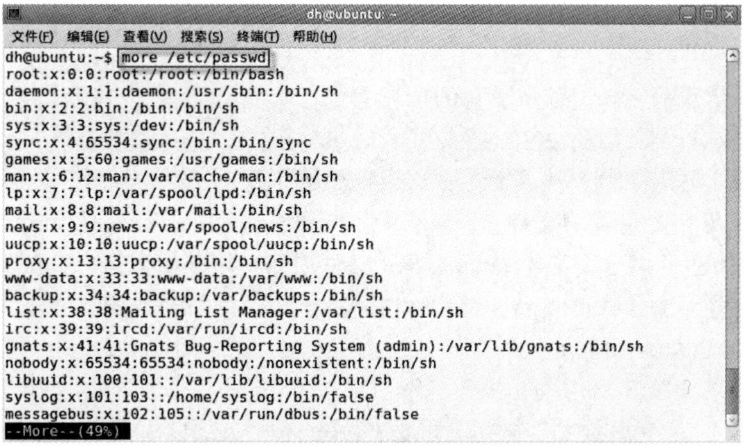

图 3-13　more 命令执行结果(一)

窗口下方出现已经显示的内容占文件全部内容的比例，此时可以按空格键显示下一页，或按 Enter 键显示下一行，或者按 Q 键退出 more 命令。

使用 more 命令的“+number”和“-number”选项可以精确控制要显示的内容。例如，用命令查看 /usr/include/stdio.h 文件的内容，要求从文件的第 10 行开始显示，每屏显示 5 行的内容，可以运行以下命令。

【示例 3-10】　more 命令

```
$ more +10 -5 /usr/include/stdio.h
```

命令执行结果如图 3-14 所示。

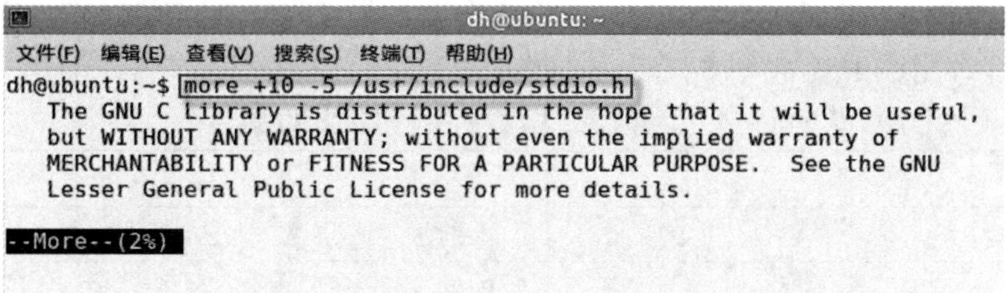

图 3-14　more 命令执行结果(二)

按下空格键后，屏幕上再次追加 5 行内容，如图 3-15 所示。

图 3-15　more 命令执行结果(三)

3. less 命令

命令 less 和命令 more 功能类似，但效率更高，且具有一些命令 more 没有的功能，其语法格式如下：

less [选项] <文件列表>

其中：

✧ 选项，常用且 more 命令没有的选项有：

- -N，显示行号(注意，“N”是大写)；
- -pwant，在文件中查找匹配 want 的第一处位置。

✧ 文件列表，要查看的文件。

例如，下面的命令可分页显示 /etc/passwd 文件内容，并查找字符串“dh”的第一处位置。

【示例 3-11】 less 命令

$ less -pdh /etc/passwd

命令执行结果如图 3-16 所示。

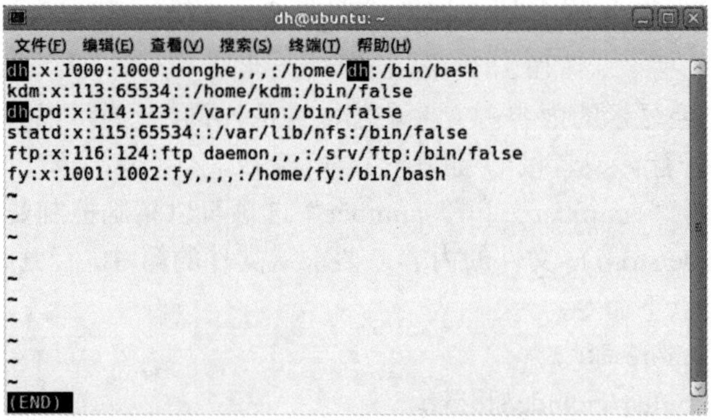

图 3-16 less 命令执行结果

用 less 命令查看文件时，可以使用一些命令来浏览文件，且能在文件上执行操作。表 3-4 列出了一些有用的 less 命令。

表 3-4 less 在文件上执行操作的命令

命　令	目　的
<space>、<Ctrl-F>、<Ctrl-V>	向前滚动一屏
<Enter>、e、j< Ctrl -E>、< Ctrl -J>、	向前滚动一行
D、< Ctrl-D >	向前滚动半屏
b、< Ctrl -B>< Ctrl-V >	向后滚动一屏
y、k、< Ctrl-K >、< Ctrl-Y >、< Ctrl -P>	向后滚动一行
U、< Ctrl-U >	向后滚动半屏
r、<Ctrl-L>、< Ctrl-R>	刷新屏幕
/want	从当前位置的下一行开始查找匹配 want 的位置
n	向前重复查找匹配 want 的位置
N	向后重复查找匹配 want 的位置
:n	读取 file-list 中的下一个文件
:N	读取 file-list 中的上一个文件
:x	读取 file-list 中的第一个文件
Q、q、:Q、ZZ	退出

4. head 命令

head 命令用于查看文件头部内容，其语法格式如下：

　　head [选项] <文件列表>

其中：

✧　选项，是命令执行时可使用的参数，常用选项为：

●　-number，显示开始的 number 行，若不使用该选项，默认是 10 行。

✧　文件列表，是要查看的文件。

例如，下面的命令可查看/etc/passwd 文件中的前 5 行内容。

【示例 3-12】　head 命令

```
$ head -5 /etc/passwd
```

命令执行结果如图 3-17 所示。

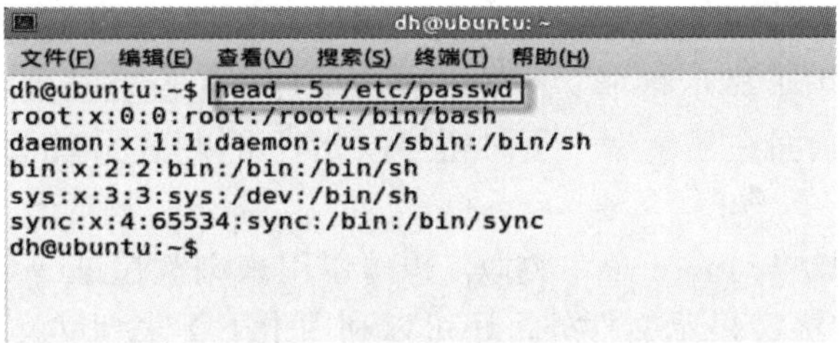

图 3-17　head 命令执行结果

5. tail 命令

tail 命令用于查看文件尾部内容，用法跟 head 命令类似，其语法格式如下：

　　tail [选项] <文件列表>

其中：

✧　选项，是命令执行时可使用的参数，常用选项有：

●　-f，当文件增长时，输出后续添加的数据；

●　-n，表示显示文件的最后 n 行，而非默认的 10 行；

●　-c　n，输出最后 n 个字节。

✧　文件列表，要查看的文件。

例如，下面示例 3-13 使用 tail 命令查看 /etc/passwd 文件中的最后 5 行内容。

【示例 3-13】　tail -n 命令

```
$ tail -5 /etc/passwd
```

命令执行结果如图 3-18 所示。

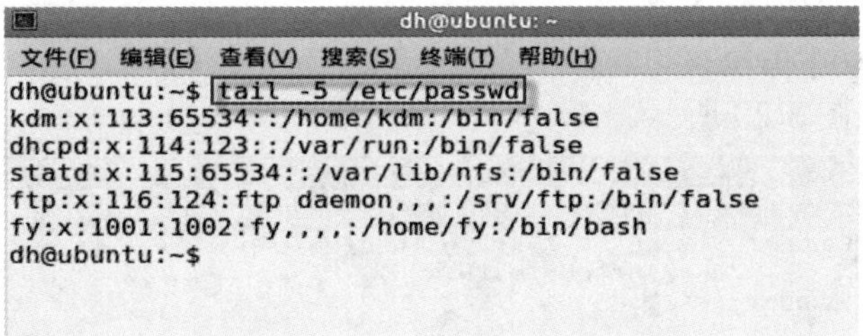

图 3-18　tail 命令执行结果

下述示例 3-14 则使用 tail 命令查看 /etc/passwd 文件中的最后 40 个字节。

【示例 3-14】 tail -c 命令

$ tail -c 40 /etc/passwd

命令执行结果如图 3-19 所示。

dh@ubuntu: ~
文件(F) 编辑(E) 查看(V) 搜索(S) 终端(T) 帮助(H)
dh@ubuntu:~$ tail -c 40 /etc/passwd
y:x:1001:1002:fy,,,,:/home/fy:/bin/bash
dh@ubuntu:~$

图 3-19 tail 命令执行结果

6. cat、more、less 命令的区别

cat、more 和 less 命令虽然都可以显示文件内容，但彼此之间仍然存在差异：

✧ cat 命令功能用于显示整个文件的内容，单独使用没有翻页功能。

✧ more 命令让画面在显示满一页时暂停，此时可以按空格键继续显示下一个画面，或按 Q 键停止显示。

✧ less 命令的用法与 more 命令类似，也可以用来浏览超过一页的文件，所不同的是 less 命令除了可以按空格键显示文件外，还可以利用上下键来翻动文件。当要结束浏览时，只要在 less 命令的提示符“：”下按 Q 键即可。

3.2.3 查看文件大小

du 命令可以查看文件或目录的大小，其语法格式如下：

du [选项] <file>

其中：

✧ 选项，是命令执行时可使用的参数，常用选项有：

- -a，对涉及到的所有文件进行统计，而不只是包含子目录；
- -h，自动以合适的单位输出文件的大小；
- -b，输出以字节为单位的文件的大小；
- -k，输出以 1024 字节为计数单位的文件的大小；
- -m，输出以兆字节的块为计数单位的文件的大小(就是 1,048,576 字节)。
- -c，给出总计。这个选项被用于给出指定的一组文件或目录使用的空间的总和。

例如，下面的命令以 1024 字节为单位查看文件 /usr/include/math.h 的大小。

【示例 3-15】 du -k 命令

$ du -k /usr/include/math.h

命令执行结果如图 3-20 所示。

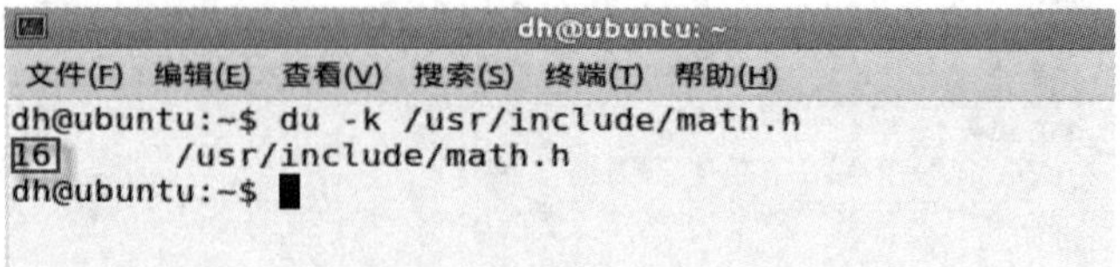
dh@ubuntu: ~
文件(F) 编辑(E) 查看(V) 搜索(S) 终端(T) 帮助(H)
dh@ubuntu:~$ du -k /usr/include/math.h
16 /usr/include/math.h
dh@ubuntu:~$

图 3-20 查看文件大小

下面的命令以字节为单位查看 /mnt 目录的大小。

【示例 3-16】　du -b 命令

$ du -b /mnt

命令执行结果如图 3-21 所示。

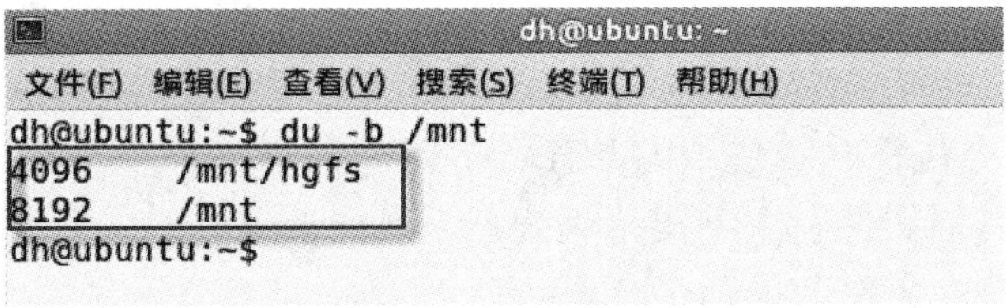

图 3-21　查看目录的大小

分析上述执行结果，du 命令列出了 /mnt 目录以及其子目录 /mnt/hgfs 的字节大小。

3.2.4　文件复制

复制文件的命令是 cp，其语法格式如下：

cp [选项] <file1> <file2>

其中：

✧　选项，是命令执行时可使用的参数，常用选项有：

- -i，如果目的文件存在，会在覆盖前提示；
- -p，保留文件的权限属性和修改时间；
- -r，递归复制目录。

✧　file1，是被复制的文件。

✧　file2，是要复制到的文件或目录。

例如，使用 cp 命令将 /usr/bin/ldd 文件复制到当前用户主目录下。

【示例 3-17】　cp 命令

$ cp -i /usr/bin/ldd　~

命令执行结果如图 3-22 所示。

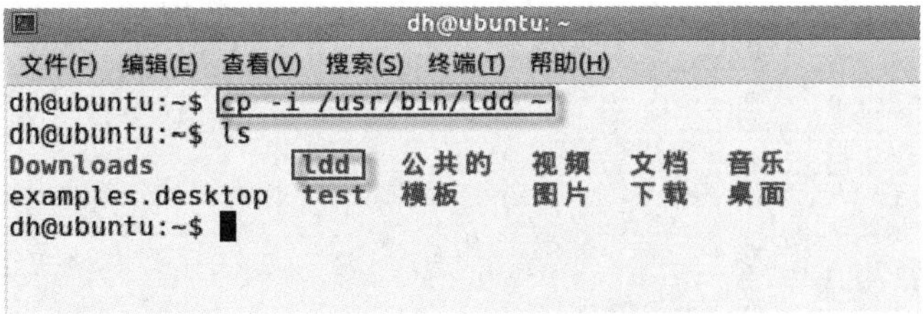

图 3-22　cp 命令的使用格式

上述命令中，用符号“~”来表示用户主目录。由于目标文件不存在，所以命令成功执行后没有任何提示。

⚠ **注意**：复制文件必须具有相应的权限：源文件的读权限、包含 file1 的目录执行权限和 file2 所在目录的写权限。关于权限的问题在本章第 3 节中介绍。在使用复制文件命令 cp 时，尽量使用 -i 选项，避免因为覆盖已存在的文件而造成不必要的损失。

3.2.5 文件移动

转移文件的命令是 mv，其语法格式如下：

mv [选项] <file1> <file2>

mv [选项] <文件列表> <目标目录名>

其中：

✧ 选项，是命令执行时可使用的参数，常用选项有：

● -f，在覆盖目的文件前永不提示用户；

● -i，在覆盖目的文件前提示用户。

✧ file1 和文件列表，是要转移的文件。

✧ file2 和目录名，是要转移到的位置。

第一个语法：转移文件 file1 到 file2，或把文件 file1 重命名为 file2；

第二个语法：把文件列表中的所有文件转移到目标目录下。

例如，使用 mv 命令将示例 3-17 中当前用户主目录下的 ldd 文件移动到 information 目录下(如果该目录不存在，需要使用 mkdir 命令创建)，并且改名为 ldd.exe。

【示例 3-18】 mv 命令

$ mv ldd information/ldd.exe

命令执行结果如图 3-23 所示(命令成功执行后没有任何提示)。

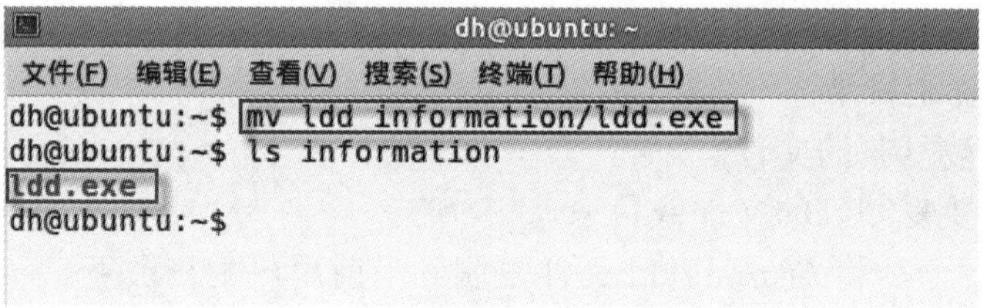

图 3-23 mv 命令的使用格式

当在同一目录下使用 mv 命令时，可以实现对文件或目录的重命名。例如，将示例 3-18 中的 ldd.exe 文件重命名为 ldd.host，可以使用下述命令。

【示例 3-19】 mv 重命名

$ cd information

$ mv ldd.exe ldd.host

$ ls

命令执行结果如图 3-24 所示。

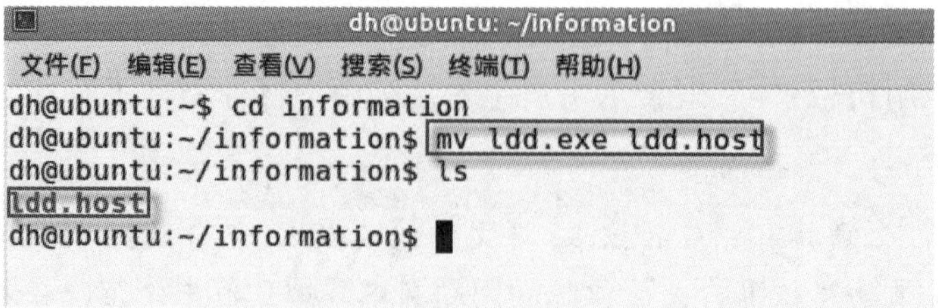

图 3-24 mv 重命名

3.2.6　文件的删除

删除文件的命令是 rm，其语法格式如下：

rm [选项] <文件列表>

其中：

✧　选项，是命令执行时可使用的参数，常用选项有：

●　-r，递归地移除目录中的内容及目录本身；

●　-i，在删除文件列表中的文件前给出提示。

✧　文件列表，是要删除的文件，若是多个文件，之间由空格分开。

例如，删除 information 目录下所有的文件以及目录本身。

【示例 3-20】　rm 命令

$ rm -r information

命令执行结果如图 3-25 所示(命令执行成功后没有任何提示)。

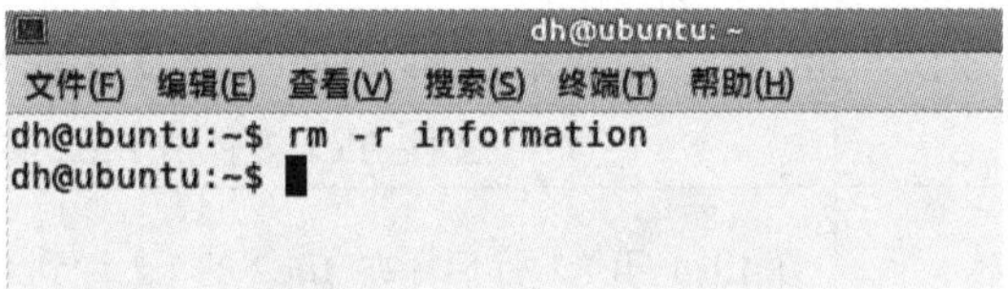

图 3-25　rm 命令执行结果

3.2.7　比较文件

Linux 中，diff 命令用来比较两个文件的内容，通过把其中一个文件转换成另一个文件的命令的形式来显示这两个文件之间的区别，其语法格式如下：

diff [选项] [file1] [file2]

其中：

✧　选项，是命令执行时可使用的参数，常用选项有：

●　-b，忽略行尾的空，把空白字符串当作相同的字符串来处理；

●　-h，快速比较。

✧　file1 和 file2，是将要进行比较的两个文件。

例如，使用 Gedit 或 Vim 在当前用户主目录下创建两个文件 t1.txt 和 t2.txt，然后使用命令比较两个文件的内容。

【示例 3-21】　t1.txt

hello

good

【示例 3-22】　t2.txt

hello

ok

【示例 3-23】　diff 命令

$ diff t1.txt t2.txt

命令执行结果如图 3-26 所示。

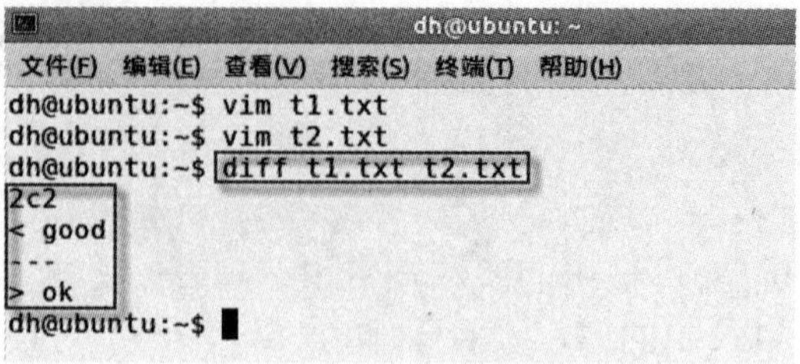

图 3-26　比较命令执行结果

图 3-26 中，diff 命令输出中的“2c2”是其输出的指令，使用这个指令可以将 t1.txt 转换成 t2.txt。具体的转换内容是“< good”、“---”和“> ok”。实质上，diff 命令在执行时，一行一行地比较两个文件的内容，并以命令的形式显示它们之间的区别。如果两个文件相同，diff 命令不会产生任何输出，否则它会产生一系列指令，这些指令是 a(增加)、c(替换)、d(删除)。这些指令及其意义如表 3-5 所示。

表 3-5　diff 命令生成的文件转换指令及其意义

指　令	文件 file1 转换成 file2 的指令
L1aL2,L3 >lines L2 through L3	在 file1 第 L1 行后添加 file2 的 L2 行到 L3 行
L1,L2cL3,L4 <lines L1 through L2 in file1 ... >lines L3 through L4 in file2	把 file1 中的 L1 行到 L2 行替换成 file2 中的 L3 行到 L4 行
L1,L2dL3 <lines L1 through L2 in file1	删除 file1 中的 L1 行到 L2 行

下述内容用于实现任务描述 3.D.1，使用 diff 命令比较两个自定义文件的内容，并分析其输出结果，具体步骤如下：

(1) 在当前用户主目录下用 Vim 创建 autumn 文件，并输入如下内容，如图 3-27 所示。

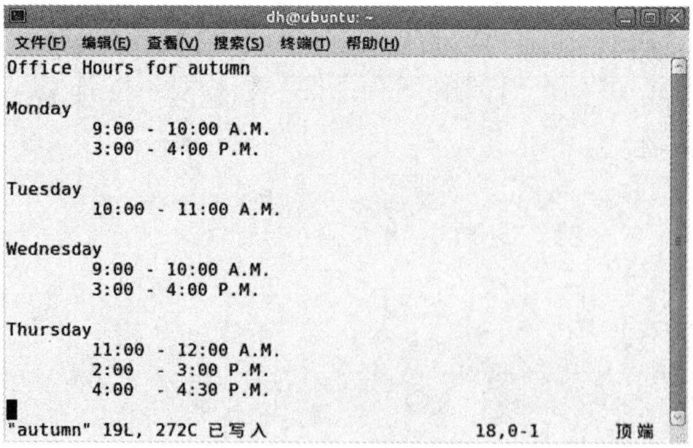

图 3-27　文件 autumn 的内容

(2) 在当前用户主目录下用 Vim 创建 Spring 文件，并输入如下内容，如图 3-28 所示。

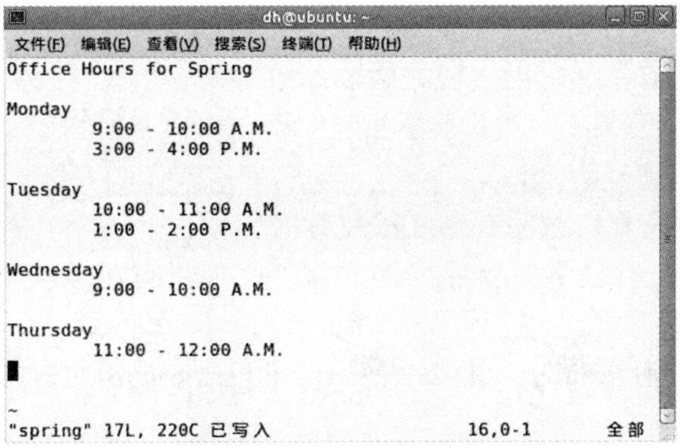

图 3-28　文件 Spring 的内容

(3) 在终端中输入 diff 命令比较两个文件的内容。

【描述 3.D.1】　diff 命令

$ diff autumn spring

命令执行结果如图 3-29 所示。

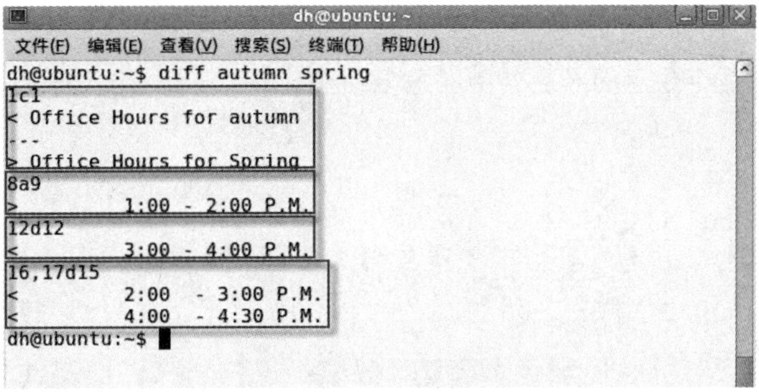

图 3-29　比较两个文件的内容

分析图 3-29 中的执行结果可以看出，diff 命令一共输出了 4 条指令，表示 autumn 与 spring 文件内容是不同的，并且可以通过这些指令将文件 autumn 转换成 spring，其中，

✧　指令“1c1”是指，把 autumn 中的第 1 行“Office Hours for autumn”换成 spring 中的第 1 行“Office Hours for Spring”；

✧　指令“8a9”是指，把 autumn 中的第 8 行“1:00 – 2:00 P.M.”添加到 spring 的第 9 行中；

✧　指令“12d12”是指，把 autumn 中的第 12 行“3:00 – 4:00 P.M.”删除；

✧　指令“16,17d15”是指，把 autumn 中的第 16 行到第 17 行删除。

3.2.8　删除重复行

用命令 uniq 删除文件中所有连续的重复行，只留下一行。该命令不改变源文件的内容，只是把结果输出到屏幕或文件中，其语法格式如下：

uniq [选项] [input-file] [output-file]

其中：

✧ 选项，是命令执行时可使用的参数，常用选项有：

- -c，在每行之前显示它们出现的次数；
- -d，只显示重复行；
- -u，只显示未重复的行。

✧ input-file，是需要修改的有连续重复行的文件。

✧ output-file，是删除重复行后得到的文件，如果省略该选项，删除结果输出在屏幕上。

下述内容用于实现任务描述 3.D.2，使用 uniq 命令删除文件中的重复行，具体步骤如下：

(1) 创建文件。用 Gedit 或 Vim 在当前用户主目录下创建文件 abn，其内容如下。

【描述 3.D.2】 abn 文件

```
hello
hello
good
ok
good
```

(2) 使用 uniq 命令显示 abn 文件中的重复信息。

【描述 3.D.2】 uniq 命令

```
$ uniq -c abn
$ uniq -d abn
$ uniq -u abn
```

命令执行结果如图 3-30 所示。

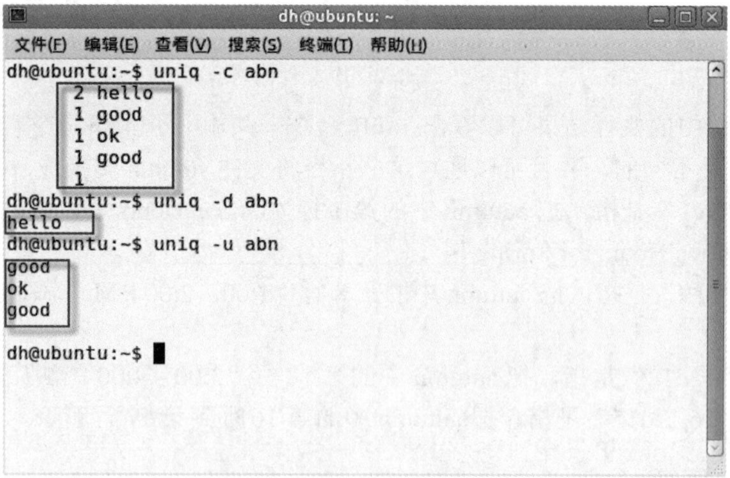

图 3-30　显示文件重复信息

分析图 3-30 的执行结果可以看出，对于 abn 文件中前两行“hello”，命令 uniq 认为是重复行，而后面两行“good”因为不是在连续行上，所以不被认为是重复行。

(3) 输出到文件。将 uniq 命令执行结果输出到 abn.t 文件中，并查看 abn.t 文件的内容。

使用以下命令：

【描述 3.D.2】　uniq 命令

$ uniq -u abn abn.t

$ cat abn.t

命令执行结果如图 3-31 所示。

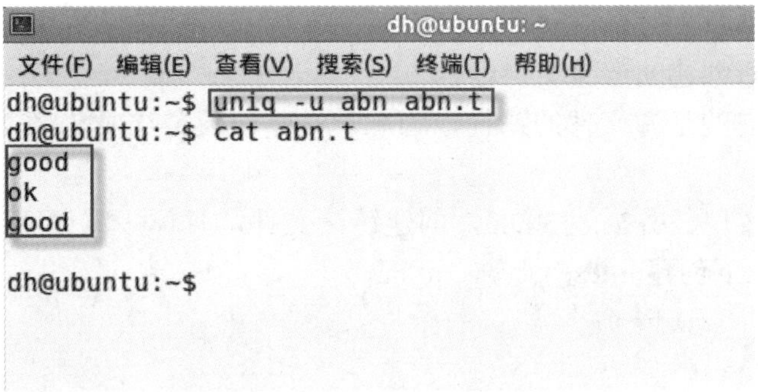

图 3-31　删除重复行并输出到文件

3.2.9　链接文件

Linux 的链接文件指向已存在的文件，类似 Windows 系统下面的快捷方式，但是又不完全一样。链接文件有两种：软链接(Symbolic link)和硬链接(Hard link)。链接文件的主要作用是用于文件的共享访问。

1. 软链接和硬链接的区别

两者都是指向文件的一种方式，但两者有不同的地方，概括起来说，硬链接指向的是文件索引节点(inode)，软链接指向的是路径。其中，文件索引节点是磁盘上数组的索引值，它记录了文件的属性，如文件大小(以字节为单位)。Linux 内核为每个新创建的文件分配一个文件索引节点。在访问文件时，索引节点被复制到内存中，从而实现文件的快速访问。

硬链接和软链接的详细区别如表 3-6 所示。

表 3-6　硬链接和软链接的区别

比较项	硬 链 接	软 链 接
内容指向	在磁盘上创建与指向文件内容一样的文件，但是与源文件共享同一个文件索引节点	在磁盘上创建了一个新文件，有自己的文件索引节点和文件内容，其内容就是源文件的路径(包括文件名)
大小	和源文件大小一致	内容就是源文件的路径(包括文件名)，与源文件大小不一致
创建命令	使用不带选项的 ln 命令	使用“-s”选项的 ln 命令
创建限制	不能给目录创建硬链接，不能跨文件系统创建硬链接	可以给目录做软链接，也可跨文件系统
删除源文件	删除源文件后硬链接继续有效，因此有防止误删除文件的功能	删除源文件后，软链接失效

2. 创建链接文件

使用 ln 命令创建软链接或硬链接，其语法格式如下：

ln　[-s] <sourcefile>　<newfile>

其中：

- ✧　使用选项-s，是创建软链接，否则是创建硬链接；
- ✧　sourcefile，源文件名；
- ✧　newfile，新创建的链接文件名。

由于软链接指向的是源文件的路径，因此，在创建软链接时，源文件名最好使用带有路径的文件名。

下述内容用于实现任务描述 3.D.3，创建链接文件，具体步骤如下：

(1) 在用户目录下创建 lntest 目录。

【描述 3.D.3】　mkdir 命令

```
$ mkdir　lntest
```

命令命令执行结果如图 3-32 所示。

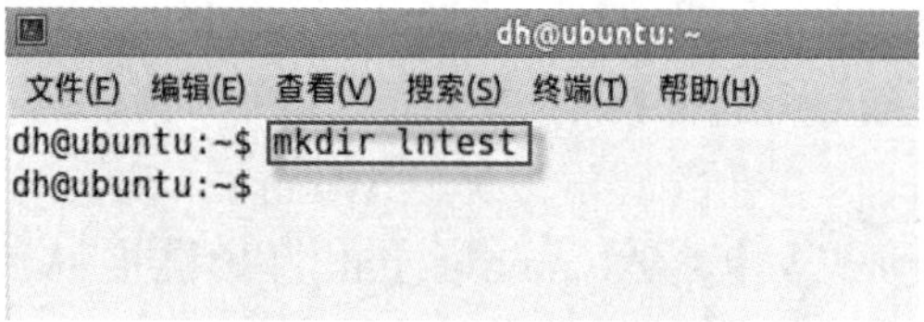
dh@ubuntu: ~
文件(F) 编辑(E) 查看(V) 搜索(S) 终端(T) 帮助(H)
dh@ubuntu:~$ mkdir lntest
dh@ubuntu:~$

图 3-32　创建 lntest 目录

(2) 在 lntest 目录内创建软链接和硬链接。

使用任务 3.D.2 中的 abn.t 文件作为源文件，在 lntest 目录内分别创建硬链接和软链接，命令如下。

【描述 3.D.3】　ln 命令

```
$ ln　-s　~/abn.t　lntest/sl.t
$ ln　abn.t　lntest/hl.t
```

命令执行结果如图 3-33 所示。

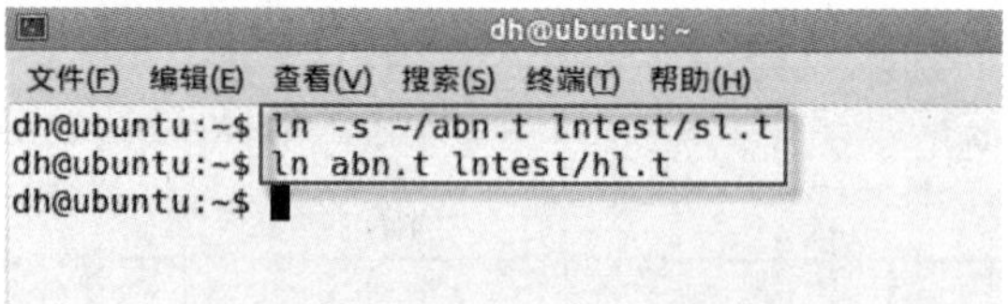
dh@ubuntu: ~
文件(F) 编辑(E) 查看(V) 搜索(S) 终端(T) 帮助(H)
dh@ubuntu:~$ ln -s ~/abn.t lntest/sl.t
dh@ubuntu:~$ ln abn.t lntest/hl.t
dh@ubuntu:~$

图 3-33　创建软链接和硬链接

上述命令中，在创建软链接时，源文件名使用了“~”，系统将自动翻译成用户主目录名。

(3) 查看创建的链接文件。

下面使用 ls 命令列举 lntest 目录里的内容。

【描述 3.D.3】　ls 命令

```
$ ls　-l　lntest
```

命令执行结果如图 3-34 所示。

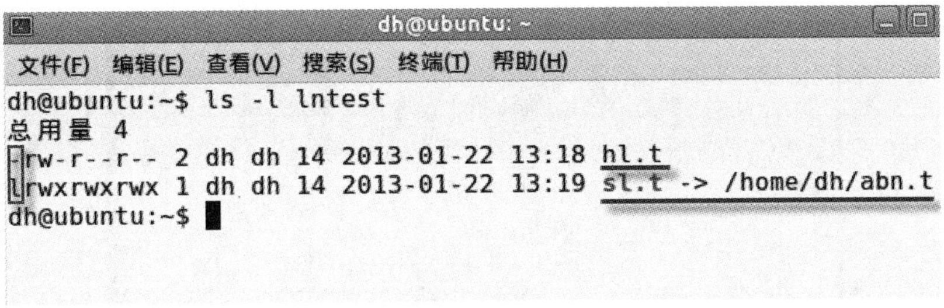

图 3-34　查看创建的链接文件

分析上述执行结果可以看出，对于硬链接文件 hl.t，其文件类型是“-”，表示是普通文件，其实对于系统来说，hl.t 和 abn.t 文件是共享 inode 的；而对于软链接文件 sl.t，其文件类型是“l”，并且用符号“->”指向了/home/dh/abn.t 文件。

3. 链接文件的读写

无论是软链接还是硬链接，对其进行读写，都将操作源文件。

下述内容用于实现任务描述 3.D.4，演示链接文件的读写，具体步骤如下：

(1) 查看 abn.t、hl.t 和 sl.t 文件内容。

【描述 3.D.4】　cat 命令

```
$ cat abn.t
$ cat lntest/hl.t
$ cat lntest/sl.t
```

命令执行结果如图 3-35 所示。

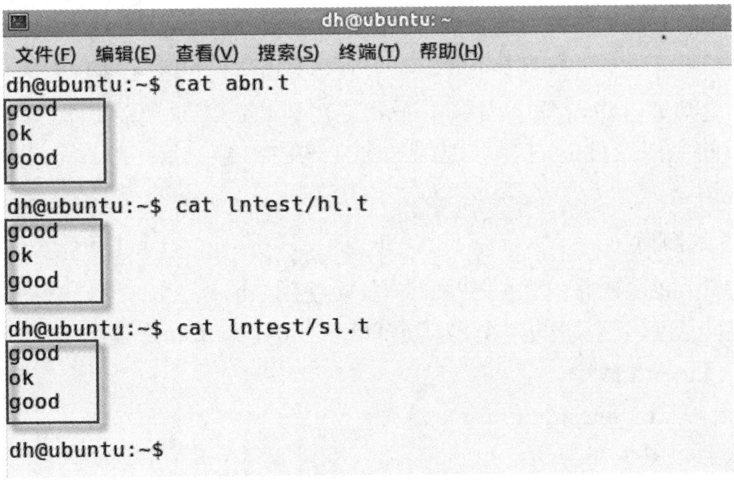

图 3-35　查看文件内容

分析上述执行结果可以看出，由于链接文件指向了源文件，因此读取链接文件时显示内容与源文件一致。

(2) 修改硬链接文件的内容。

用 Gedit 给 hl.t 文件追加内容，如图 3-36 所示。

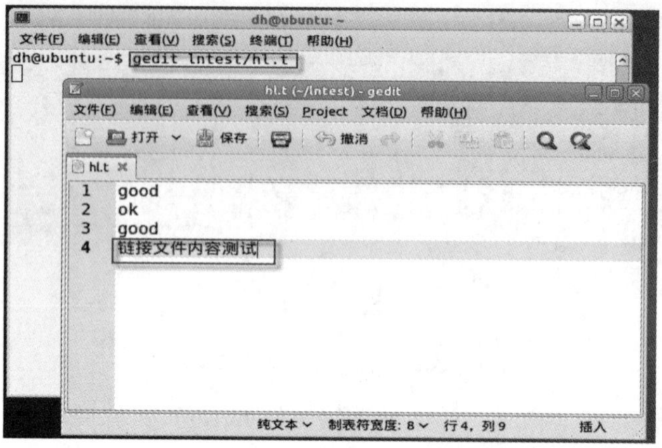

图 3-36　Gedit 修改 hl.t 文件

Gedit 保存退出后，查看三个文件的内容，执行结果如图 3-37 所示。

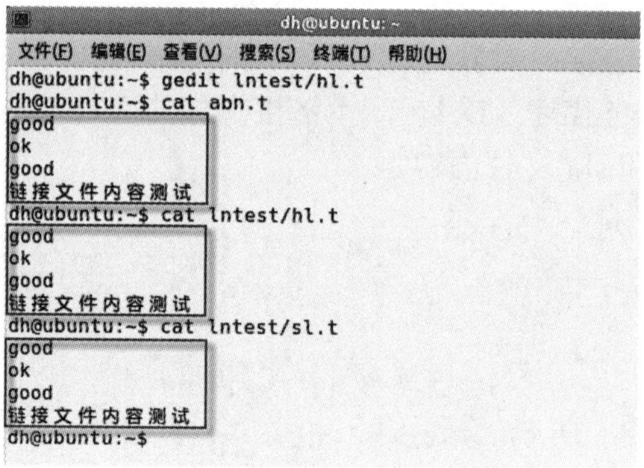

图 3-37　查看三个文件内容

分析上述命令执行结果，可以看出，由于硬链接指向了 abn.t 文件，因此当修改了硬链接 hl.t 的内容后，源文件也改变了内容，而软链接 sl.t 也指向了源文件，因此在查看 sl.t 文件时，其实查看的是源文件的内容，因此三个文件的内容一致。修改软链接也是同样的效果，这里不再举例。

4. 链接文件的删除

删除链接文件可以像删除普通文件一样直接使用 rm 命令。

例如，若删除上例中创建的两个链接文件可以使用以下命令。

【示例 3-24】　rm 命令

```
$ rm lntest/sl.t    lntest/hl.t
```

命令执行结果如图 3-38 所示。

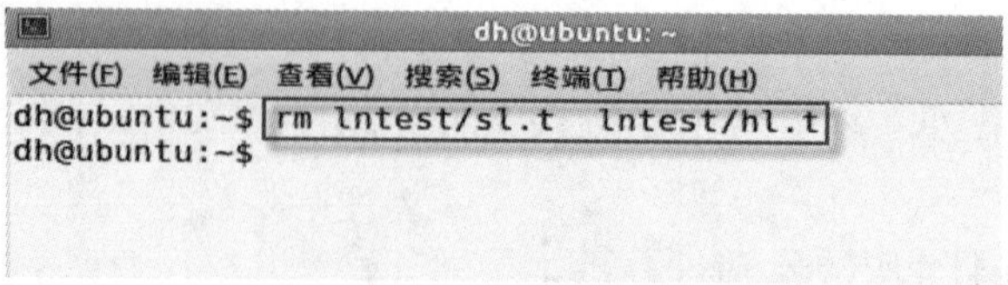

图 3-38　删除链接文件

3.3　文件安全

所谓文件安全，也就是常说的文件保护。文件保护分为基于密码的文件保护、基于文件加密的文件保护和基于访问权限的文件保护。本节着重介绍基于访问权限的文件保护。

3.3.1　访问权限

在 Linux 中的每一个文件或目录都包含有访问权限(或称做访问许可)，这些访问权限决定了谁能访问这些文件和目录。

1. 访问权限的分类

文件或目录的访问权限分为可读(r)、可写(w)、可执行(x)三种。

✧　对文件而言：

- 可读权限表示允许读其内容，而禁止对其做任何的更改操作；
- 可写权限表示可以改写该文件的内容或删除文件(要有文件所在目录的写权限)；
- 可执行权限表示允许将该文件作为一个程序执行。

✧　对目录而言：

- 可读权限表示允许显示该目录中的内容；
- 可写权限表示可以在该目录中新建、删除、重命名文件以及修改子目录名；
- 可执行权限表示可以进入该目录。可执行权限是基本权限，如果没有它，就进不了目录，因此也就不能在目录中新建、删除文件或子目录(root 用户除外)。

2. 访问权限的用户类别

有三种不同类型的用户可对文件或目录进行访问：文件所有者、同组用户和其他用户。关于用户和组的详细内容参见第 4 章。

文件所有者一般是文件的创建者，文件所有者可以允许同组用户有权访问文件，还可以将文件的访问权限赋予系统中的其他用户，在这种情况下，系统中每一位用户都能访问该用户拥有的文件或目录。

3. 访问权限的表示

当用 ls -l 命令显示文件和目录的详细信息时，最左边的一列为文件的访问权限，如图 3-39 所示。

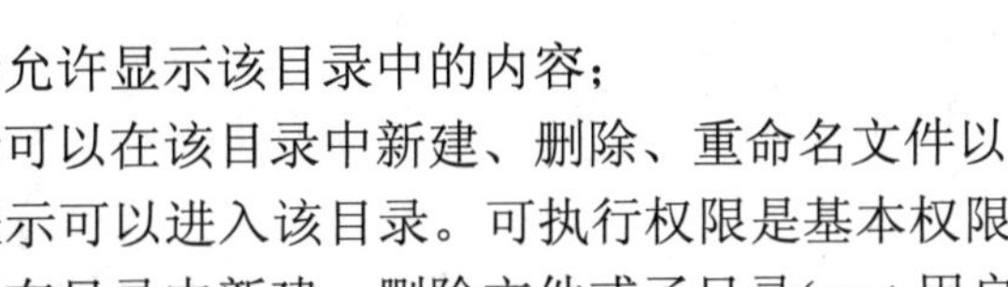
dh@ubuntu: ~
文件(F) 编辑(E) 查看(V) 搜索(S) 终端(T) 帮助(H)
dh@ubuntu:~$ ls -l abn
-rw-r--r-- 1 dh dh 26 2013-01-22 13:13 abn
dh@ubuntu:~$

图 3-39　访问权限的表示

访问权限共有 10 个字符，第一个字符指定了文件类型，剩下的是文件或目录的访问权限，分为三组，每组用三位表示，分别为：

✧　文件所有者的读、写和执行权限；

✧ 与文件所有者同组的用户的读、写和执行权限；

✧ 系统中其他用户的读、写和执行权限。

其中横线代表空，即没有该权限。对于图 3-39 所示的 abn 文件权限的详细分析如图 3-40 所示。

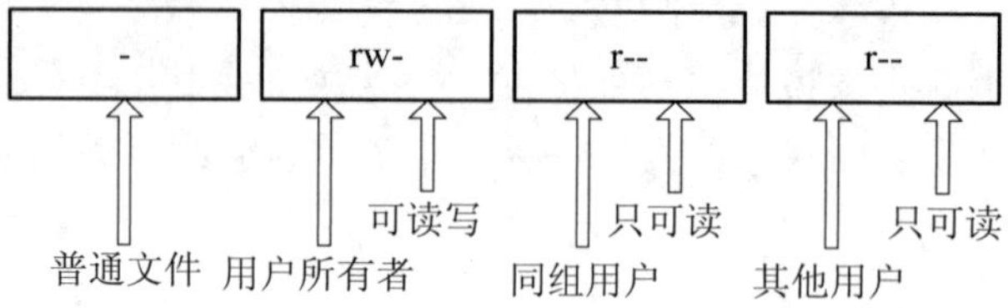

图 3-40　访问权限的详细分析

3.3.2　访问权限设置

在 Linux 中，可以使用命令 chmod 来改变文件或目录的访问权限，其语法格式如下：

chmod [选项] [mode] <文件或目录>

其中：

✧ 选项，是命令执行时可使用的参数，常用选项有：

- -c，若该档案权限确实已经更改，才显示其更改动作；
- -f，若该档案权限无法被更改也不要显示错误信息；
- -v，显示权限变更的详细资料；
- -R，对目前目录下的所有档案与子目录进行相同的权限变更(即以递归的方式逐个变更)。

✧ mode，是权限标记，可以有符号标记和八进制数两种格式。

✧ 文件或目录，是要设置的文件名或目录名，必须输入。

1. 符号标记法修改权限

使用符号标记法修改权限时，chmod 命令中的 mode 由[who] [operator] [permission]三部分组成。其中：

✧ 操作对象[who]可以是下述字母中任何一个或者它们的组合：

- u，表示“用户(user)”，即文件或目录的所有者；
- g，表示“同组(group)用户”，即与文件所有者同组的所有者；
- o，表示“其他(other)用户”；
- a，表示“所有(all)用户”，它是系统默认值。

✧ 操作符[operator]可以是：

- +，添加某个权限；
- -，取消某个权限；
- =，赋予给定权限并取消其他权限，即设定唯一的权限。

✧ 需要[permission]所表示的权限可用下述字母的任何一个或任意的组合：

- r，可读；
- w，可写；
- x，可执行。

例如，要修改当前目录下的 abn 文件的权限，使其他用户没有读、写、执行权限，则需要输入以下命令。

【示例 3-25】　chmod 命令

```
$ chmod o-rwx abn
```

例如，要修改当前目录下的 abn 文件的权限，使得同组用户只有读权限，则需要输入以下命令。

【示例 3-26】　chmod 命令

```
$ chmod g=r abn
```

例如，要将当前目录下的 test 目录下的所有文件及子目录全部去掉写权限，则需要输入以下命令。

【示例 3-27】　chmod 命令

```
$ chmod -R a-w test
```

2. 八进制数法修改权限

使用八进制数法修改权限时，chmod 命令中的 mode 用三个八进制数 abc 表示，其中，

- ✧ a 表示用户(user)的权限；
- ✧ b 表示同组(group)用户的权限；
- ✧ c 表示其他(other)用户的权限。

而八进制数是 4(可读)、2(可写)、1(可执行)的组合，因此，

- ✧ 若要读、写、执行权限(rwx)，则 4 + 2 + 1 = 7；
- ✧ 若要读、写权限(rw-)，则 4 + 2 = 6；
- ✧ 若要读、执行权限(r-x)，则 4 + 1 = 5。

例如，要修改当前目录下的 abn 文件的权限，用户具有读、写、执行权限，同组用户和其他用户只具有读和执行权限，则需要输入以下命令。

【示例 3-28】　chmod 命令

```
$ chmod 755 abn
```

3.4　高级处理

本节将介绍一些高级的文件处理操作，包括正则表达式、文件查找、文件压缩与解压、文件备份与还原以及文件补丁制作和使用等。

3.4.1　正则表达式

使用 Linux 下的某些命令或工具时(例如 grep 命令)，需要使用一个字符串来指定某些字符串的集合，以作为这些命令或工具的参数。正则表达式就实现了这样的功能，它描述了一种字符串匹配的模式，可以用来检查一个串是否含有某种子串、将匹配的子串做替换或者从某个串中取出符合某个条件的子串等。

支持正则表达式的常用工具有 grep、egrep、vim 等，尤其是 egrep 能较好地支持正则表达式，而 grep 对正则表达式的支持较少。表 3-7 中，列出了正则表达式的部分操作符及其含义。

表 3-7　正则表达式操作符及其含义

符　号	含　义
\	将下一字符标记为特殊字符、文本、八进制转义符。例如，“n”匹配字符“n”，“\n”匹配换行符
^	匹配输入字符串开始的位置。例如，“^st”匹配以 st 开始的行
$	匹配输入字符串结尾的位置。例如，“st$”匹配以 st 结尾的行
*	零次或多次匹配前面的字符或表达式。例如，“zo*”匹配“z”和“zoo”
+	一次或多次匹配前面的字符或表达式。例如“zo+”与“zo”和“zoo”匹配，但与“z”不匹配
?	零次或一次匹配前面的字符或表达式。例如“do?”匹配“do”或“does”中的“do”
{n}	n 是非负整数，正好匹配 n 次。例如，“o{2}”与“Bob”中的“o”不匹配，但与“food”中的“oo”匹配
{n，m}	m 和 n 是非负整数，其中 n≤m，匹配至少 n 次，至多 m 次。例如“o{1，3}”匹配“fooood”中的前三个“o”
x|y	匹配 x 或 y。例如“z|food”匹配“z”或“food”，“(z|f)ood”匹配“zood”或“food”
[a-z]	字符范围，匹配指定范围内的任何字符。例如，“[a-z]”匹配“a”到“z”范围内的任何小写字母
[^a-z]	反向字符范围，匹配不在指定范围内的任何字符。例如“[^a-z]”匹配任何不在“a”到“z”范围内的字符
\b	匹配一个字边界。例如，“er\b”匹配“never”中的“er”，但不匹配“verb”中的“er”
\B	非字边界匹配。例如，“er\B”匹配“verb”中的“er”，但不匹配“never”中的“er”
\f	换页符匹配
\d	数字字符匹配，等效于[0-9]
\D	非数字字符匹配，等效于[^0-9]
\n	换行符匹配
\r	匹配一个回车符
\s	匹配任何空白字符，包括空格、制表符、换页符等。
\t	制表符匹配
\w	匹配任何字类字符
\W	匹配任何非字类字符

3.4.2　文件内容查找

Linux 操作系统中有功能强大的搜索文件内容的工具，可以查找文本文件中包含特定表达式、字符串的行。

搜索文件内容的命令有 grep、egrep 和 fgrep。三个命令中，fgrep 命令是执行速度最快的，不过有较多的限制；egrep 是最慢的，但却是最灵活的，完全支持正则表达式；grep 具有合理的速度和部分正则表达式支持。

1. grep、egrep、fgrep 命令

上述三个命令的语法格式分别如下：

grep [选项] <模式> [文件列表]

egrep [选项] [模式] [文件列表]

fgrep [选项] [模式] [文件列表]

其中：

✧ 选项，是命令执行时可使用的参数，常用选项有：

- -c，显示匹配的行数；
- -n，显示匹配内容所在文档的行号；
- -i，匹配时忽略大小写；
- -v，输出不匹配内容；
- -x，只选择能匹配完整一行的匹配。

✧ 模式，是要搜索文件的类型，指字符串或是表达式。可以使用正则表达式描述字符串匹配的模式。常用的正则表达式操作符有：

- ^，匹配的字符串在行首，如 ^xyz 匹配所有以 xyz 开头的行；
- $，匹配的字符串在行尾，如 xyz$ 匹配所有以 xyz 结尾的行；
- \<，指匹配表达式的开始，如 \<man 匹配 manic、man 等，但 batman 不匹配；
- \>，指匹配表达式的结尾，如 man\> 匹配 batman、man 等，但 manic 不匹配；
- []，单个字符(如[A] 即 A 符合要求)；
- [-]，范围，如[A-Z] 即 A、B、C 一直到 Z 都符合要求；
- *，匹配零个或多个字符，如 man* 匹配 manic、batman、man 等。

✧ 文件列表，是要查找的文件名列表。如果没有文件列表，则从标准输入中读入数据。

✧ 使用“grep -E”等同于使用 egrep；使用“grep -F”等同于使用 fgrep。

2. 关于引号的使用

一般情况下，当 grep 命令格式中的“模式”是一个不包含空格的简单字符串时，既可以使用单引号也可以使用双引号，或者甚至不使用引号。例如在 abn 文件中查找包含字符串 hello 的行，以下三个命令是等价的：

```
grep  hello  abn
grep  'hello' abn
grep  "hello" abn
```

当模式中包含的字符串含有空格时，需要使用单引号或双引号。例如要查找 abn 文件中包含字符串“hello ok”的行，需要使用以下两个命令之一：

```
grep  'hello ok' abn
grep  "hello ok" abn
```

当模式中含有正则表达式的操作符时，具体情况需依据具体使用的操作符而定。例如：

```
grep  '$hello'  abn     #查找 abn 文件中包含字符串$hello 的行
grep  "$hello"  abn     #查找 abn 文件中包含变量 hello 所代表的内容的行
grep  $hello  abn       #同上，与命令“grep  "$hello"  abn”意义相同
```

下述内容用于实现任务描述 3.D.5，使用 grep 命令对文件内容进行查找，具体步骤如下：

(1) 查看文件内容。

在/usr/include 目录下有个 stdio.h 文件，可以使用 less 命令查看一下其内容。

【描述 3.D.5】 less 命令

```
$ less /usr/include/stdio.h
```

命令执行结果如图 3-41 所示。

图 3-41 查看 stdio.h 文件内容

(2) grep 查找字符串。

使用 grep 将 stdio.h 文件中包含字符串“include”的行都显示出来。

【描述 3.D.5】 grep 命令

```
$ grep 'include' /usr/include/stdio.h
```

命令执行结果如图 3-42 所示。

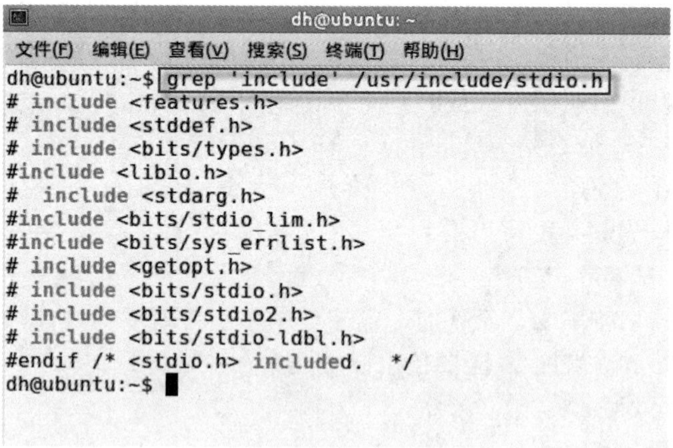

图 3-42 查找包含“include”的行

(3) 显示行号。

使用 grep 命令的 -n 选项显示匹配的行和相应的行号。

【描述 3.D.5】 grep 命令

```
$ grep -n 'include' /usr/include/stdio.h
```

命令执行结果如图 3-43 所示。

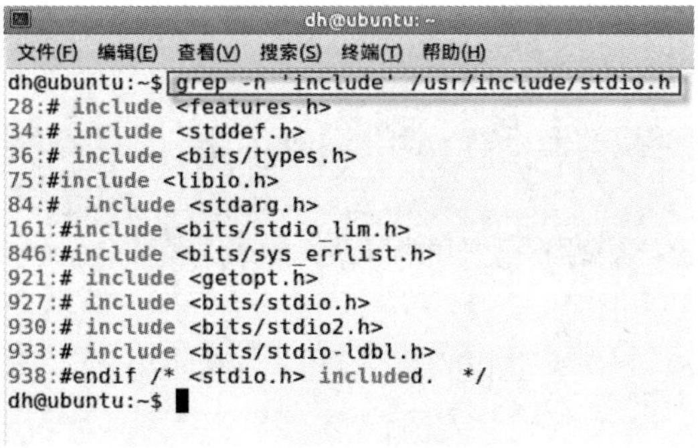

28:# include <features.h>
34:# include <stddef.h>
36:# include <bits/types.h>
75:#include <libio.h>
84:# include <stdarg.h>
161:#include <bits/stdio_lim.h>
846:#include <bits/sys_errlist.h>
921:# include <getopt.h>
927:# include <bits/stdio.h>
930:# include <bits/stdio2.h>
933:# include <bits/stdio-ldbl.h>
938:#endif /* <stdio.h> included. */

图 3-43　显示匹配的行号

(4) grep 正则表达式查找。

使用 grep 命令查找以字符串“#ifndef”开头的行。在终端中输入如下命令(注意，此处使用了正则表达式的操作符“^”)。

【描述 3.D.5】　grep 命令

$ grep '^#ifndef' /usr/include/stdio.h

命令执行结果如图 3-44 所示。

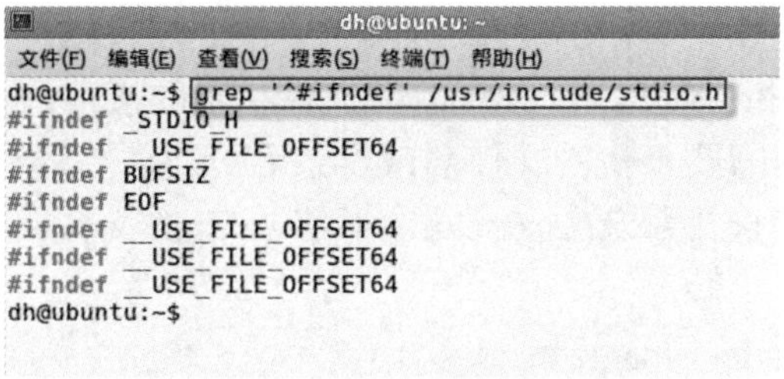

dh@ubuntu: ~
文件(F) 编辑(E) 查看(V) 搜索(S) 终端(T) 帮助(H)
dh@ubuntu:~$ grep '^#ifndef' /usr/include/stdio.h
#ifndef _STDIO_H
#ifndef __USE_FILE_OFFSET64
#ifndef BUFSIZ
#ifndef EOF
#ifndef __USE_FILE_OFFSET64
#ifndef __USE_FILE_OFFSET64
#ifndef __USE_FILE_OFFSET64
dh@ubuntu:~$

图 3-44　查找以#ifndef 开头的行

(5) grep 查找多个文件。

grep 命令和 Shell 通配符、正则表达式一起使用可以在多个文件中搜索。使用 grep 命令搜索 /usr/include 目录下以.h 为扩展名的文件且包含 stdio.h 的行，则在终端中输入如下命令。

【描述 3.D.5】　grep 命令

$ grep 'stdio.h' /usr/include/*.h

命令执行结果如图 3-45 所示。

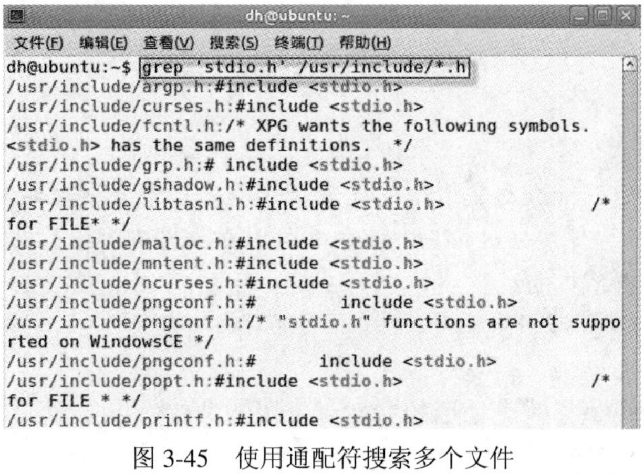

dh@ubuntu: ~
文件(F) 编辑(E) 查看(V) 搜索(S) 终端(T) 帮助(H)
dh@ubuntu:~$ grep 'stdio.h' /usr/include/*.h
/usr/include/argp.h:#include <stdio.h>
/usr/include/curses.h:#include <stdio.h>
/usr/include/fcntl.h:/* XPG wants the following symbols.
<stdio.h> has the same definitions. */
/usr/include/grp.h:# include <stdio.h>
/usr/include/gshadow.h:#include <stdio.h>
/usr/include/libtasn1.h:#include <stdio.h>   /*
for FILE* */
/usr/include/malloc.h:#include <stdio.h>
/usr/include/mntent.h:#include <stdio.h>
/usr/include/ncurses.h:#include <stdio.h>
/usr/include/pngconf.h:#   include <stdio.h>
/usr/include/pngconf.h:/* "stdio.h" functions are not suppo
rted on WindowsCE */
/usr/include/pngconf.h:#   include <stdio.h>
/usr/include/popt.h:#include <stdio.h>   /*
for FILE * */
/usr/include/printf.h:#include <stdio.h>

图 3-45　使用通配符搜索多个文件

3.4.3　文件名查找

在 Linux 中，文件名查找的命令有 find、whereis、locate 等。本小节介绍 find 命令的使用方法，其语法格式如下：

find　<pathname> [选项] <文件或目录>

其中：

✧　pathname 是 find 命令所查找的目录路径。例如用“.”来表示当前目录，用“/”表示系统根目录。

✧　选项，是命令执行时可使用的参数，常用选项有：

- -name，按照文件名查找文件；
- -perm，按照文件权限查找文件；
- -user，按照文件所有者查找文件；
- -group，按照文件所属的组查找文件；
- -mtime -n +n，按照文件的更改时间来查找文件，-n 表示文件更改时间距现在 n 天以内，+n 表示文件更改时间距现在 n 天以前；
- -amin n，查找系统中最后 N 分钟访问的文件；
- -cmin n，查找系统中最后 N 分钟改变文件状态的文件。

✧　文件或目录，是需要查找的文件名或目录名。

例如，下面的命令可查找目录/usr/include 下的 stdlib.h 文件。

【示例 3-29】　find 命令

$ find　/usr/include　-name　stdlib.h

命令执行如图 3-46 所示。命令执行结果将/usr/include 及其子目录下的 stdlib.h 找到并显示出来。

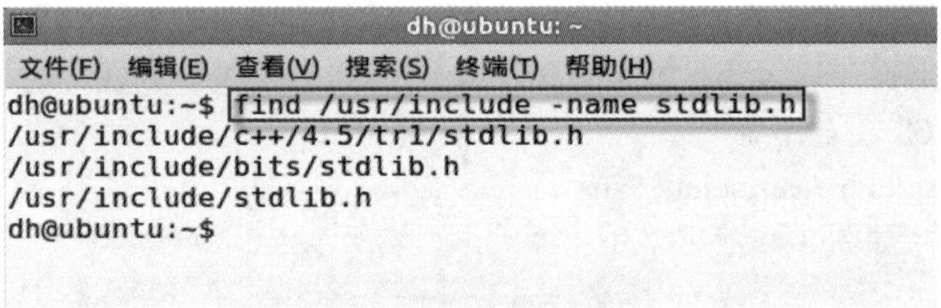
dh@ubuntu: ~
文件(F)　编辑(E)　查看(V)　搜索(S)　终端(T)　帮助(H)
dh@ubuntu:~$ find /usr/include -name stdlib.h
/usr/include/c++/4.5/tr1/stdlib.h
/usr/include/bits/stdlib.h
/usr/include/stdlib.h
dh@ubuntu:~$

图 3-46　find 命令的输入格式

3.4.4　文件排序

排序是指按照一定的标准对集合里的元素指定顺序，使元素按照升序或者降序排列。

Linux 中的文件排序使用 sort 命令，该命令可以对文件内容进行排序输出，但不改变文件原有内容，其语法格式如下：

sort [选项] <文件或目录>

其中：

✧　选项，是命令执行时可使用的参数，常用选项有：

- -b，忽略每行前面开始处的空格字符；

- -c，检查文件是否已经按照顺序排序；
- -d，排序时，除了英文字母、数字及空格字符外，忽略其他的字符；
- -f，排序时，忽略大小写字母；
- -n，依照数值的大小排序；
- -r，以反向的顺序来排序；
- -u，排序输出时，去掉重复行。

✧ 文件或目录，是需要排序的文件名或目录名。

下述内容用于实现任务描述 3.D.6，使用 sort 命令对文件内容进行排序，具体步骤如下：

(1) 建立文件。

用 vim 在当前目录下建立 number.txt 文件，其内容如下。

【描述 3.D.6】 number.txt

```
3
5
1
4
0
2
```

(2) 文件排序显示。

使用以下命令对 number.txt 文件内容进行排序。

【描述 3.D.6】 sort 命令

```
$ sort number.txt
```

命令执行结果如图 3-47 所示。

(3) 文件逆排序显示。

使用 sort 命令的-r 选项对 number.txt 文件内容进行逆排序。

【描述 3.D.6】 sort 命令

```
$ sort -r number.txt
```

命令执行结果如图 3-48 所示。

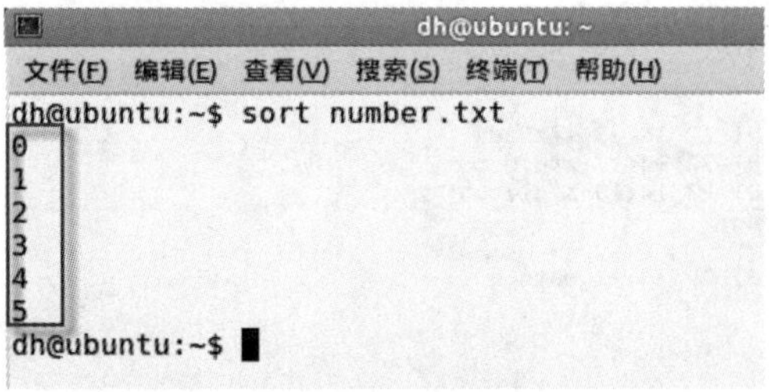
dh@ubuntu: ~
文件(F) 编辑(E) 查看(V) 搜索(S) 终端(T) 帮助(H)
dh@ubuntu:~$ sort number.txt
0
1
2
3
4
5
dh@ubuntu:~$

图 3-47 对文件内容进行排序

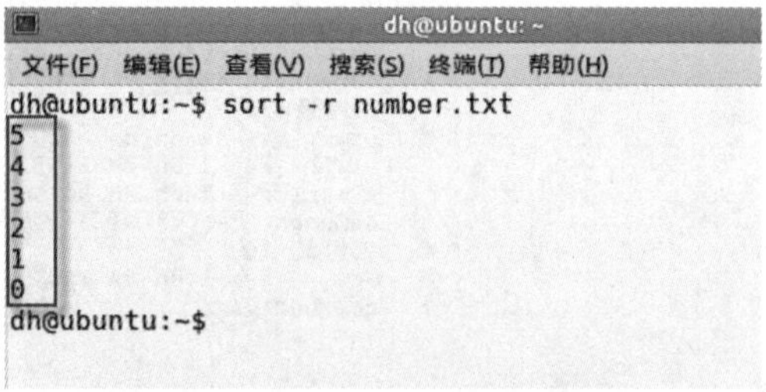
dh@ubuntu: ~
文件(F) 编辑(E) 查看(V) 搜索(S) 终端(T) 帮助(H)
dh@ubuntu:~$ sort -r number.txt
5
4
3
2
1
0
dh@ubuntu:~$

图 3-48 对文件内容进行逆排序

3.4.5 文件压缩与解压缩

文件压缩可以缩减文件的大小，一个压缩文件占用较小的磁盘空间，其通过网络在计算机之间传输的时间也较短。

在 Linux 中，文件压缩的命令有 gzip、gzexe、zcat，本小节主要介绍 gzip 命令的应用，其语法格式如下：

gzip [选项] <文件列表>

其中：

✧ 选项，是命令执行时可使用的参数，常用选项有：

- -c，将输出写到标准输出上，并保留原有文档；
- -d，将压缩文件解压；
- -r，递归式地查找指定目录并压缩或是解压缩其中的所有文件；
- -t，测试、检查压缩文档是否完整；
- -v，对每一个压缩和解压缩的文件显示文件名和压缩比；

✧ 文件列表，需要压缩的文件名列表。

下述内容用于实现任务描述 3.D.7，使用 gzip 命令对文件进行压缩和解压缩，具体步骤如下：

(1) 建立目录。

首先在当前用户主目录下新建目录 ztest 以及 ztest 目录下的 include 子目录。

【描述 3.D.7】 mkdir 命令

```
$ mkdir -p ztest/include
```

(2) 复制文件。

然后将目录/usr/include 下的 stdio.h、stdlib.h 文件复制到 ztest 目录内，math.h 文件复制到 ztest/include 目录内。

【描述 3.D.7】 cp 命令

```
$ cp /usr/include/stdio.h    ztest
$ cp /usr/include/stdlib.h    ztest
$ cp /usr/include/math.h    ztest/include
```

再用 ls 命令查看执行结果，如图 3-49 所示。

图 3-49 创建目录并复制文件

(3) 压缩文件。

用 gzip 命令以及-r 选项压缩 test 目录里的所有文件。

【描述 3.D.7】 gzip 命令

```
$ gzip -r ztest
```

(4) 查看目录内容。

使用 ls 命令查看 ztest 目录下的文件，执行结果如图 3-50 所示。

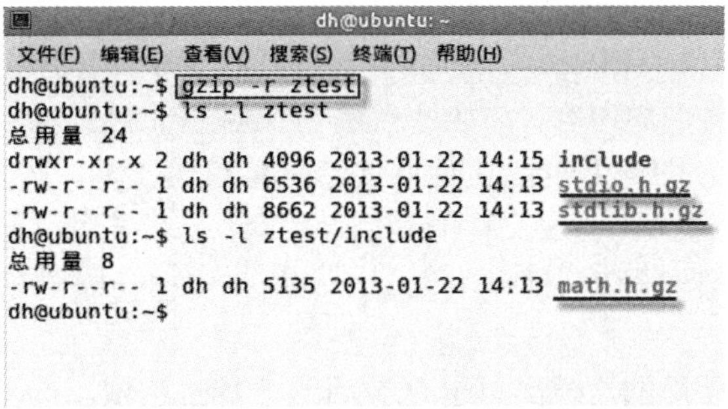

图 3-50　查看压缩后的目录

分析图 3-50 中的执行结果可以看出，ztest 目录以及子目录下原来的文件已经被压缩后的(以 .gz 为扩展名)文件所代替。

(5) 解压缩。

使用 gzip 命令以及-rd 选项对文件进行解压缩。

【描述 3.D.7】　gzip 命令

```
$ gzip -rd ztest
```

命令执行结果如图 3-51 所示。

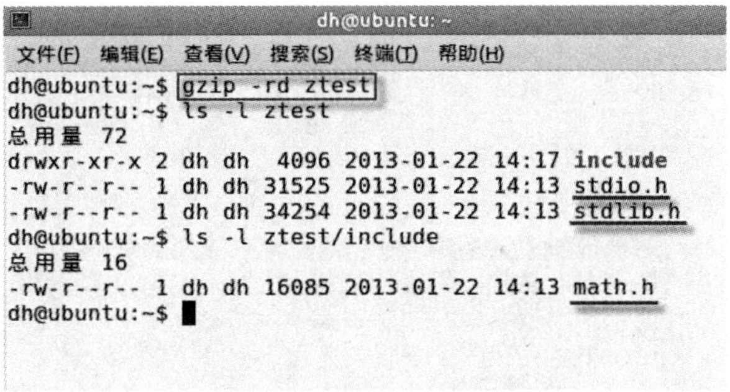

图 3-51　解压缩后的文件

分析图 3-51 中的执行结果可以看出，解压缩后 ztest 目录及子目录下的压缩文件被解压后的文件替换。

3.4.6　文件备份和还原

在 Linux 操作系统中，利用 tar 命令可以将一个目录压缩成一个普通的文件(称做档案文件)，这样不但节省了硬盘空间而且可以节省在网络上的传输时间。需要还原时，可以再次使用 tar 命令从档案中释放文件。

tar 命令的语法格式如下：

```
tar [选项] <文件或目录>
```

其中，选项是命令执行时可使用的参数，tar 命令选项分为主选项和辅助选项，常用主选项有：

✧ -c，创建新的档案文件。如果用户想备份一个目录或文件，就要使用这个选项。

✧ -r，把要存档的文件追加到档案的末尾。例如用户已经做好备份文件，又发现还有一个目录或一些文件忘记备份了，此时可以选择这个选项，将忘记的目录或文件追加到档案文件中。

✧ -t，列出档案文件的内容，查看已经备份了哪些文件。

✧ -u，更新文件。即用新增的文件取代原来备份的文件，如果在档案文件中找不到要更新的文件，则把它追加到档案文件的最后。

✧ -x，从档案文件中释放文件。

常用辅助选项有：

✧ -f，指定是要使用的文件名，这个选项通常是必选项，选项后面要有文件名。

✧ -v，详细报告 tar 命令处理的文件信息。

✧ -z，用 gzip 来压缩/解压缩文件，加上该选项后可以将档案文件进行压缩，但还原时也一定要使用该选项进行解压缩。

⚠ **注意**：使用 tar 命令时，主选项是必须有的，它告诉 tar 要做什么事情，辅助选项是辅助使用的，可以选用。

下述内容用于实现任务描述 3.D.8，使用 tar 命令对文件进行备份和还原，具体步骤如下：

(1) 备份文件。

在用户主目录下，使用 tar 命令把任务描述 3.D.7 中的 ztest 目录做成档案文件。

【描述 3.D.8】 tar 命令

$ tar -cvf ztest.tar ztest

命令执行结果如图 3-52 所示。

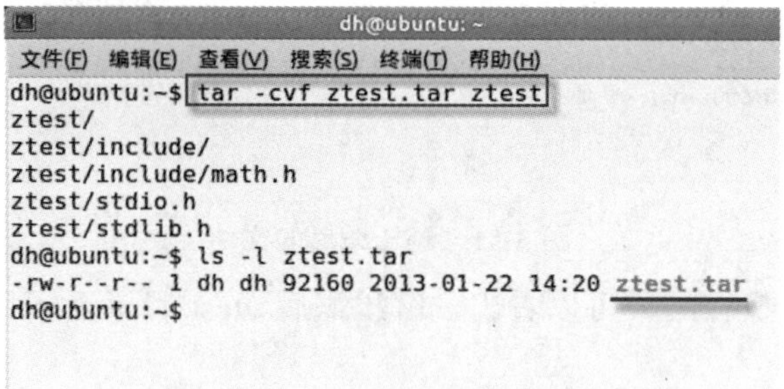

图 3-52 备份 ztest 目录

上述命令中，使用了选项 -cvf，其实使用了三个选项：-c、-v、-f。其中，选项 -c 用于创建备份；选项 -v 显示 tar 的运行信息；选项 -f 及其后面的文件 ztest.tar 指定了备份后形成的备份文件。一般来说，Linux 命令的选项不分先后顺序，但当选项带有额外的参数时，参数一定要跟在对应选项的后面。因此对于本例，如果直接输入“tar -cfv ztest.tar ztest”则会报错。

(2) 文件还原。

在用户主目录下建立 tartest 目录，将 ztest.tar 文件复制到该目录内，然后使用 tar 命令将 ztest.tar 文件还原到 tartest 目录下。

【描述 3.D.8】　mkdir、cp 和 tar 命令

```
$ mkdir   tartest
$ cp ztest.tar   tartest
$ cd tartest
$ tar -xvf ztest.tar
```

命令执行结果如图 3-53 所示。

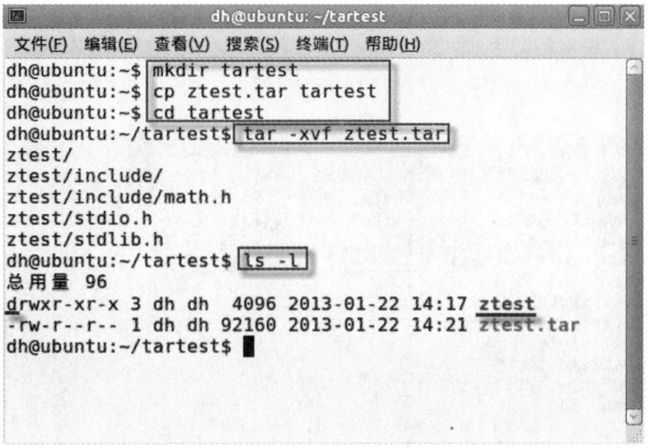

图 3-53　还原文件

分析上述命令，tar 使用了 -xvf 选项进行还原，其中 -x 是要进行还原，-f 及其后面的 ztest.tar 文件制定了要操作的档案文件。命令的执行结果是在当前的 tartest 目录下将文件还原。

(3) 压缩备份文件。

在用户主目录下将 ztest 目录备份并压缩，档案文件名为 ztest.tar.gz。

【描述 3.D.8】　tar 命令

```
$ cd ~
$ tar   -cvzf   ztest.tar.gz   ztest
```

命令执行结果如图 3-54 所示。

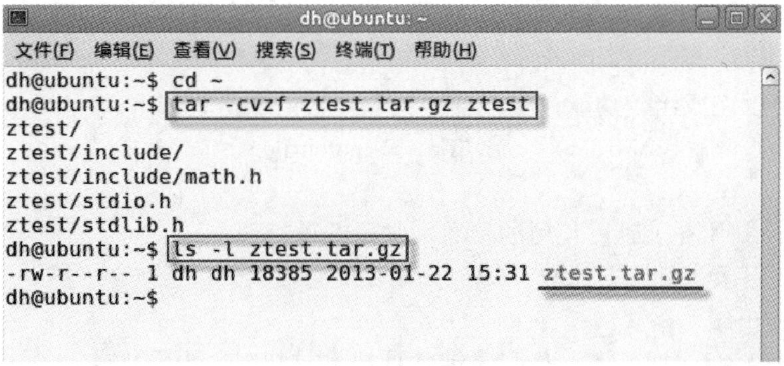

图 3-54　备份并压缩

上述命令中使用了 -cvzf 选项，其中 -c 和 -z 选项表示备份并用 gzip 来压缩文件。

(4) 还原解压文件。

删除 tartest 目录下的文件及子目录，将 ztest.tar.gz 文件复制到 tartest 目录内，然后用 tar 命令对其进行还原解压。

【描述 3.D.6】 cp、tar 命令

```
$ rm -r  tartest/*
$ cp ztest.tar.gz  tartest
$ cd  tartest
$ tar  -xvzf  ztest.tar.gz
```

命令执行结果如图 3-55 所示。

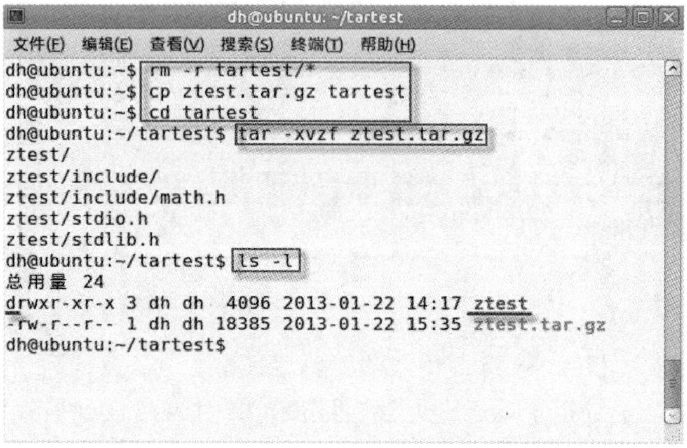

图 3-55 还原并解压

上述命令中使用了 -xvzf 选项，其中 -x 和 -z 选项表示还原并用 gzip 来解压文件。

3.4.7 文件补丁制作

在开发过程中，当程序发布以后，难免要对源码进行修改升级。在 Linux 上可以很方便地制作源码补丁，然后将补丁发布给用户，由用户进行“打补丁”和重新编译程序，从而实现程序的升级。

制作补丁文件可以使用 diff 命令；打补丁可以使用另一个命令 patch。

1. 补丁制作

diff 命令可以完成比较功能，生成补丁文件，其语法格式如下：

diff [选项] <oldfile> <newfile> > <patchfile>

其中：

✧ 选项，制作补丁时可使用的参数，常用选项有：

- -r，对目录进行递归比较；
- -u，输出统一格式；
- -N，比较目录时，若一个目录或文件缺失，则视之为空文件；
- -a，将所有文件视为文本文件，逐行比较。

✧ oldfile，旧文件或目录。

✧ newfile，新文件或目录。

✧ >，重定向操作符，将 diff 的输出结果输出到 patchfile，关于重定向的详细内容见第4章。

✧ patchfile，补丁文件，存储 diff 的输出结果。

例如，当前目录下，有旧文件 t.old 和它的新文件 t.new，则为 t.old 制作补丁的命令如下：

```
diff -u t.old t.new > t.patch
```

2. 打补丁

打补丁时使用 patch 命令，该命令就是利用 diff 制作的补丁文件实现源文件和目标文件的转换。patch 命令的语法格式如下：

patch [选项] [源文件 [补丁文件]]

当使用 diff 命令的 -u 选项制作补丁后，补丁文件中含有旧文件和新文件的信息，因此可以使用以下格式：

patch [选项] < [补丁文件]

此格式要求运行 patch 所在的目录与 diff 生成补丁时的目录一致，使用补丁文件 patchfile 自动查找目标文件，为目标文件打补丁，使之成为新文件。

其中，常用的选项的有：

✧ -p0，从当前目录查找源文件；

✧ -p1，忽略第一层目录，从当前目录开始查找源文件；

✧ -E，如果发现空文件，则删除它。

例如，为上述的文件 t.old 打补丁的命令如下：

```
patch -p0 < t.patch
```

小 结

通过本章的学习，学生应该了解到：

◆ Linux 文件系统的结构层次鲜明，就像一棵倒立的树。

◆ Linux 文件系统结构从一个主目录开始，称为根目录。

◆ /home 目录存放了所有普通系统用户的默认工作目录，也称为用户主目录。

◆ Linux 有三个标准文件：标准输入文件(stdin)、标准输出文件(stdout)和标准错误输出文件(stderr)。

◆ 在 Linux 中的每一个文件或目录都包含有访问权限(或称作访问许可)，这些访问权限决定了谁能访问这些文件和目录。

◆ 在 Linux 中，可以使用命令 chmod 来改变文件或目录的访问权限。

◆ 链接文件有两种，软链接(Symbolic link)和硬链接(Hard link)。链接文件的主要作用就是用于文件的共享访问。

◆ 正则表达式描述了一种字符串匹配的模式，可以用来检查一个串是否含有某种子串、将匹配的子串做替换或者从某个串中取出符合某个条件的子串等。

◆ 使用 grep 等工具配合正则表达式可以实现强大的文件搜索功能。
◆ 使用 tar 命令可以实现文件或目录的备份和还原操作。
◆ tar 命令的-z 选项指定用 gzip 来压缩/解压缩文件。
◆ 制作补丁文件，可以使用 diff 命令；打补丁可以使用 patch 命令。

练　习

1. 下列关于 Linux 文件系统结构，描述错误的是______。
A. Linux 文件系统的结构层次鲜明，就像一棵倒立的树
B. 根目录位于分层文件系统的最顶层，用斜线(/)表示
C. 文件名以符号“.”开头表示是隐藏文件
D. /home 目录是管理员的工作目录
2. 要删除一个非空目录，可以使用的命令是______。
A. mkdir
B. rmdir
C. rm
D. ls
3. 将/usr/bin/zlib.h 文件复制到当前用户主目录的有效命令是______。
A. cp　/usr/bin/zlib.h　~
B. cp　zilib.h　~
C. mv　zlib.h　~
D. mv　/usr/bin/zlib.h　~
4. 执行命令“diff　f1　f2”后，输出结果中的“2c3”的含义是______。
A. 删除 f1 文件中的第 2 行至第 3 行，可以将 f1 文件转换成 f2 文件
B. 把 f1 文件中的第 2 行替换成 f2 文件中的第 3 行，可以将 f1 文件转换成 f2 文件
C. 把 f1 文件中的第 2 行替换成 f2 文件中的第 3 行，可以将 f2 文件转换成 f1 文件
D. 把 f1 文件中的第 2 行追加成 f2 文件中的第 3 行，可以将 f1 文件转换成 f2 文件
5. 在工作目录“/home/dh”内创建指向“/usr/include”目录的软链接“/home/dh/uinc”的命令是______。
A. ln　/home/dh/uinc　/usr/include
B. ln　uinc　/usr/include
C. ln　/usr/include　uinc
D. ln -s /usr/include　uinc
6. 修改当前目录下 abn.txt 文件的权限，使文件所有者可读写执行，组用户和其他用户只能执行，则有效的命令是______。
A. chmod　711　abn.txt
B. chmod　611　abn.txt
C. chmod　622　abn.txt
D. chmod　722　abn.txt

7. 使用 grep 命令搜索/usr/include 目录下以.h 为扩展名的文件中以"#ifndef"开头的行，则有效的命令是______。

A. grep '#ifndef' /usr/include/*.h

B. grep '^#ifndef' /usr/include/*.h

C. grep '^#ifndef' /usr/include/*

D. grep '^#ifndef' /usr/include/*.*

8. 下列关于备份和还原的说法错误的是______。

A. 文件的备份和还原都可使用 tar 命令

B. 备份文件需要用到 tar 命令的 -c 选项

C. 还原文件需要用到 tar 命令的 -x 选项

D. 备份文件时，不能实现压缩

第4章 高级操作

本章目标

◆ 了解进程的概念。
◆ 掌握作业的使用。
◆ 掌握 ps、pgrep、pstree 和 kill 命令的使用。
◆ 掌握用户和用户组的管理操作。
◆ 了解用户操作相关的系统文件。
◆ 掌握 sudo 工具的使用以及 sudoers 文件的配置。
◆ 熟悉重定向的概念。
◆ 掌握输入/输出重定向的使用方法。
◆ 熟悉管道的概念。
◆ 掌握管道的使用方法。
◆ 掌握管道和重定向的联合使用。

学习导航

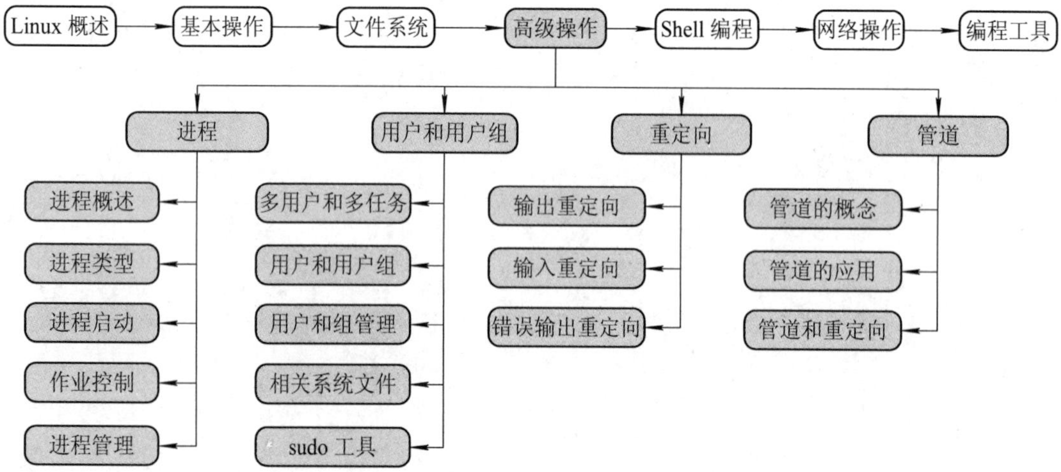

任务描述

➢【描述 4.D.1】

用 at 命令指定系统当天 14 点在当前用户主目录下创建空文件 test.txt。

➢【描述 4.D.2】

使用 kill 命令杀死进程。

➢【描述 4.D.3】

使用图形化操作进行用户和组的管理。

➢【描述 4.D.4】

用 visudo 工具修改/etc/sudoers 文件，指定用户 tom 可以以 root 权限执行 useradd 和 userdel 命令。

➢【描述 4.D.5】

演示输出重定向的应用。

➢【描述 4.D.6】

使用 cat 命令从键盘上键入内容至文件 cat.txt 中。

➢【描述 4.D.7】

使用 ls 和 more 命令，利用管道操作分屏显示目录/usr/include 里的内容。

4.1　进程

进程是 Linux 操作系统的核心概念，进程的创建和终止是 Linux 系统处理外部命令的唯一机制。不论是对于程序员还是系统管理者来说，理解 Linux 的进程管理都是必要的。

4.1.1　进程概述

Linux 是多任务操作系统，每个运行着的程序实例就是一个进程。每当执行一个外部命令时，系统就为其创建一个进程。在单 CPU 情况下，每个进程每次只执行很短的时间，执行过后 CPU 被 Linux 分配给另外一个进程，这种进程间的快速切换给用户的感觉就是可以同时运行多个程序。

Linux 进程都需要从某个进程创建出来，此时创建者进程称为“父进程”，被创建的进程称为“子进程”。进程可以具有多种状态中的一种，可以从一种状态切换到另一种状态，直到执行结束或非正常终止(运行异常或在用户干涉下终止)退出系统。进程所处的主要状态如图 4-1 所示。

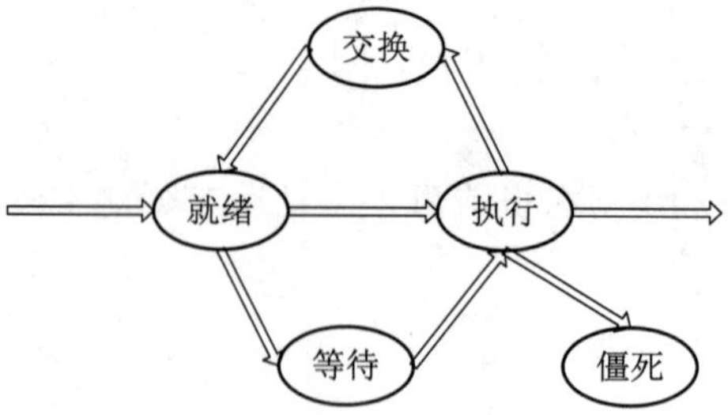

图 4-1 Linux 进程状态

图 4-1 中各进程状态的说明如表 4-1 所示。

表 4-1 进程状态的说明

状 态	说 明
就绪	进程准备执行，但没有得到 CPU
执行	进程正在执行(使用 CPU)
等待	进程等待事件发生。可能的事件包括 I/O(例如磁盘读写操作)完成、父进程等待一个或多个子进程退出
交换	进程准备运行，但是它暂时被放置到磁盘上；或者该进程需要很多内存但是系统现在没有足够的内存空间可用
僵死	进程执行退出操作之前其父进程已经终止，该进程就变成僵死进程

4.1.2 进程类型

Linux 操作系统包括三种不同类型的进程，每种进程都有自己的特点和属性。

✧ 交互进程：由用户启动(通过桌面点击操作或在终端中运行命令)，可以工作在前台或后台。

✧ 批处理进程：和终端没有联系，是一个进程序列(提交给 Linux 进程等待队列的进程)。

✧ 守护进程：也称监控进程，由 Shell 或 Linux 系统自动启动，工作在后台，用于监视特定任务。

4.1.3 进程启动

启动进程的方式有两种：

✧ 手工启动：

- 前台启动：直接在终端中输入程序名(外部命令名)，例如 vim。
- 后台启动：输入程序名时加“&”，例如 vim&。

✧ 调度启动：

指定系统在特定时间运行程序，可用 at、batch 和 cron 调度，具体方法见 4.1.4 节。

4.1.4 作业控制

用户有时需要对系统进行一些比较费时而且占用系统资源的维护工作，这些工作适合在系统空闲的时间进行，例如深夜。这时候用户就可以使用“作业”机制，事先进行调度安排，指定任务运行的时间，到时系统会自动完成一切工作。Linux 中常用 at、batch 和 crontab 命令进行作业控制，它们之间的区别如下：

✧　at 命令：在指定的精确时间执行；
✧　batch 命令：在系统负载较低的时候执行；
✧　crontab 命令：用于创建周期运行的任务作业。

1. at 命令

at 命令的语法格式如下：

　　at [选项]　<时间>

其中，若省略选项，表示是设定作业。常用选项如下：

✧　-d：删除指定的调度作业。
✧　-f 文件名：从指定文件中读取执行的命令。

时间的表示方法有绝对和相对两种，如表 4-2 所示。

表 4-2　时间表示方法

类　型	时间表示法	说　明	举　例
绝对表示法	midnight	当天午夜	at midnight
	moon	当天中午	at moon
	hh:mm [mm/dd/yy]	时:分　月/日/年	at 12:23 at 23:01 5/21/09
相对表示法	now+n minutes	现在起向后 n 分钟	at now+30 minutes
	now+n hours	现在起向后 n 小时	at now +2 hours
	now+n days	现在起向后 n 天	at now+5 days
	now+n weeks	现在起向后 n 周	at now+1 weeks

下述内容用于实现任务描述 4.D.1，用 at 命令指定系统当天 14 点在当前用户主目录下创建空文件 test.txt，具体步骤如下：

(1) 在终端中输入命令“at 14:00”。

【描述 4.D.1】　at 命令

```
$ at 14:00
```

命令执行结果如图 4-2 所示。

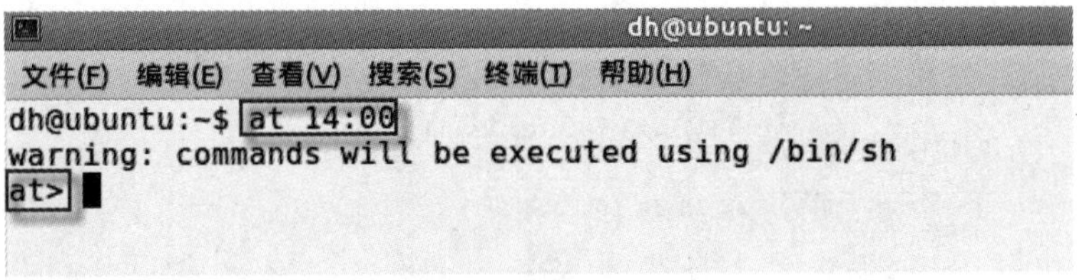

图 4-2　输入 at 命令

(2) 终端出现“at>”提示符，等待用户进一步输入命令。创建空文件可以使用 touch 命令。输入命令“touch test.txt”，如图 4-3 所示。

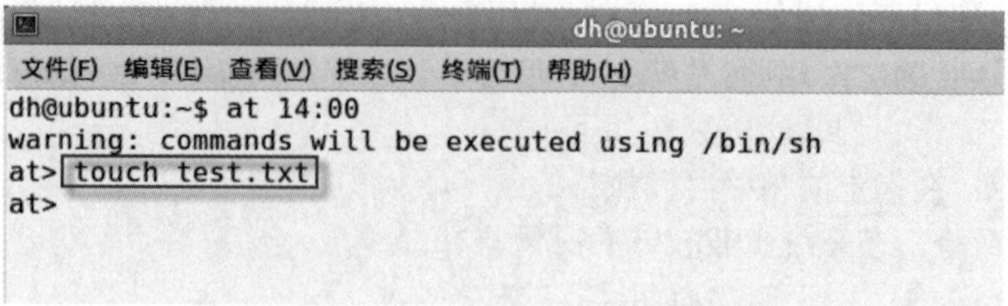

图 4-3　在 at 输入符下输入命令

(3) 按下 Ctrl + D 键(系统将输出 EOT 结束符)结束 at 命令，系统显示任务安装成功，如图 4-4 所示。其中的任务数字(job 6)是系统自动分配的。

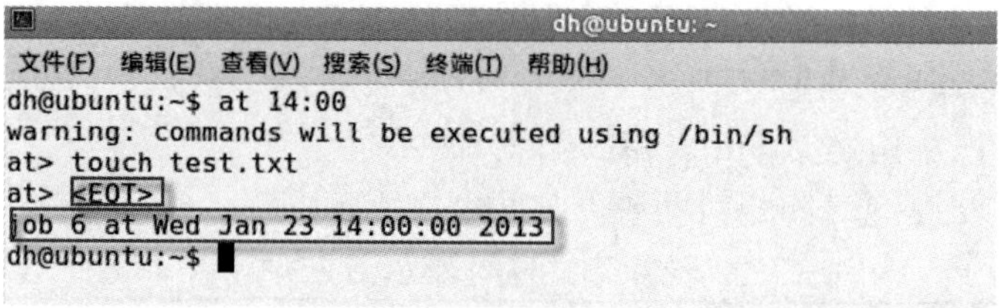

图 4-4　结束 at 命令

与 at 命令相关的还有 atq 命令(显示队列中的作业信息)和 atrm 命令(删除队列作业)。如图 4-5 所示为 atq 和 arm 命令的使用方法。

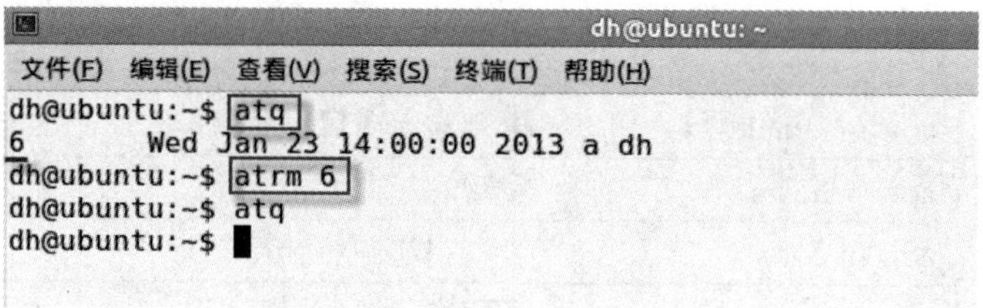

图 4-5　查询 at 任务和删除 at 任务

2. batch 命令

不同于 at 命令可以指定精确的运行时间，batch 设置的作业在系统负载较低的时候执行，因此 batch 用于低优先级运行作业。根据规定，batch 设定完作业后，会等到系统载荷小于 0.8 的时候执行作业。

在使用 batch 时，不需要参数，batch 执行时依然是在 at 输入符下输入要执行的命令，最后按下 Ctrl + D 键结束 batch 命令，如图 4-6 所示。

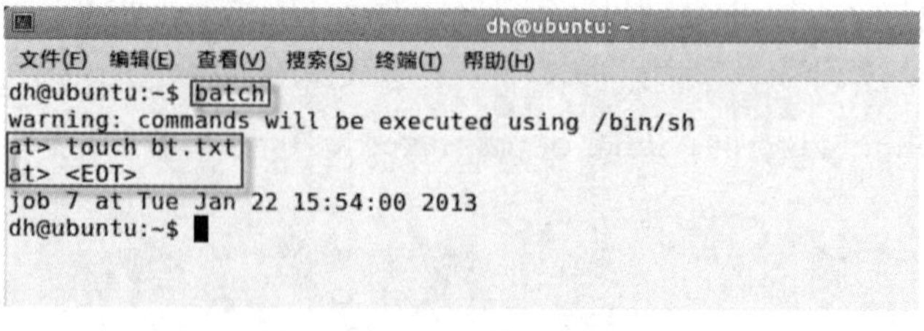

图 4-6　batch 命令的使用

上述命令执行完毕后，立刻使用 ls 命令就可以看到 bt.txt 文件，如图 4-7 所示。这是因为此时系统负载较小，所以作业立即被执行了。

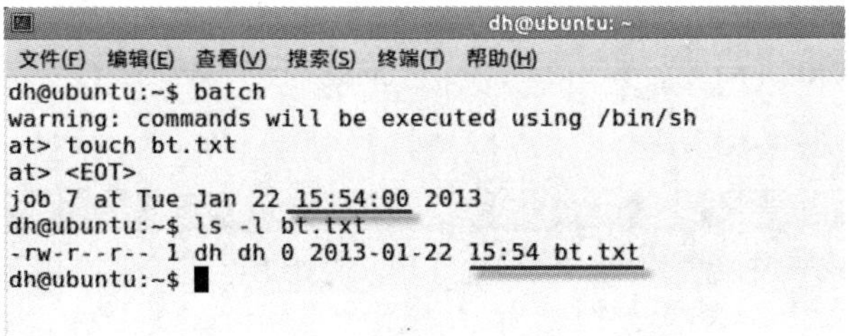

图 4-7　batch 作业执行结果

3. crontab 命令

at 和 batch 命令设定的任务只能执行一次，crontab 命令可以设定周期运行的任务作业。使用命令“crontab -e”即可创建作业。该命令打开一个编辑窗口，用户需要将设定的任务写入文件中。首次使用该命令时，系统要求选择默认的编辑器，如图 4-8 所示。本例中选择“3”，使用 vim 作为默认编辑器。

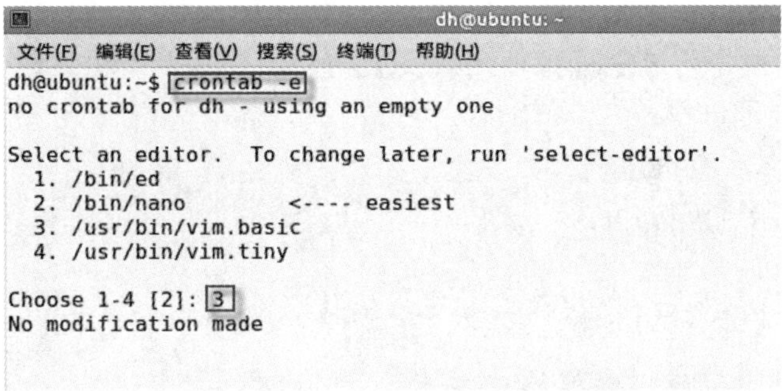

图 4-8　选择 crontab 使用的编辑器

在打开的编辑器内，需要按照如下固定格式输入要执行的任务：

分钟　小时　日期　月份　星期　命令

可以使用通配符“*”表示任何时间，例如要设定在每日 10 点 20 分执行一次“touch test.txt”，可以输入以下内容：

20 10 * * * touch test.txt

注意，每输入一个命令，要输入一个回车，如图 4-9 所示。

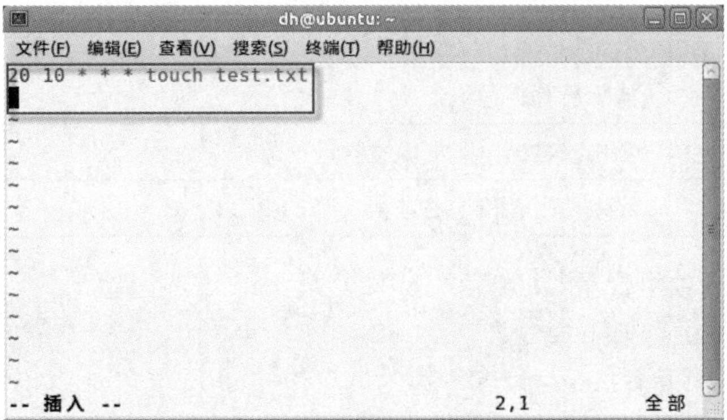

图 4-9　输入 crontab 作业

输入完 crontab 作业后，按下 Esc 键，输入“:wq”，保存退出，crontab 即可生效。若要编辑 crontab 作业，可以再次运行“crontab -e”命令；若要查询 crontab 作业，可以使用命令“crontab -l”，如图 4-10 所示。

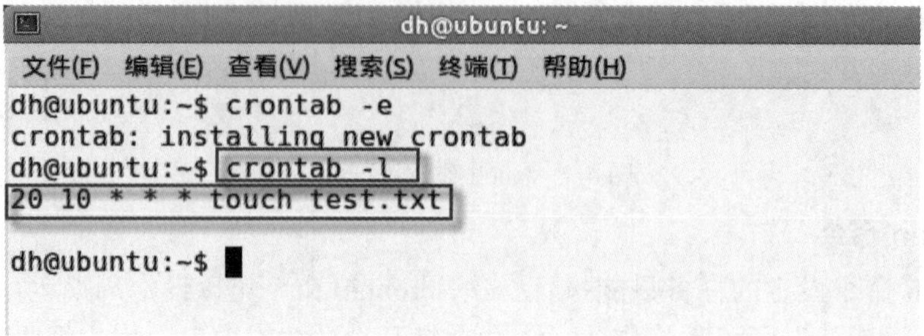

图 4-10　查询 crontab 作业

4.1.5　进程管理

Linux 的进程管理是通过进程管理工具实现的，主要有以下工具命令：

✧　ps：查询列举进程；
✧　pgrep：按名字查询进程；
✧　pstree：显示进程树；
✧　kill：杀死进程。

1. ps 命令

ps 命令用于查询进程，其语法格式如下：

　　ps　[选项]　<程序名>

ps 命令的选项参数众多，常用的如表 4-3 所示。

表 4-3　ps 命令的选项参数

选项参数	说　　明
a	显示终端上的所有进程，包括其他用户的进程
u	按用户名和启动时间的顺序来显示进程
x	显示无控制终端的进程
l	长格式显示
-e	显示所有进程
-f	全格式输出，即可以看到进程的命令行
-u	有效使用者相关的进程

ps 命令常用的选项组合是“aux”、“-ef”等。

例如，在终端中运行如下命令。

【示例 4-1】　带参数的 ps 命令

　　$ ps aux

命令执行结果如图 4-11 所示。

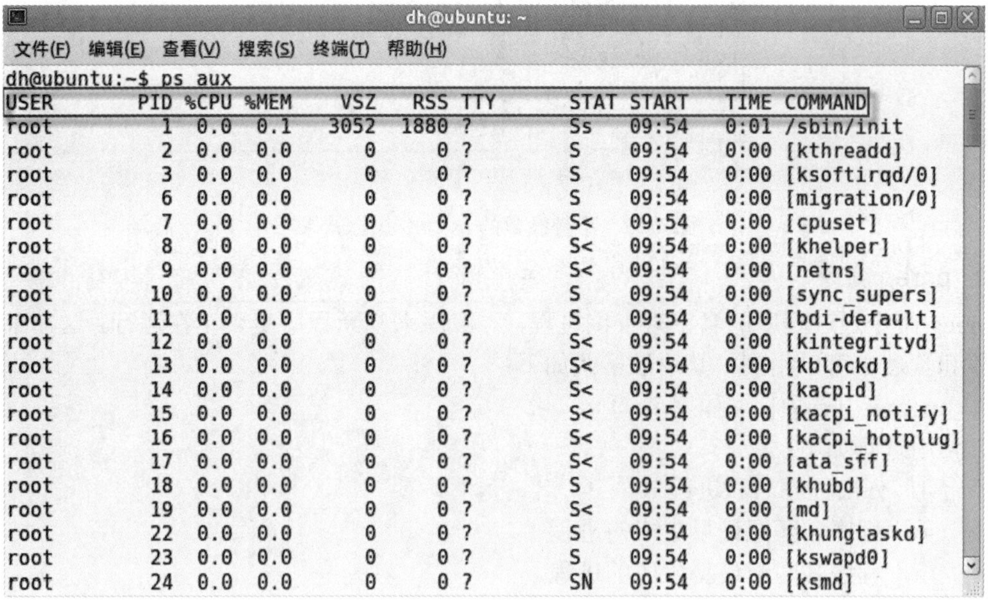

```
dh@ubuntu: ~
文件(F)  编辑(E)  查看(V)  搜索(S)  终端(T)  帮助(H)
dh@ubuntu:~$ ps aux
USER       PID %CPU %MEM    VSZ   RSS TTY      STAT START   TIME COMMAND
root         1  0.0  0.1   3052  1880 ?        Ss   09:54   0:01 /sbin/init
root         2  0.0  0.0      0     0 ?        S    09:54   0:00 [kthreadd]
root         3  0.0  0.0      0     0 ?        S    09:54   0:00 [ksoftirqd/0]
root         6  0.0  0.0      0     0 ?        S    09:54   0:00 [migration/0]
root         7  0.0  0.0      0     0 ?        S<   09:54   0:00 [cpuset]
root         8  0.0  0.0      0     0 ?        S<   09:54   0:00 [khelper]
root         9  0.0  0.0      0     0 ?        S<   09:54   0:00 [netns]
root        10  0.0  0.0      0     0 ?        S    09:54   0:00 [sync_supers]
root        11  0.0  0.0      0     0 ?        S    09:54   0:00 [bdi-default]
root        12  0.0  0.0      0     0 ?        S<   09:54   0:00 [kintegrityd]
root        13  0.0  0.0      0     0 ?        S<   09:54   0:00 [kblockd]
root        14  0.0  0.0      0     0 ?        S<   09:54   0:00 [kacpid]
root        15  0.0  0.0      0     0 ?        S<   09:54   0:00 [kacpi_notify]
root        16  0.0  0.0      0     0 ?        S<   09:54   0:00 [kacpi_hotplug]
root        17  0.0  0.0      0     0 ?        S<   09:54   0:00 [ata_sff]
root        18  0.0  0.0      0     0 ?        S    09:54   0:00 [khubd]
root        19  0.0  0.0      0     0 ?        S<   09:54   0:00 [md]
root        22  0.0  0.0      0     0 ?        S    09:54   0:00 [khungtaskd]
root        23  0.0  0.0      0     0 ?        S    09:54   0:00 [kswapd0]
root        24  0.0  0.0      0     0 ?        SN   09:54   0:00 [ksmd]
```

图 4-11　ps 命令执行结果

相关显示信息如下：

✧ USER：运行进程的用户；
✧ PID：进程的 ID 号；
✧ %CPU：进程使用的 CPU 资源百分比；
✧ %MEM：进程使用的内存资源百分比；
✧ VSZ：进程使用的虚拟内存(KB)；
✧ RSS：进程使用的物理内存的大小；
✧ TTY：进程关联的终端，如果没有终端，则显示“？”；
✧ STAT：进程目前的状态，主要状态如表 4-4 所示；
✧ TIME：到当前为止进程已经运行的时间，或休眠和停止之前运行的时间；
✧ COMMAND：进程的程序名。

表 4-4　进程的状态

进程状态	说　　明
R	正在运行，或等待被系统调度来使用 CPU
S	休眠
T	停止或正在被系统侦测
Z	僵死进程

不带参数的 ps 命令，显示的是与当前终端相关的进程。

【示例 4-2】　不带参数的 ps 命令

```
$ ps
```

命令执行结果如图 4-12 所示。

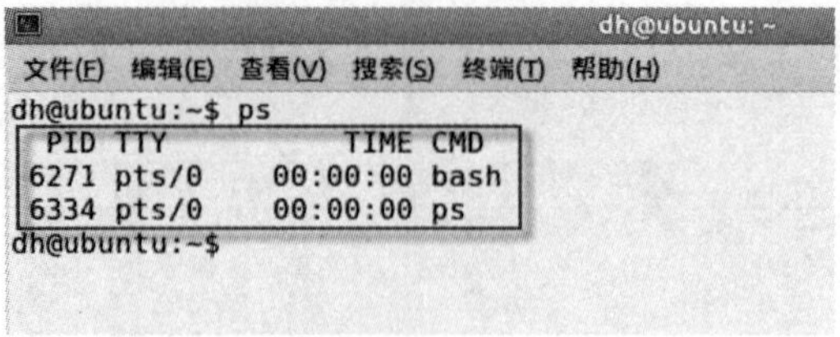

图 4-12　不带参数的 ps 命令执行结果

2. pgrep 命令

pgreg 命令通过程序的名字来查询进程，一般用来判断程序是否正在运行，这在服务器的配置和管理中可以用到，其语法格式如下：

pgrep　[选项]　<程序名>

其中，常用选项如下：

✧　-l，列出程序名和进程 ID；

✧　-o，程序名匹配最早生成的进程；

✧　-n，程序名匹配最新生成的进程。

例如，/sbin/init 程序是一个系统进程，可以使用 pgrep 命令查看其进程 ID，如图 4-13 所示。

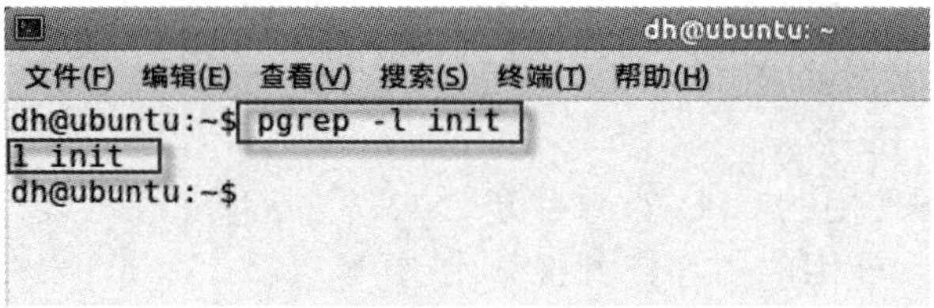

图 4-13　使用 pgrep 命令查看进程 ID

3. pstree 命令

使用 pstree 命令可以以树形结构显示进程间的关系。pstree 有很多参数，一般情况下直接使用 pstree 命令获取进程间的关系情况，如图 4-14 所示。

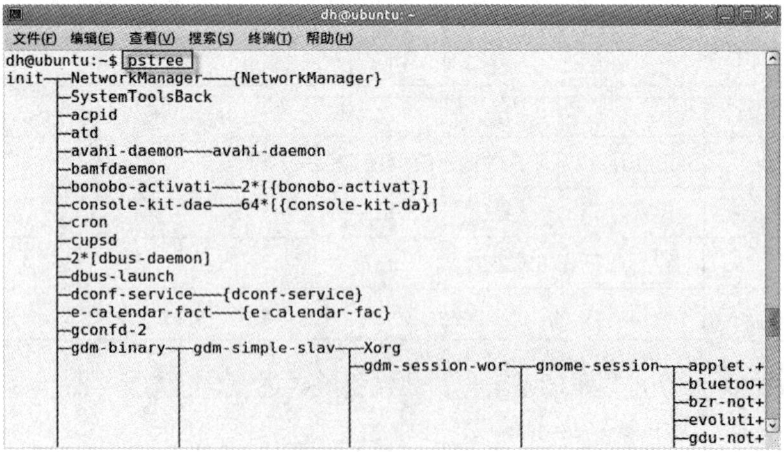

图 4-14　pstree 命令

4. kill 命令

当某个进程由于某种原因(如死锁)需要用户干预以提前终止它时，可以用 kill 命令。一般结合 ps 或 pgrep 命令，找到进程的 ID，然后用 kill 命令终止它。kill 命令的语法格式如下：

kill [信号代码]　进程 ID

其中，信号代码可以省略，常用的信号代码是 -9，表示强制终止。

下述内容用于实现任务描述 4.D.2，使用 kill 命令杀死进程，具体步骤如下：

(1) 启动“计算器”程序。

点击桌面菜单“应用程序→附件→计算器”，如图 4-15 所示。

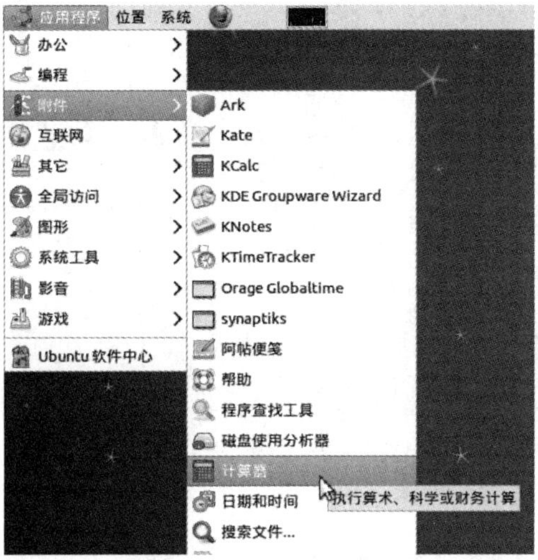

图 4-15　启动“计算器”程序

(2) 查询“计算器”程序的进程 ID。

在终端中运行以下命令。

【描述 4.D.2】　ps 命令

$ ps -ef

命令执行结果如图 4-16 所示。

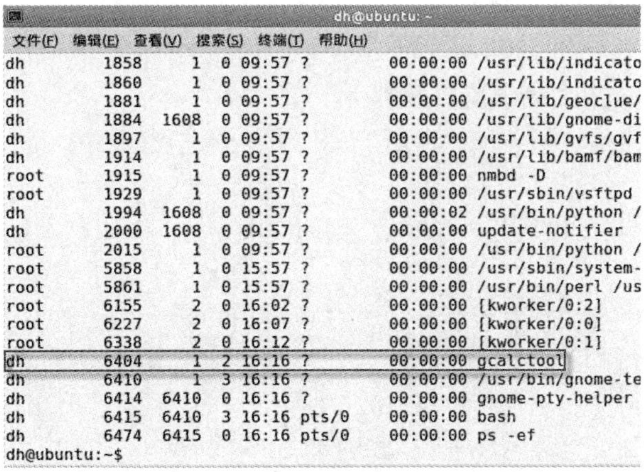

图 4-16　查询“计算器”的进程 ID

如图 4-16 所示，“gcalctool”进程即“计算器”程序，其进程 ID 是 6404。

(3) 用 kill 命令终止“计算器”程序。

在终端中运行以下命令。

【描述 4.D.2】 kill 命令

$ kill 6404

命令执行结果如图 4-17 所示。

图 4-17　kill 终止进程

执行 kill 命令后，“计算器”程序即消失(终止)。

4.2　用户和用户组

Linux 是多用户操作系统，多个用户可以同时使用系统，而且系统中每个文件(包括目录)和进程都归属于某一个用户，因此用户和组的管理是保证 Linux 系统被安全使用的重要方面。管理用户和组主要是指用户和组的创建操作，另外，Ubuntu 采用 sudo 工具管理用户的系统使用权限。

4.2.1　多用户和多任务

多用户和多任务有两个概念需要理解：

✧　单用户多任务：单个用户可以同时执行多个进程(程序)，例如单个用户可以同时运行 vim、gedit 等多个进程。

✧　多用户多任务：多个用户同时登录并使用系统，例如有本地用户、远程的网络用户同时登录系统。

Linux 支持多用户同时使用系统，也支持单个用户运行多个任务。

4.2.2　用户和用户组

1. 用户

Linux 中，每个“用户”对应一个系统唯一的账号，每个账号拥有相应的权限。用户(或账号)主要具有以下属性：

✧　用户名，系统中用来标识用户的名字，可以是字母、数字组成的字符串；

✧　用户口令，用户密码；

✧　用户 ID，系统中用来标识用户的数字；

✧　用户主目录，系统为每个用户配置的使用环境，即用户登录后最初所在的工作目录，用户的文件以及一些配置文件都放在这个目录内；

✧　登录 Shell，用户登录后开启的终端程序；

✧　组，用户所属的组。

Linux 中的用户可以分为以下几类：

✧　root 用户，也称超级管理员用户，是系统安装完毕后自动创建的账号，可以登录系统(Ubuntu 除外，见后续章节)，可以操作系统上的任何文件和命令，拥有最高权限。

✧　普通用户，可以登录系统，登录后可以完全访问自己主目录的内容，其他目录内的内容权限受限；这类用户是 root 管理员添加的，或系统安装时安装系统要求新建的用于登录的用户。

✧　虚拟用户，不可以登录系统，只是为了系统管理的方便而添加的用户，是由系统自身拥有的，而不是后来添加的，如 daemon、ftp、mail 等。

2. 用户组

“用户组”(简称“组”)是具有相同特征(例如相同的权限)的用户的集合体。使用“用户组”便于系统对用户进行集中管理。

“用户组”主要具有以下两个属性：

✧　组名，用来标识组的名字，可以是字母、数字组成的字符串；

✧　组 ID，用来标识组的数字。

3. 用户和组的对应关系

用户和所属组之间的对应关系如下：

✧　一对一，某个用户是某个组的唯一成员；

✧　多对一，多个用户只归属某一个组，而不归属其他的组；

✧　一对多，某个用户可以同时是多个组的成员，即隶属于多个组；

✧　多对多，多个用户归属多个组。

4.2.3　用户和组管理

用户和组的管理包括用户创建、用户删除、组创建、组删除。在 Ubuntu Linux 上有两种操作方法对用户和组进行管理：图形化操作和 Shell 命令操作。对用户和组进行管理的常用 Shell 命令如表 4-5 所示。

表 4-5　管理用户和组的 Shell 命令

命　令	说　明	命　令	说　明
useradd	创建新用户	passwd	修改用户口令
userdel	删除用户	groupadd	创建组
usermod	修改用户账号	groupdel	删除组

如果不是修改当前用户，运行以上命令时需要管理员权限，因此在 Ubuntu 上运行时需要使用 sudo 命令作为前缀。

注意：Ubuntu 中还存在一组与表 4-5 所示命令名类似的命令，包括 adduser、deluser、addgroup 和 delgroup，它们的功能与这里讲解的命令是一样的，仅仅是使用过程中有些细微差别，本书不再举例讲解。

1. 图形化操作

下述内容用于实现任务描述 4.D.3，使用图形化操作进行用户和组的管理，具体步骤如下：

(1) 启用“用户和组”程序。

点击面板菜单“系统→系统管理→用户和组”菜单项，如图 4-18 所示。

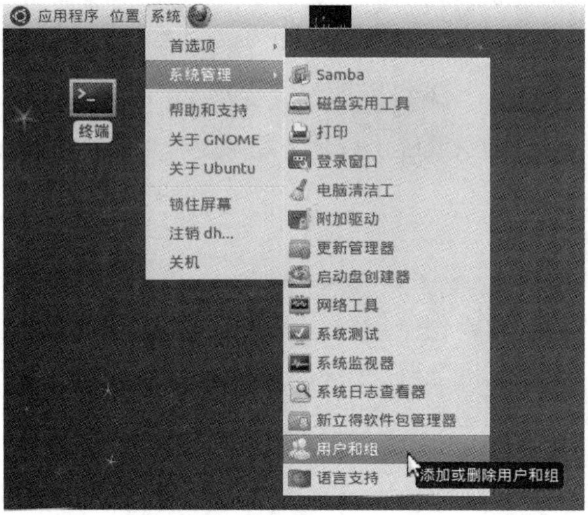

图 4-18 菜单“用户和组”

(2) 添加用户。

在“用户设置”窗口中点击“添加”按钮，在弹出的“认证”对话框中输入当前用户密码，以授权进行系统操作，如图 4-19 所示。

图 4-19 输入需要认证的密码

然后在“创建新用户”对话框中输入要创建的新用户名，如图 4-20 所示，点击“确定”按钮。

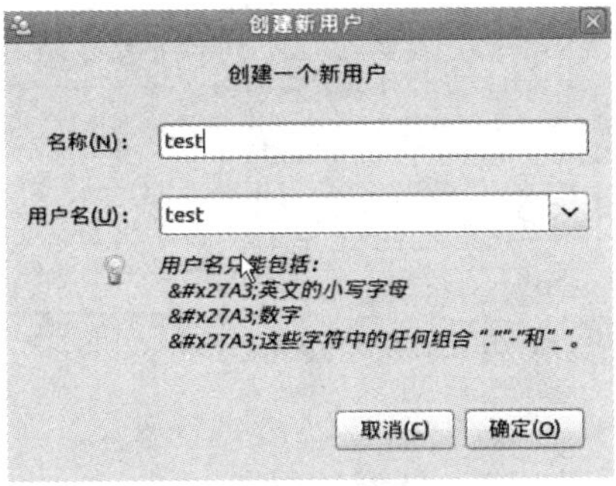

图 4-20　输入新用户名

在随后弹出的“更改用户口令”对话框中输入新密码并确认密码，如图 4-21 所示，点击“确定”按钮。

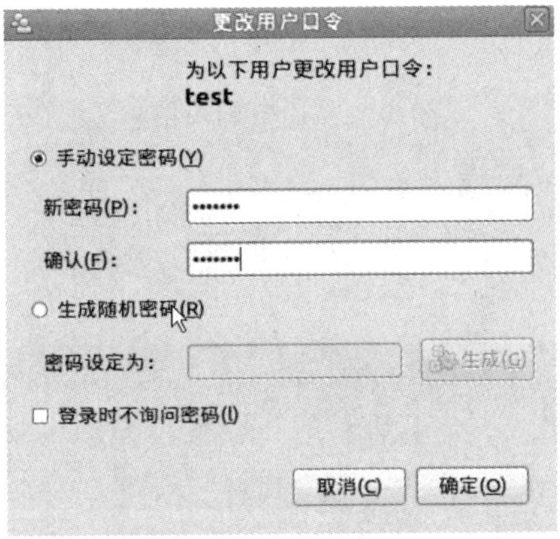

图 4-21　输入用户口令

(3) 设置用户权限。

图形化操作支持用户权限设置。在“用户设置”窗口中先选择刚创建的新用户，然后点击“高级设置”按钮，弹出“更改高级用户设置”对话框，如图 4-22 所示。

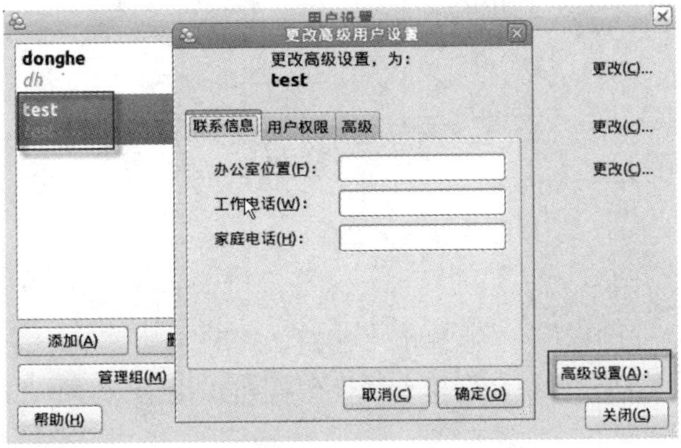

图 4-22　更改高级用户设置

在“更改高级用户设置”对话框中选择“用户权限”选项卡，设置权限，如图 4-23 所示。

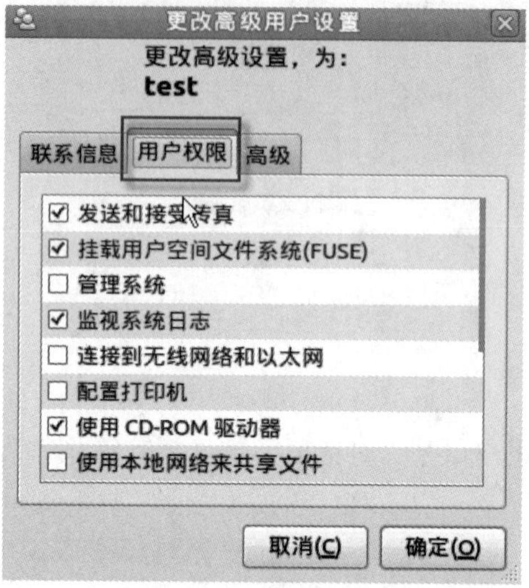

图 4-23　设置用户权限

(4) 主目录、登录 Shell、所属组设置。

在“更改高级用户设置”对话框中选择“高级”选项卡，如图 4-24 所示，可设置主目录、登录 Shell、所属组等。

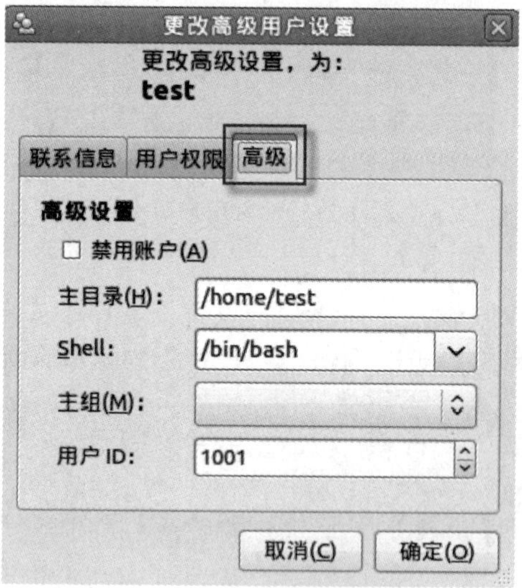

图 4-24　其他高级设置

(5) 组管理。

在“用户设置”窗口中点击“管理组”按钮，在弹出的“组设置”对话框中可进行组的创建(选择“添加”按钮)、编辑(选择“属性”按钮)、删除(选择“删除”按钮)操作，如图 4-25 所示。

图 4-25　管理组

在“组设置”对话框的左侧选择系统可用的组，例如“dh”组，然后点击“属性”按钮，弹出“组‘dh’的属性”对话框，如图 4-26 所示，可以对该组中的成员进行设置。设置完毕后点击“确定”按钮。

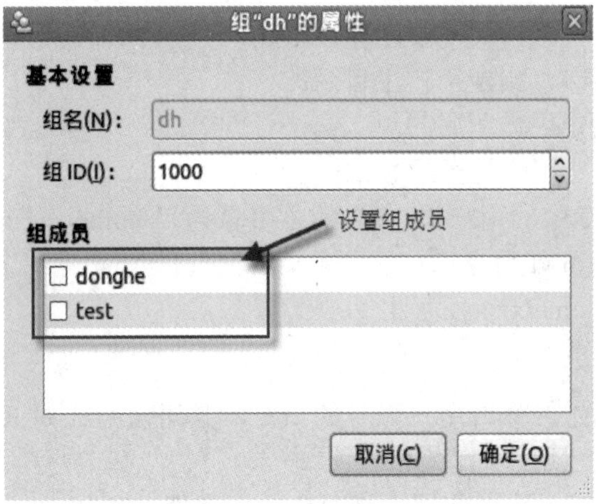

图 4-26　组成员设置

全部设置完毕后，点击“用户设置”窗口中的“关闭”按钮即可。

2. useradd 命令

useradd 命令用于创建用户，其语法格式如下：

useradd [选项] <用户名>

其中，用户名是要新建立的用户账号名；常用的选项如下：

✧　-c <注释性描述>，指定一段注释性描述；

✧　-d <用户主目录>，指定用户主目录，如果此目录不存在，则同时使用 -m 选项，可以创建主目录；

- ✧ -g <组名>，指定用户所属的组；
- ✧ -s <Shell>，指定用户的登录 Shell。

例如，创建新用户 xyz，并指定其主目录是 /home/xyz 的命令如下所示。

【示例 4-3】 useradd 命令

```
$ sudo useradd -d /home/xyz -m xyz
```

3. userdel 命令

如果一个用户账号不再使用，可以使用 userdel 命令删除用户，其语法格式如下：

userdel [选项] <用户名>

其中，用户名是要删除的用户账号名；常用的选项只有一个“-r”，其作用是把用户的主目录一起删除。

例如，删除示例 4-3 中创建的用户 xyz 及主目录的命令如下所示。

【示例 4-4】 userdel 命令

```
$ sudo userdel -r xyz
```

4. usermod 命令

根据实际情况，当需要修改用户账号的属性(如用户目录、登录 Shell、所属组等)时，可以使用 usermod 命令，其语法格式如下：

usermod [选项] <用户名>

其中，用户名是要被修改的用户账号名，常用选项与 useradd 命令的选项意义一样：

- ✧ -c <注释性描述>，指定一段注释性描述；
- ✧ -d <用户主目录>，指定用户主目录；
- ✧ -g <组名>，指定用户所属的组；
- ✧ -s <Shell>，指定用户的登录 Shell。

例如，修改示例 4-3 中的用户“xyz”的主目录为“/home/xz”的命令如下所示。

【示例 4-5】 usermod 命令

```
$ usermod -d /home/xz xyz
```

5. passwd 命令

passwd 命令用于指定或修改用户账号的口令，其语法格式如下：

passwd [选项] [用户名]

其中，用户名可省略，表示为当前用户修改口令；常用选项如下：

- ✧ -l，锁定口令，即禁用账号；
- ✧ -u，口令解锁；
- ✧ -d，使账号无口令；
- ✧ -f，强迫用户下次登录时修改口令。

当使用该命令修改口令时，先运行该命令，然后按照提示输入相关口令。

例如为当前用户修改口令的操作如下所示。

【示例 4-6】 passwd 命令

```
$ passwd
```

命令执行结果如图 4-27 所示。

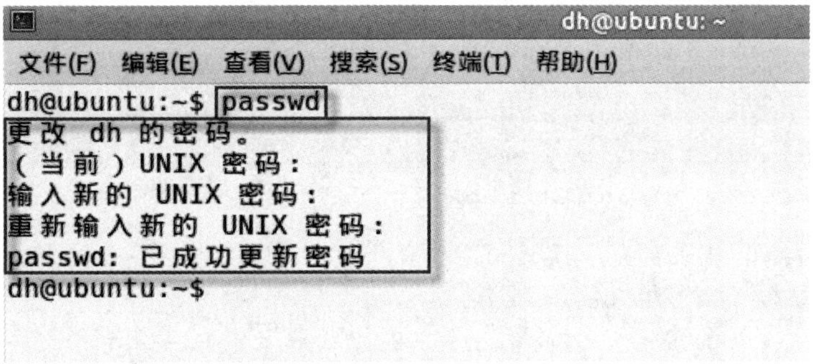

图 4-27　修改用户口令

用 passwd 命令修改口令时，要求用户先输入旧口令，再输入两遍新口令，输入时不显示口令。

6. groupadd 命令

groupadd 命令用来新建用户组，其常用语法格式如下：

groupadd <组名>

其中，组名是要创建的新组的名称。

例如，要创建一个新组“g121”的命令如下所示。

【示例 4-7】　groupadd 命令

$ sudo groupadd g121

7. groupdel 命令

groupdel 命令用来删除已存在的用户组，其常用语法格式如下：

groupdel　<组名>

其中，组名是要删除组的名字。

例如，要删除示例 4-7 中的“g121”，其命令如下所示。

【示例 4-8】　groupdel 命令

$ sudo groupdel g121

4.2.4　相关系统文件

对用户和组进行管理，例如创建用户、删除用户等，本质上是对相关的系统文件进行修改，它们都是文本文件，包括 /etc/passwd、/etc/shadow 和/etc/group 等。以下内容将对这些文件进行详细介绍。

1. /etc/passwd

/etc/passwd 是用户账号文件，该文件每行存放一个账户的一些信息，信息被“:”隔成 7 个域，内容格式如下：

用户名:口令:用户 ID:组 ID:用户全名或描述:登录目录:登录 Shell

其中，“口令”其实只是个特殊字符，如“x”或“*”，真正的口令在 /etc/shadow 文件中。

图 4-28 所示是 /etc/passwd 文件的内容。

```
dh@ubuntu: ~
文件(F) 编辑(E) 查看(V) 搜索(S) 终端(T) 帮助(H)
dh@ubuntu:~$ cat /etc/passwd
root:x:0:0:root:/root:/bin/bash
daemon:x:1:1:daemon:/usr/sbin:/bin/sh
bin:x:2:2:bin:/bin:/bin/sh
sys:x:3:3:sys:/dev:/bin/sh
sync:x:4:65534:sync:/bin:/bin/sync
games:x:5:60:games:/usr/games:/bin/sh
man:x:6:12:man:/var/cache/man:/bin/sh
lp:x:7:7:lp:/var/spool/lpd:/bin/sh
mail:x:8:8:mail:/var/mail:/bin/sh
news:x:9:9:news:/var/spool/news:/bin/sh
uucp:x:10:10:uucp:/var/spool/uucp:/bin/sh
proxy:x:13:13:proxy:/bin:/bin/sh
www-data:x:33:33:www-data:/var/www:/bin/sh
backup:x:34:34:backup:/var/backups:/bin/sh
list:x:38:38:Mailing List Manager:/var/list:/bin/sh
irc:x:39:39:ircd:/var/run/ircd:/bin/sh
gnats:x:41:41:Gnats Bug-Reporting System (admin):/var/lib/gnats:/bin/sh
nobody:x:65534:65534:nobody:/nonexistent:/bin/sh
libuuid:x:100:101::/var/lib/libuuid:/bin/sh
syslog:x:101:103::/home/syslog:/bin/false
messagebus:x:102:105::/var/run/dbus:/bin/false
```

图 4-28　/etc/passwd 文件的内容

2. /etc/shadow

/etc/shadow 是用户口令文件，其中存放的是已经加密的用户口令，每行一个用户信息，用“：”分割成 9 个域，包括：

✧ 用户名；

✧ 加密后的口令；

✧ 从 1970 年 1 月 1 日至今密码最近一次被修改的天数；

✧ 从 1970 年 1 月 1 日起多少天内口令不能修改；

✧ 从 1970 年 1 月 1 日起多少天内口令必须修改；

✧ 提前多少天警告用户口令将过期(提醒场合是：当用户登录系统后，系统登录程序提醒用户口令即将作废)；

✧ 在口令过期之后多少天禁用此用户；

✧ 从 1970 年 1 月 1 日起多少天后口令失效；

✧ 保留域。

如图 4-29 所示是 /etc/shadow 文件的内容。

```
dh@ubuntu: ~
文件(F) 编辑(E) 查看(V) 搜索(S) 终端(T) 帮助(H)
dh@ubuntu:~$ cat /etc/group
root:x:0:
daemon:x:1:
bin:x:2:
sys:x:3:
adm:x:4:dh,test
tty:x:5:
disk:x:6:
lp:x:7:
mail:x:8:
news:x:9:
uucp:x:10:
man:x:12:
proxy:x:13:
kmem:x:15:
dialout:x:20:dh,test
fax:x:21:test
voice:x:22:
cdrom:x:24:dh,test
floppy:x:25:test
tape:x:26:test
sudo:x:27:
```

图 4-29　/etc/shadow 文件的内容

3. /etc/group

/etc/group 是组账号文件，每行存放一个组账号信息，用“：”分割成 4 个域，内容格式如下：

组名:组口令:组 ID:组成员列表

其中，组口令一般的 Linux 系统都不使用，通常这个位置是一个特殊字符，例如“x”。

如图 4-30 所示是 /etc/group 文件的内容。

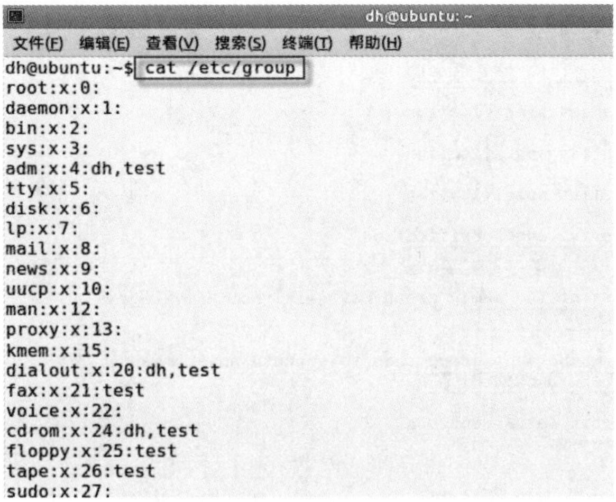

图 4-30　/etc/group 文件的内容

4.2.5　sudo 工具

与 Ubuntu Linux 不同，其他 Linux 发行版在安装时，需要设定“root”账号密码，系统安装完毕后，可以使用“root”账号登录，或使用 su 命令从普通用户切换到“root”以进行管理员操作。而 Ubuntu 默认在安装完毕后不需要给“root”账号设置密码，系统也没有启用“root”账号。所以当需要以管理员的权限运行命令时需要用到 sudo 工具(命令)。

1. sudo 命令

sudo 命令的本意是当前用户以其他用户的身份运行某命令。在 Ubuntu Linux 上，经常使用该命令运行具有管理员权限的命令，其常用的语法格式如下：

sudo <命令>

其中，命令是需要具有管理员权限才能运行的命令，如本章前述内容涉及的 apt-get install、apt-get remove、useradd 和 userdel 等。

在 Ubuntu 的终端上，当首次使用 sudo 命令作为其他“命令”的前缀执行时，系统要求输入当前用户的口令，而后，在特定时间(一般是 5 分钟)内，用户可以运行其他需要管理员权限的命令而不需要输入口令。

2. /etc/sudoers 文件

执行 sudo 命令需要通过/etc/sudoers 文件进行授权。修改配置时，务必使用 visudo 工具(命令)进行编辑，该工具会自动对配置语法进行检查，若发现错误，则在保存退出时给出警告，并提示哪段配置出错，从而确保配置文件的正确性。

Ubuntu 安装完毕后，为用户提供了一个基本配置并将其保存在 /etc/sudoers 文件中，图 4-31 所示是默认的文件内容。

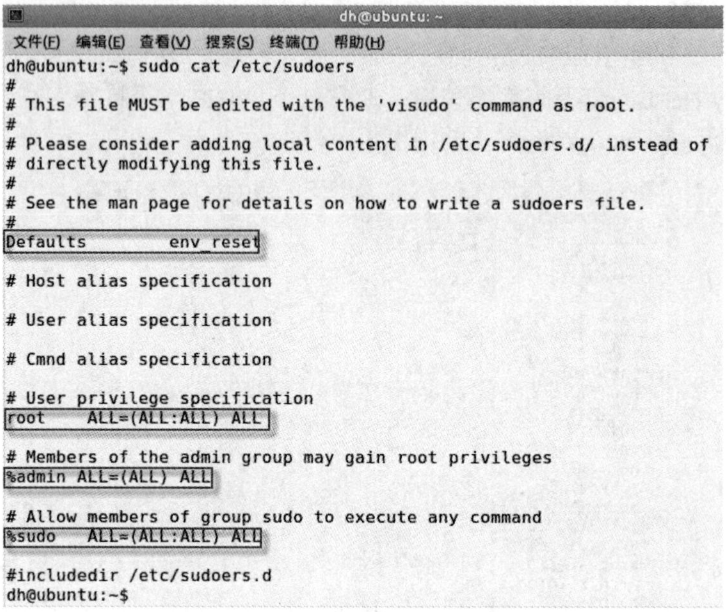

```
dh@ubuntu: ~
文件(F) 编辑(E) 查看(V) 搜索(S) 终端(T) 帮助(H)
dh@ubuntu:~$ sudo cat /etc/sudoers
#
# This file MUST be edited with the 'visudo' command as root.
#
# Please consider adding local content in /etc/sudoers.d/ instead of
# directly modifying this file.
#
# See the man page for details on how to write a sudoers file.
#
Defaults        env_reset

# Host alias specification

# User alias specification

# Cmnd alias specification

# User privilege specification
root    ALL=(ALL:ALL) ALL

# Members of the admin group may gain root privileges
%admin ALL=(ALL) ALL

# Allow members of group sudo to execute any command
%sudo   ALL=(ALL:ALL) ALL

#includedir /etc/sudoers.d
dh@ubuntu:~$
```

图 4-31　/etc/sudores 文件默认内容

文件中，以“#”开头的行是注释，其余的是权限配置(图 4-31 中矩形框中的内容)。

/etc/sudoers 文件中的权限配置语法格式如下：

适用对象 适用主机 = (执行身份) 命令列表

其中，

✧ 适用对象，可以使用 sudo 命令的用户，如果是组，则需要以“%”开头；

✧ 适用主机，可以使用 sudo 命令的主机，ALL 代表所有主机；

✧ 执行身份，放在括号中，规定“适用对象”可以何种身份执行命令，如 root，ALL 表示所有用户；

✧ 命令列表，用逗号隔开的命令表，指定“适用对象”以“执行身份”可以运行的命令，命令要求使用全路径名，如 /usr/sbin/useradd，ALL 是指任何命令。

下述内容用以实现任务描述 4.D.4，用 visudo 工具修改 /etc/sudoers 文件，指定用户 tom 可以以 root 权限执行 useradd 和 userdel 命令，具体步骤如下：

(1) 新建用户 tom。

在终端上执行以下命令。

【描述 4.D.4】 useradd 命令

```
$ sudo useradd  -d /home/tom -m tom
```

(2) 为新用户 tom 设置密码。

在终端上执行以下命令。

【描述 4.D.4】 passwd 命令

```
$ sudo passwd tom
```

命令执行结果如图 4-32 所示。

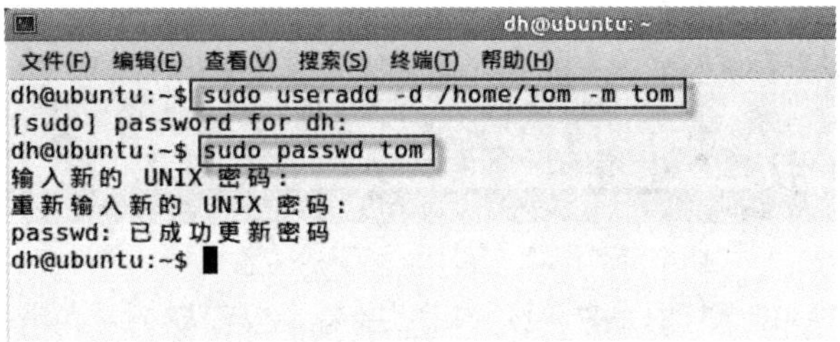

图 4-32　新建用户并设置密码

(3) 编辑 /etc/sudoers 文件，增加权限设置。

在终端上执行以下命令。

【描述 4.D.4】　visudo 命令

$ sudo visudo

命令执行结果是自动打开 /etc/sudoers 文件，并处于文件编辑状态，如图 4-33 所示。

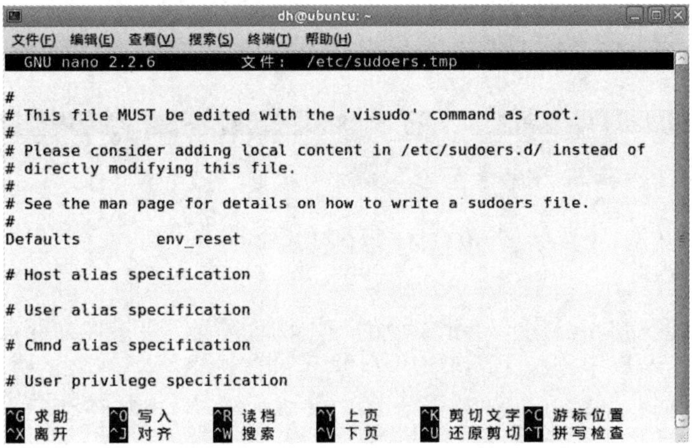

图 4-33　执行 visudo 命令

如图 4-34 所示。在文件倒数第二行的位置输入以下内容：

tom ALL = (root) /usr/sbin/useradd,/usr/sbin/userdel

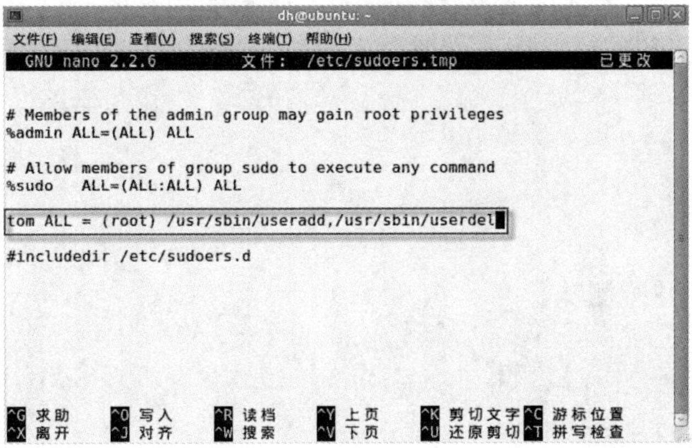

图 4-34　增加权限设置

(4) 保存退出 visudo。

按下 Ctrl + X 键，然后输入 Y，visudo 提示将要写入 /etc/sudoers.tmp 文件，如图 4-35 所示，按下回车键后，visudo 会将内容写入 /etc/sudoers 文件。

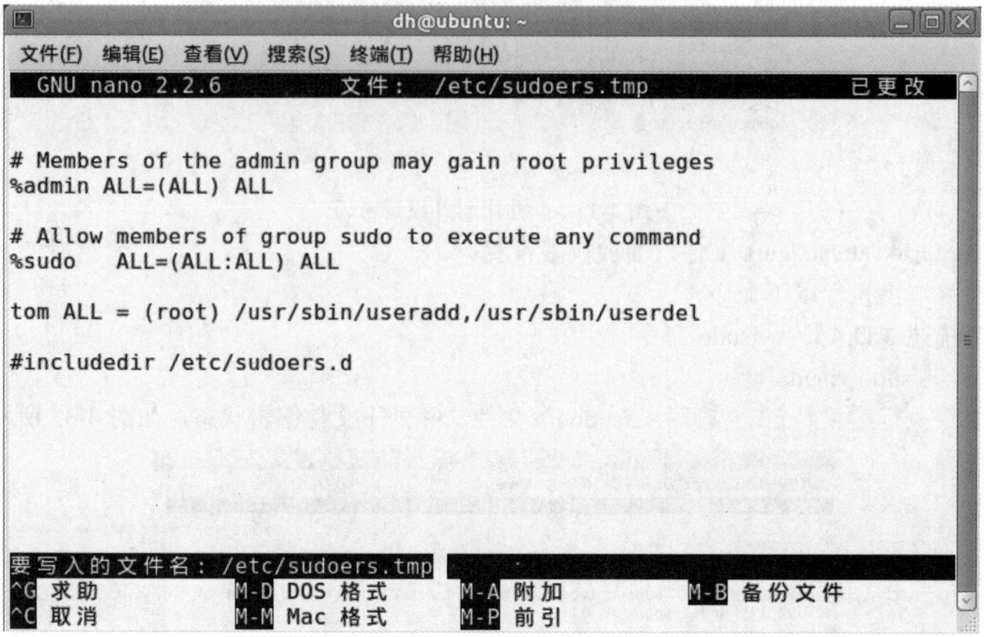

图 4-35 保存退出 visudo

(5) 测试 tom 用户。

使用 su 命令切换到 tom 用户。su 命令的使用比较简单，直接在命令后面输入要切换的用户名即可。

【描述 4.D.4】 su 命令

$ su tom

输入 tom 用户的口令后，将切换到 tom 用户，执行结果如图 4-36 所示。

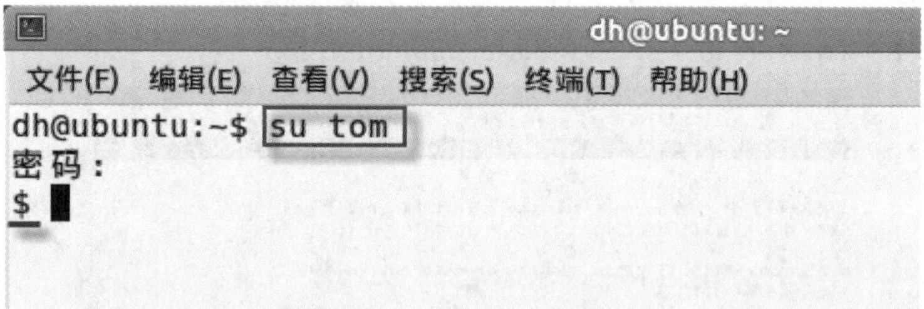

图 4-36 切换到 tom 用户

输入以下命令，进行测试。

【描述 4.D.4】 sudo 命令

$ sudo useradd -d /home/kin -m kin

$ sudo userdel -r kin

$ sudo groupaddr lim

命令执行结果如图 4-37 所示。

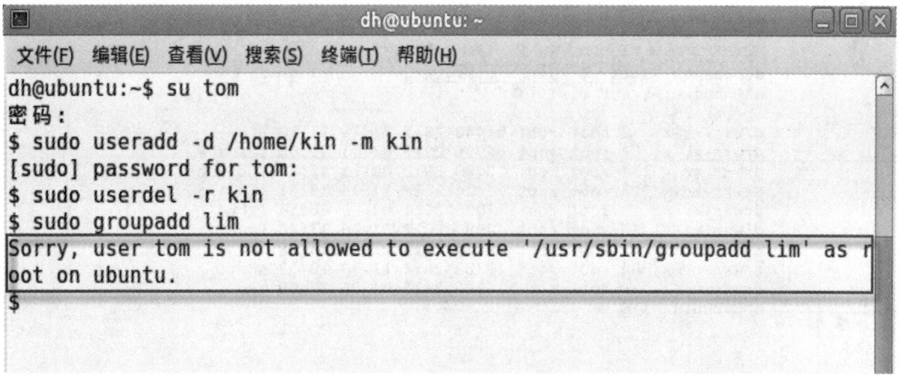

图 4-37　tom 用户执行 sudo

从执行结果可以看出，执行“sudo useradd -d /home/kin -m kin”和“sudo userdel -r kin”时，可以正常执行；执行“sudo groupadd lim”时系统提示 tom 用户没有权限执行(not allowed)，这说明 /etc/sudoers 文件中的配置起了作用：只允许 tom 用户以 root 身份执行 useradd 和 userdel 命令，其他的系统命令都不可执行。

4.3　重定向

在 Linux 系统中，默认的输入设备是键盘，输出设备是显示器，重定向的主要含义是将一个输入/输出设备的“输入/输出”操作转到另一个输入/输出设备。

4.3.1　输出重定向

输出重定向用大于号“>”表示，它用来断开命令的输出和显示器之间的联系，将输出文件与标准输出建立关联。如果这条命令要向标准输出写入或者发送信息，那么信息将被写入输出文件中，而不是与命令所关联的显示器。不过，出错的信息仍然会输出到显示器上，其语法格式有如下两条：

命令 > 文件

命令 >> 文件

其中：

✧　命令，可以是任何一条 Shell 命令；

✧　文件，命令的执行结果送到或追加到的指定文件。

上述第一条命令将命令的执行结果送至指定的文件中，若文件已存在，则覆盖；第二条命令将命令的执行结果追加到指定文件中。

下述示例用于实现任务描述 4.D.5，演示输出重定向的应用，具体步骤如下：

(1) 用输出重定向将 ls 命令列出的/usr 目录的内容写入 list.txt 文件。

【描述 4.D.5】　重定向输出

```
$ ls -l /usr > list.txt
```

命令执行结果如图 4-38 所示。

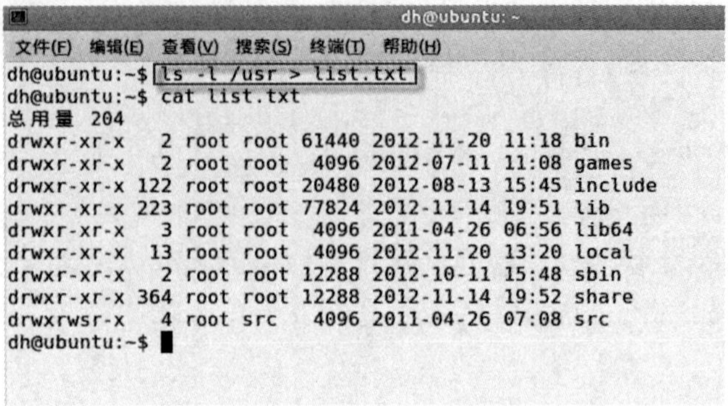

```
dh@ubuntu: ~
文件(F) 编辑(E) 查看(V) 搜索(S) 终端(T) 帮助(H)
dh@ubuntu:~$ ls -l /usr > list.txt
dh@ubuntu:~$ cat list.txt
总用量 204
drwxr-xr-x   2 root root 61440 2012-11-20 11:18 bin
drwxr-xr-x   2 root root  4096 2012-07-11 11:08 games
drwxr-xr-x 122 root root 20480 2012-08-13 15:45 include
drwxr-xr-x 223 root root 77824 2012-11-14 19:51 lib
drwxr-xr-x   3 root root  4096 2011-04-26 06:56 lib64
drwxr-xr-x  13 root root  4096 2012-11-20 13:20 local
drwxr-xr-x   2 root root 12288 2012-10-11 15:48 sbin
drwxr-xr-x 364 root root 12288 2012-11-14 19:52 share
drwxrwsr-x   4 root src   4096 2011-04-26 07:08 src
dh@ubuntu:~$
```

图 4-38　重定向输出

(2) 用输出重定向将 ls 命令列出的目录/var 的内容追加到上述 list.txt 文件。

【描述 4.D.5】　重定向输出追加

$ ls -l /var >> list.txt

命令执行结果如图 4-39 所示。

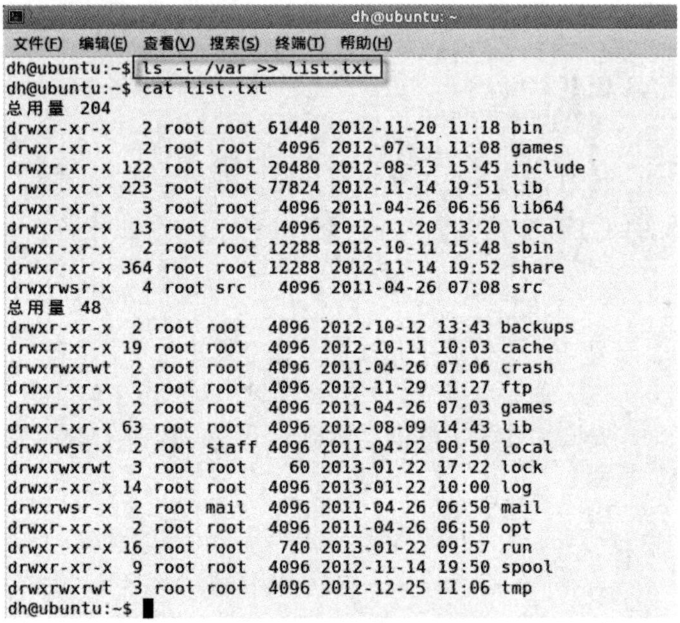

```
dh@ubuntu: ~
文件(F) 编辑(E) 查看(V) 搜索(S) 终端(T) 帮助(H)
dh@ubuntu:~$ ls -l /var >> list.txt
dh@ubuntu:~$ cat list.txt
总用量 204
drwxr-xr-x   2 root root 61440 2012-11-20 11:18 bin
drwxr-xr-x   2 root root  4096 2012-07-11 11:08 games
drwxr-xr-x 122 root root 20480 2012-08-13 15:45 include
drwxr-xr-x 223 root root 77824 2012-11-14 19:51 lib
drwxr-xr-x   3 root root  4096 2011-04-26 06:56 lib64
drwxr-xr-x  13 root root  4096 2012-11-20 13:20 local
drwxr-xr-x   2 root root 12288 2012-10-11 15:48 sbin
drwxr-xr-x 364 root root 12288 2012-11-14 19:52 share
drwxrwsr-x   4 root src   4096 2011-04-26 07:08 src
总用量 48
drwxr-xr-x  2 root root  4096 2012-10-12 13:43 backups
drwxr-xr-x 19 root root  4096 2012-10-11 10:03 cache
drwxrwxrwt  2 root root  4096 2011-04-26 07:06 crash
drwxr-xr-x  2 root root  4096 2012-11-29 11:27 ftp
drwxr-xr-x  2 root root  4096 2011-04-26 07:03 games
drwxr-xr-x 63 root root  4096 2012-08-09 14:43 lib
drwxrwsr-x  2 root staff 4096 2011-04-22 00:50 local
drwxrwxrwt  3 root root    60 2013-01-22 17:22 lock
drwxr-xr-x 14 root root  4096 2013-01-22 10:00 log
drwxrwsr-x  2 root mail  4096 2011-04-26 06:50 mail
drwxr-xr-x  2 root root  4096 2011-04-26 06:50 opt
drwxr-xr-x 16 root root   740 2013-01-22 09:57 run
drwxr-xr-x  9 root root  4096 2012-11-14 19:50 spool
drwxrwxrwt  3 root root  4096 2012-12-25 11:06 tmp
dh@ubuntu:~$
```

图 4-39　输出重定向追加内容

cat 命令结合输出重定向，可以实现对文件进行键盘输入。以下内容用于实现任务描述 4.D.6，使用 cat 命令从键盘上键入内容至文件 cat.txt 中，具体步骤如下：

(1) 在终端中执行以下命令：

【描述 4.D.6】　重定向输出

$ cat>cat.txt

(2) 从键盘上键入以下内容：

【描述 4.D.6】　键盘输入

hello

good

<Ctrl + C>

命令执行结果如图 4-40 所示。

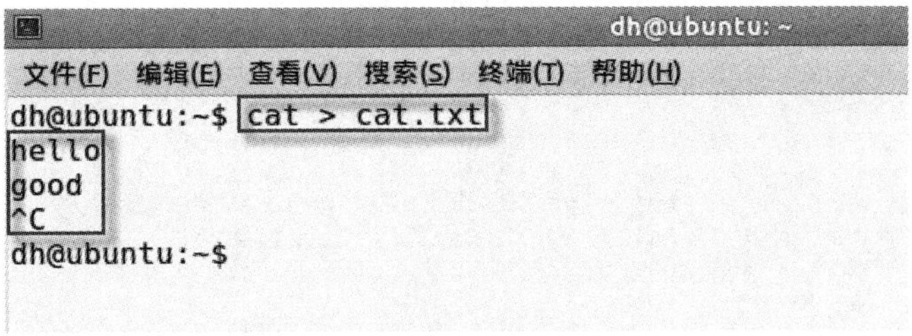
dh@ubuntu: ~
文件(F) 编辑(E) 查看(V) 搜索(S) 终端(T) 帮助(H)
dh@ubuntu:~$ cat > cat.txt
hello
good
^C
dh@ubuntu:~$

图 4-40　从键盘上输入文件内容

(3) 用 cat 命令查看 cat.txt 文件的内容，命令如下所示。

【描述 4.D.6】　cat 命令

$ cat cat.txt

命令执行结果如图 4-41 所示。

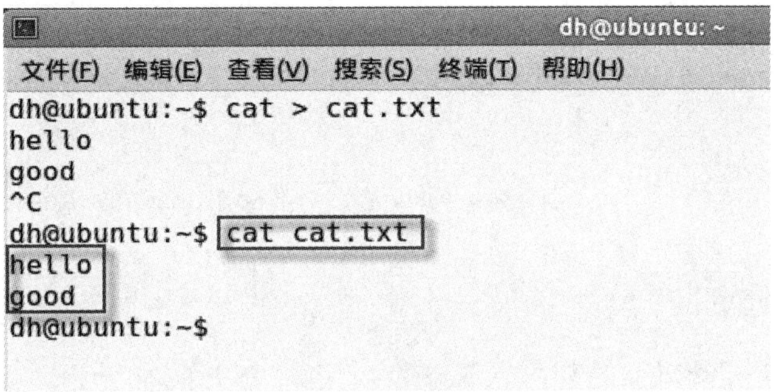
dh@ubuntu: ~
文件(F) 编辑(E) 查看(V) 搜索(S) 终端(T) 帮助(H)
dh@ubuntu:~$ cat > cat.txt
hello
good
^C
dh@ubuntu:~$ cat cat.txt
hello
good
dh@ubuntu:~$

图 4-41　查看文件内容

4.3.2　输入重定向

输入重定向用小于号“<”表示，它用来断开键盘和“命令”的标准输入之间的关联，然后将输入文件关联到标准输入。如果命令从标准输入中读取输入，这个输入就来自输入文件，而不是和命令相关的键盘。其语法格式如下：

<命令>　<　<文件>

其中：

✧　命令，可以是任何一条 Shell 命令；

✧　文件，是要作为输入命令的文件。

下面的命令将在屏幕上输出任务描述 4.D.5 创建的 list.txt 文件的内容。

【示例 4-9】　cat 命令

$ cat < list.txt

命令“cat < list.txt”不是从键盘而是从文件 list.txt 中读取输入。这条命令和“cat list.txt”命令是不一样的，后者将 list.txt 作为命令行参数传给 cat 命令，并且 cat 的标准输入并没有改变，但是这两条命令最终显示的结果是一样的，如图 4-39 和图 4-42 所示。

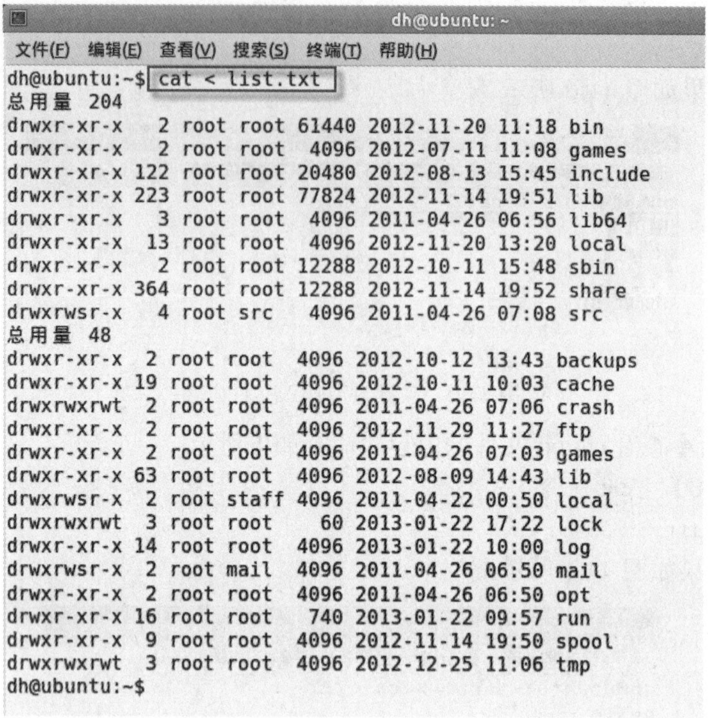

图 4-42　输入重定向的应用

4.3.3　错误输出重定向

Linux 的内核将一系列小的整数关联到每个已经打开的文件上，称做描述符。在第 3 章中已经提到过，标准输入、标准输出、错误输出的文件描述符分别是 0、1、2。可以通过将描述符与操作符“<”和“>”相关联来对标准输入、标准输出、错误输出重定向。

例如，通过使用“2> ”对一条命令的标准错误输出进行重定向。

【示例 4-10】　错误输出重定向

```
$ cat a.c
$ cat a.c 2> error.txt
```

命令执行结果如图 4-43 所示。

图 4-43 中，第一条命令是用 cat 命令查看文件名为 a.c 的文件内容，由于本例中该文件不存在，因此命令结果出现错误输出：“没有那个文件或目录”。第二条命令把“错误输出”重定向到文件 error.txt 中，而后用 cat 命令查看 error.txt 文件的内容，如图 4-44 所示。

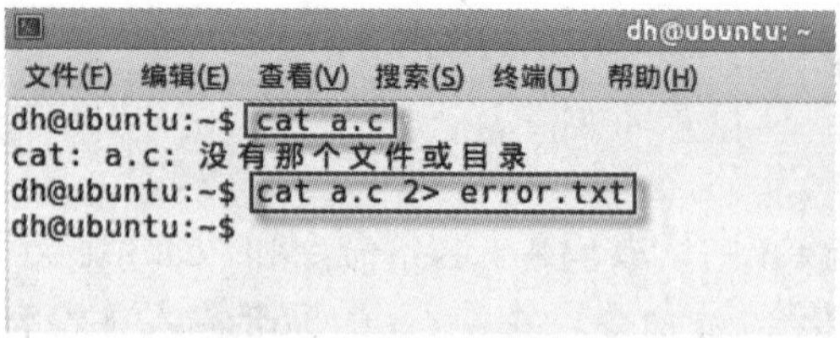

图 4-43　错误输出的重定向

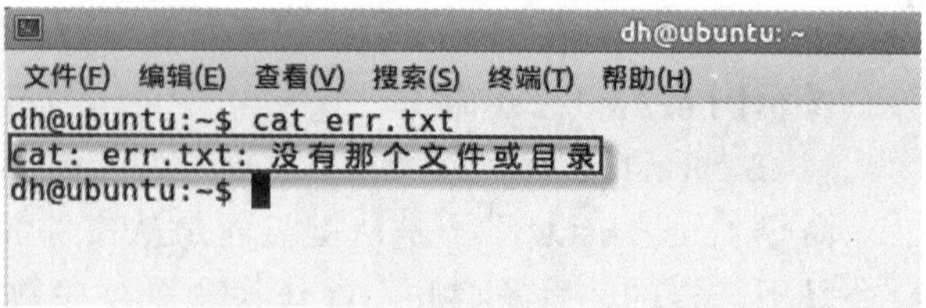

图 4-44　查看 error.txt 的内容

4.4　管道

在 Linux 中，管道是一种使用非常频繁的进程通信机制。从本质上说，管道也是一种文件。

4.4.1　管道的概念

Linux 系统允许通过管道操作将一条命令的输出作为另一条命令的标准输入。管道的操作符是一个竖杠“|”。图 4-45 说明了管道操作的含义。

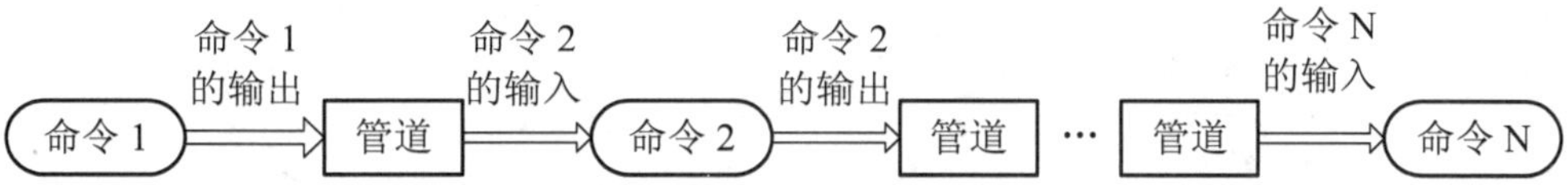

图 4-45　N 个命令的管道的含义

简单来说，就是利用管道符“|”将两个命令分开，管道符左边命令的输出就会作为管道符右边命令的输入。连续使用管道意味着第一个命令的输出会作为第二个命令的输入，第二个命令的输出又会作为第三个命令的输入，依此类推。

4.4.2　管道的应用

在 Linux 中，利用管道可以将 2 个以及 2 个以上的命令结合起来实现复杂的功能。以下内容用于实现任务描述 4.D.7，使用 ls 和 more 命令，利用管道操作分屏显示目录 /usr/include 里的内容。具体操作步骤如下：

(1) 用 ls 命令查看目录 /usr/include 里的内容。

【描述 4.D.7】　ls 命令

$ ls /usr/include

命令执行结果如图 4-46 所示。

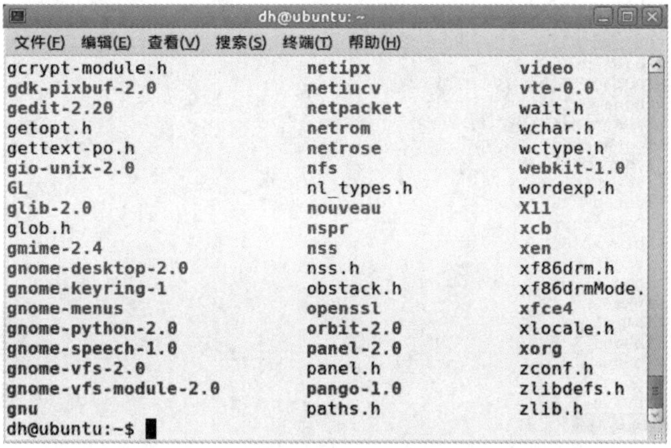

图 4-46　用 ls 命令查看 /usr/include 目录内容

从执行结果可以看出，目录 /usr/include 里的内容比较多，一屏显示不了，屏幕自动滚动显示到最后一屏。

(2) ls 命令通过管道将内容输出到 more 命令，从而可以进行分屏控制显示。

【描述 4.D.7】 管道操作

$ ls /usr/include | more

命令执行结果如图 4-47 所示。这时可以使用空格键或回车键滚屏显示内容。

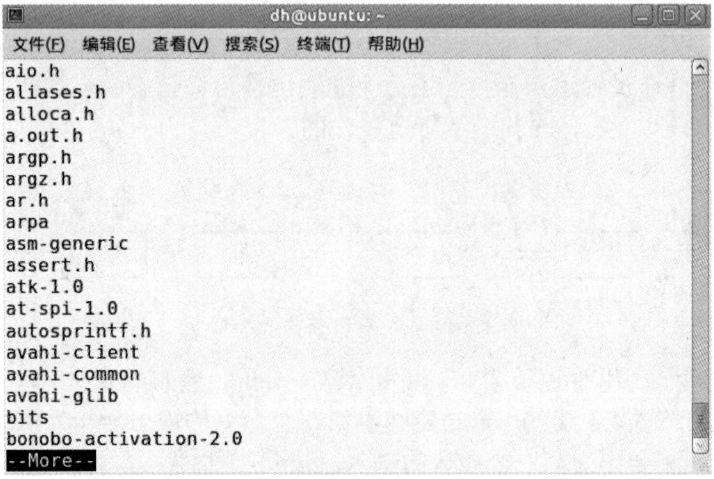

图 4-47 使用管道操作分屏显示

使用管道可以连接多条命令以实现复杂的功能。以下命令示例，使用 ls、grep 和 more 命令，利用管道操作查找 /usr/include 目录内以字符串“lib”开头的“.h”文件，并分屏显示。

【示例 4-11】 管道操作

$ ls /usr/include | grep '^lib' | more

命令执行结果如图 4-48 所示。

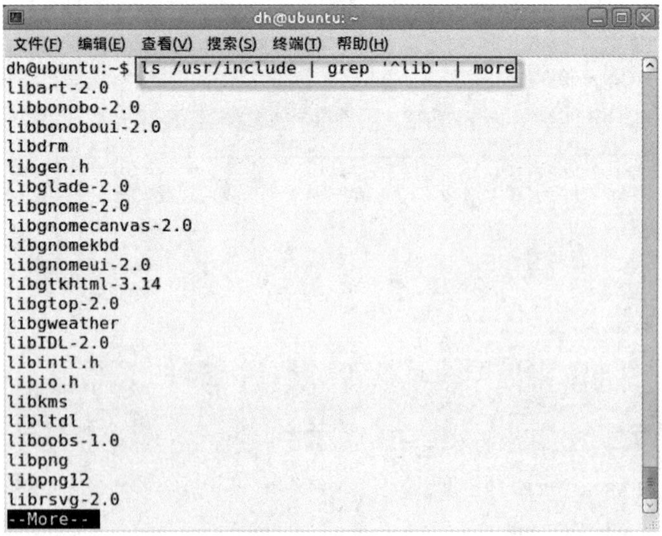

图 4-48 使用管道操作查找并分屏显示

4.4.3　管道和重定向

在 Linux 操作系统中，经常要结合管道使用重定向。例如，使用下述命令可以将上例中的查找结果输出到 file1.txt 文件中。

【示例 4-12】　管道和重定向操作

```
$ ls /usr/include | grep '^lib' > file1.txt
```

命令执行结果如图 4-49 所示。

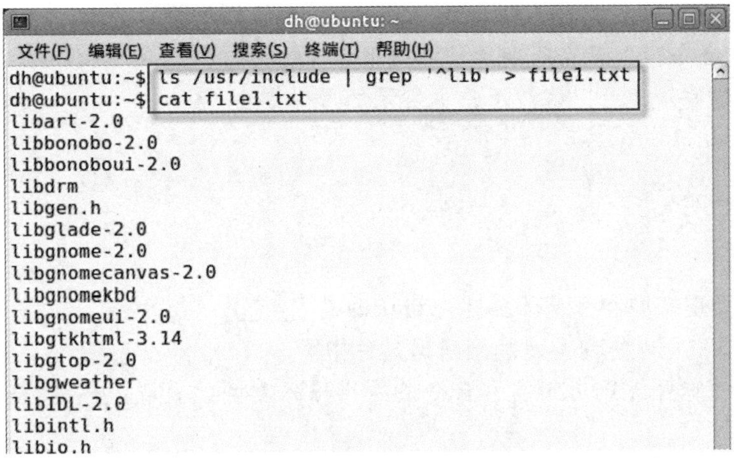

图 4-49　管道和重定向使用

小　结

通过本章的学习，学生应该了解到：

- Linux 是多任务操作系统，每个运行着的程序实例就是一个进程。
- Linux 操作系统包括三种不同类型的进程：交互进程、批处理进程和守护进程。
- Linux 的进程管理是通过进程管理工具实现的，主要有 ps、pgrep、pstree 和 kill 等命令工具。
- Linux 中，每个“用户”对应一个系统唯一的账号，每个账号拥有相应的权限。
- 用户和组的管理包括用户创建、用户删除、组创建、组删除。
- Ubuntu 默认安装完毕后没有给 root 账号设置密码，也没有启用 root 账号，当需要以管理员的权限运行命令时，需要用到 sudo 命令。
- 执行 sudo 命令需要通过/etc/sudoers 文件进行授权。
- 重定向的主要含义是将一个输入/输出设备的“输入/输出”操作转向到另一个输入/输出设备。
- 输出重定向用大于号“>”表示，它用来断开命令的输出和显示器之间的联系，将输出文件与标准输出建立关联。
- 输入重定向用小于号“<”表示，它用来断开键盘和命令的标准输入之间的关联，然后将输入文件关联到标准输入。
- Linux 系统允许通过管道操作将一条命令的输出作为另一条命令的标准输入。

练　习

1. 进程的启动方式有______和______。

2. 下列关于作业控制的描述中正确的是______。

A. batch 命令可指定作业在某个精确时间执行

B. at 命令用于创建周期运行的任务作业

C. 使用 at、crontab 和 batch 命令设定作业时，最后都是按下 Ctrl + D 键以结束设定工作

D. crontab 命令可以设定周期运行的作业

3. 用户创建完毕，可以修改用户主目录的命令是______。

A. useradd

B. userdel

C. userch

D. usermod

4. 下列关于重定向和管道的描述中错误的是______。

A. 使用 “>” 可以将内容追加到输出文件中

B. 输入重定向用来断开键盘和命令的标准输入之间的关联，然后将输入文件关联到标准输入

C. 利用管道符 “|” 将两个命令分开，管道符左边命令的输出就会作为管道符右边命令的输入

D. Linux 中管道和重定向允许联合使用，以完成较为复杂的功能操作

5. 使用重定向，将 ls 命令的输出结果输出到 re.txt 文件中的有效命令是______。

A. ls　<　re.txt

B. ls　<<　re.txt

C. ls　>　re.txt

D. ls　re.txt

6. 以下可以实现查找 /usr/include 目录下是否包含 test.h 文件的命令是______。

A. ls　/usr/include

B. ls　/usr/include/test.h

C. ls　/usr/include　|　grep　test.h

D. find　/usr/include　-name　test.h

7. 用 visudo 工具修改/etc/sudoers 文件，指定用户 kin 可以以 root 权限执行 groupadd 和 useradd 命令。

第 5 章　Shell 编程

本章目标

- ◆ 熟悉 Shell 编程的概念。
- ◆ 掌握 Shell 编程的基本语法。
- ◆ 掌握 Shell 编程中函数的使用。
- ◆ 掌握调试 Shell 程序的方法。

学习导航

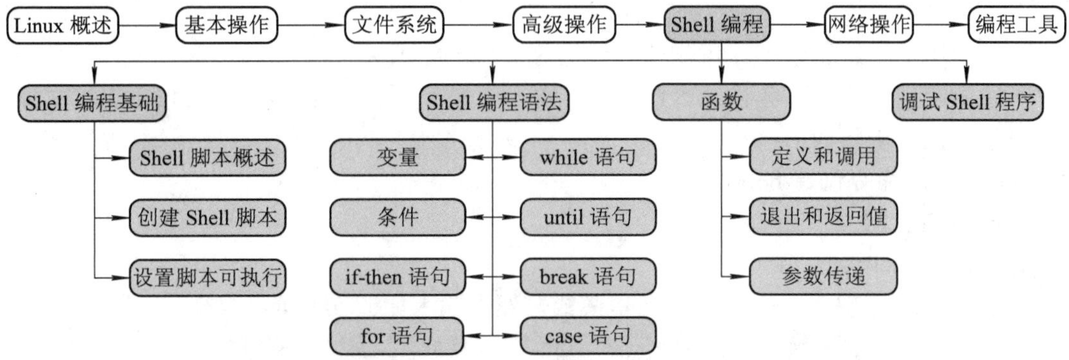

任务描述

➢【描述 5.D.1】

使用 Vim 创建一个名为 hello.sh 的 Shell 脚本文件，并执行它。

➢【描述 5.D.2】

使用 Bash 命令的 -x 选项调试脚本文件，并找出代码中的错误所在。

5.1　Shell 编程基础

在 Linux 系统中，虽然有各种各样的图形化操作工具，但是 Shell 仍然是一个非常灵活的工具。Shell 不仅能够执行命令，而且是一门非常优秀的编程语言。通过使用 Shell 编程可以使大量的任务自动化，Shell 程序特别擅长系统管理任务，尤其适合那些易用性、可维护性和便携性比效率更重要的任务。

5.1.1 Shell 脚本概述

Shell 脚本程序是 Shell 命令语句的集合(内部命令和外部命令)，用于实现特定的功能，Shell 脚本程序保存在文本文件中，可以使用文本处理程序阅读和编辑(例如 Gedit 或 Vi/Vim)。与 Windows 的批处理脚本不同，Shell 脚本的功能几乎涵盖了系统的方方面面，例如管理应用程序、系统任务调度等，都可以交给 Shell 脚本处理。

Linux 系统中的 Shell 脚本通常具备以下特点：

- ✧ Shell 脚本程序是由 Shell 环境解释执行的；
- ✧ Shell 脚本不需要编译、链接及生成可执行文件，直接由相应的解释器解释执行即可；
- ✧ 执行 Shell 程序时，Shell 脚本文件需要具有可执行的权限；
- ✧ Shell 脚本可以使用变量、控制语句等比较复杂的结构；
- ✧ Shell 脚本是从上而下、顺序执行的。

5.1.2 创建 Shell 脚本

直接使用文本编辑程序即可创建和编写 Shell 脚本程序。

下述内容用于实现任务描述 5.D.1，用 Vim 创建一个名为 hello.sh 的 Shell 脚本文件并执行，具体操作步骤如下：

(1) 用 vim 命令创建 hello.sh。

【描述 5.D.1】 vim 命令

```
$ vim hello.sh
```

而后在 Vim 中输入 a 命令进入文本模式，然后输入如图 5-1 所示内容。

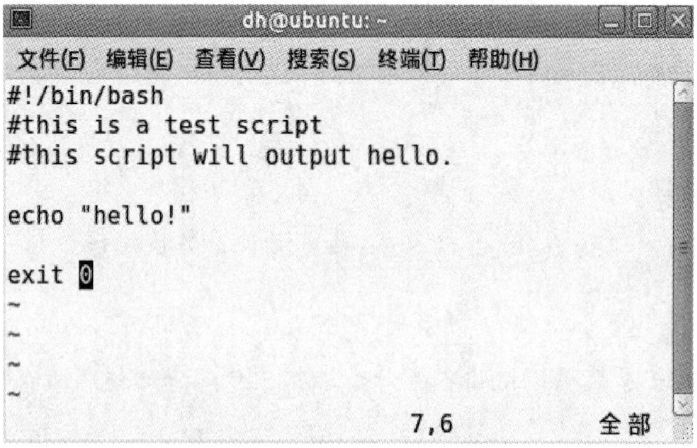

图 5-1 编辑 hello.sh 文件

(2) 存盘退出 Vim。

在 Vim 内输入 Esc 键回到正常模式，接着输入“: wq”存盘退出。

(3) 设置脚本可执行。

【描述 5.D.1】 chmod 命令

```
$ chmod u+x hello.sh
```

(4) 执行脚本。

【描述 5.D.1】 执行脚本

```
$ ./hello.sh
```

命令执行结果如图 5-2 所示。

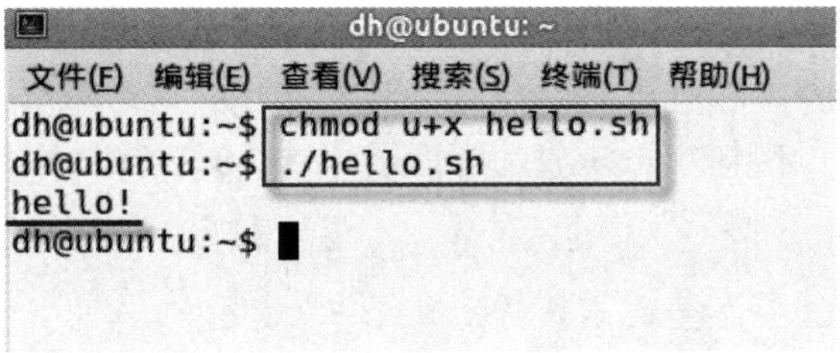
dh@ubuntu: ~
文件(F) 编辑(E) 查看(V) 搜索(S) 终端(T) 帮助(H)
dh@ubuntu:~$ chmod u+x hello.sh
dh@ubuntu:~$ ./hello.sh
hello!
dh@ubuntu:~$

图 5-2 执行 hello.sh

本例中的“hello.sh”是一个非常简单的脚本文件，下面将以该文件为例讲解 Shell 脚本的基本格式。

⚠ 注意：Shell 脚本同 Linux 系统中的其他文件一样，可以不使用扩展名。但为了方便识别，通常建议 Bash 脚本文件名以 sh 结尾，Tcsh 脚本文件以 csh 结尾。

1. 指定调用 Shell

hello.sh 脚本文件的第一行内容是：

```
#!/bin/bash
```

该行内容用于告诉系统应该使用何种 Shell 来执行此脚本，或者使用哪种 Shell 来解释执行此脚本中的内容，本例中使用的是 Bash。

2. 脚本注释

hello.sh 示例脚本中的后几行内容都以“#”开头，表示注释：

```
#This is a test script.
#This script will output Hello.
```

注释的主要作用是为了方便阅读和维护脚本，实际执行时系统会忽略注释。编写脚本时，应该为脚本添加非常详细的注释内容，这些注释信息通常应该包括如下内容：

- ✧ 详细说明脚本的功能；
- ✧ 脚本建立的时间和修改脚本文件的时间；
- ✧ 重要的块语句、复杂结构的作用；
- ✧ 脚本原作者、修改该脚本的作者。

3. 脚本内容

脚本内容是脚本中最重要的组成部分，下面一行就是脚本内容：

```
echo "Hello!"
```

脚本内容是实现脚本功能的一组命令的集合，由一个或多个命令组成。在较为复杂的脚本中，又将脚本内容划分为定义部分和主体部分，定义部分主要用于定义脚本使用的变量、函数和文件等，主体部分的语句主要用于调用定义部分中的变量、函数，以实现脚本的功能。在本例中，脚本内容只有主体部分，并且主体部分是一个 echo 命令，其功能是将字符串“Hello！”输出到标准输出(显示器)。

4. 退出

hello.sh 示例脚本中的最后一行，使用 exit 命令结束脚本：

```
exit 0
```

exit 命令用来结束脚本，像 C 语言一样，该命令也会返回一个值来传递给父进程，父进程会酌情使用该值。一般情况下，成功则返回 0，非 0 表示一个错误码。

⚠ **注意**：Shell 脚本中使用 exit 命令退出脚本不是必须的，但是，一个编写良好的 Shell 程序都会返回一个值表示执行结果。

5.1.3 设置脚本可执行

编写一个脚本文件的目的，是为了让脚本能够正确运行。使用 bash 编写的脚本，通常可以使用 bash 命令解释执行脚本，如图 5-3 所示。

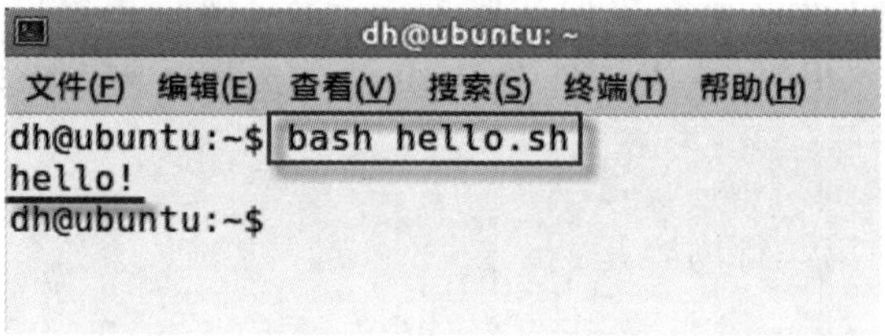

图 5-3 bash 命令解释执行脚本 Hello.sh

在使用 bash 命令执行脚本时，一种方式是，系统会使用 bash 命令来解释并执行脚本中的每一行。另一种方式需要先为脚本文件添加可执行权限，然后就可以像应用程序那样执行脚本文件。使用 chmod 命令可将脚本文件设置为可执行，如下：

【示例 5-1】 chmod 命令

```
$ chmod u+x hello.sh
```

命令执行结果如图 5-4 所示。

图 5-4 添加可执行权限

直接在命令行上使用以下命令执行该脚本：

【示例 5-2】　./hello.sh

```
$ ./hello.sh
```

由于编写好的脚本文件在当前目录，而不是在系统中可以搜索到的执行目录(可以使用环境变量“PATH”进行设置)，所以在运行脚本时需要加上路径，命令执行结果如图 5-5 所示。

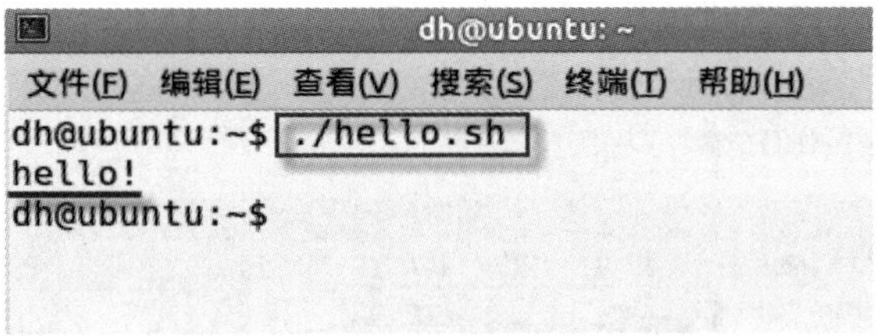

图 5-5　执行脚本程序

5.2　Shell 编程语法

Shell 程序本质上也是一种结构化程序，掌握 Shell 编程的基础就是熟练使用其编程语法。Shell 编程语法主要包含变量、函数、控制结构，以及相关的 Shell 命令等。

5.2.1　变量

1. 变量

在 Shell 里，变量具有以下特点：

- ✧ 在使用变量之前并不需要声明，而是通过使用变量(例如给变量赋初值)来创建；
- ✧ 在默认的情况下，所有的变量都是作为字符串进行存储的；
- ✧ 变量名区分大小写；
- ✧ 通过在变量名前加一个 $ 符号来访问它的内容。

在 Shell 中，通过给变量赋初值创建变量的语法如下：

```
var=value
```

其中：

- ✧ var，是要创建或赋值的变量名；
- ✧ value，是要赋于变量的值。可以使用单引号或双引号，详细使用方法见后面内容。

需要注意的是，在给变量赋值时，“=”左右不能有空格。

例如，创建 file 变量，访问和重新赋值它的终端命令如下：

【示例 5-3】　变量使用终端命令

```
#创建变量并赋值
$ file="hello world"

#显示变量的值(访问变量)
```

$ echo $file

#给变量重新赋值

$ file=7+5

#显示变量的值(访问变量)

$ echo $file

命令执行结果如图 5-6 所示。

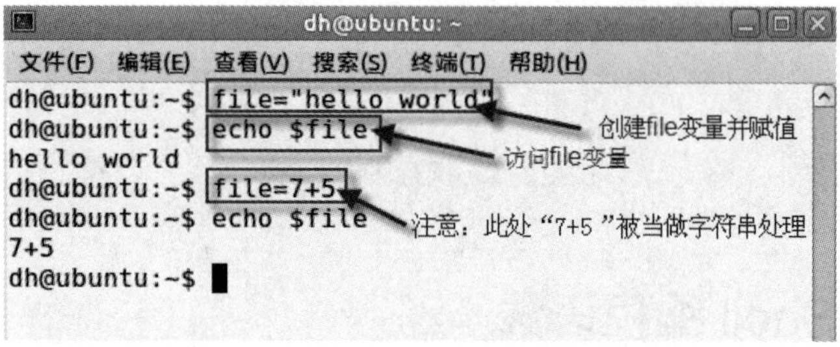

图 5-6　查看变量内容

⚠ 注意：由于脚本程序就是 Shell 命令的集合，因此脚本程序中的命令都可在 Shell 终端中直接运行，这也是测试一小段脚本程序的简单方法。

2. echo 命令

echo 命令使用比较频繁，其作用是显示一行文本。echo 命令既可以显示一行文本常量，也可以将某个变量的内容显示出来，其常用语法格式如下：

echo　[选项] [字符串]

其中：

✧　最常用使用的选项是 -n，指示 echo 命令不输出行尾的换行符；

✧　字符串，可以是常量，也可以是使用“$”引用的变量，如示例 5-3 所示。

下面是 echo 命令在终端中的演示：

【示例 5-4】　echo 命令

$ echo -n "hello"

$ echo "good"

$ echo $good

命令执行结果如图 5-7 所示。

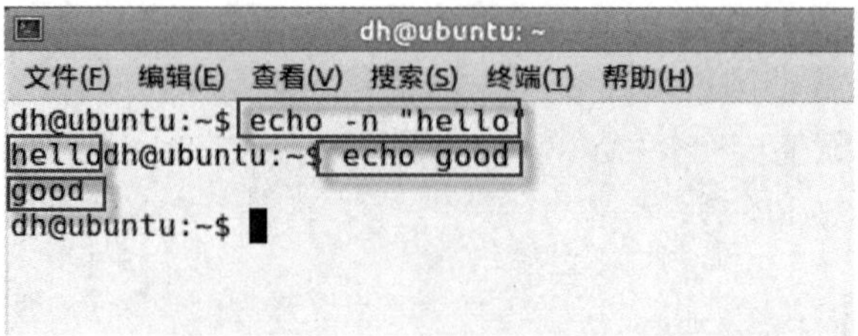

图 5-7　echo 命令使用

3. read 命令

可以使用 read 命令将用户的输入赋值给一个变量，如图 5-8 所示。

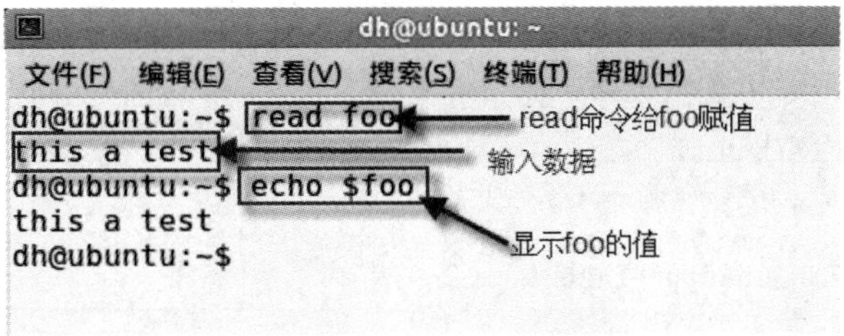

图 5-8　read 命令的应用

图 5-8 中的“foo”是 read 命令的参数，即准备接收用户输入数据的变量名。执行 read 命令后会等待用户输入数据，通常情况下，在用户按下回车键时，read 命令结束。当用 read 命令从终端上读取一个变量时，一般不需要引号。

4. 引号的使用

一般情况下，Shell 脚本中的参数以空白字符隔开(例如一个空格、一个制表符或者一个换行符)。如果要在一个参数中包含一个或多个空白字符，必须给参数加上引号。

Shell 脚本中的双引号和单引号要区别对待，假设使用“$foo”来引用变量“foo”，则“$foo”在引号中的行为如下：

✧　“$foo”若放在双引号内，程序执行到此处时，就会把变量替换为它的值；

✧　“$foo”若放在单引号内，程序执行到此处时，不会发生替换行为。

另外，还可以通过在符号“$”前面加上一个“\”取消它的特殊含义。

⚠ 注意：通常情况下，字符串都被放在双引号中，以防止变量被空白字符分开，同时又方便使用“$”来引用变量。

下面的脚本内容，演示了引号在变量输出中的作用。

【示例 5-5】　variable.sh 脚本

```
#!/bin/bash

myvar="Hi here"
echo   $myvar
echo   "$myvar"
echo   '$myvar'
echo   \$myvar

echo   "Enter some text"
read   myvar


echo   '$myvar' now equals   $myvar
exit   0
```

将脚本“variable.sh”设置为可执行后执行，如图 5-9 所示。

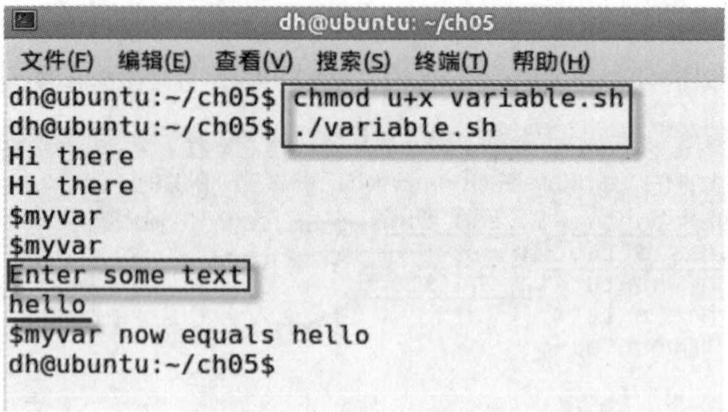

图 5-9　引号的使用

⚠ 注意：新建的脚本程序文件，默认不具有可执行权限，必须先设置为可执行，而后才能执行。后面的例子，不再对此进行说明。

5. 使用$(command)语法

编写脚本程序时，经常需要捕获一条命令的执行结果，例如把命令的输出放到一个变量中，这时可以使用 $(command)语法来实现，或者使用比较老的语法 'command'，本书推荐使用 $(command)。

下面的脚本程序演示了$(command)语法的使用。

【示例 5-6】　cmdtest.sh 脚本

```
#!/bin/bash

echo the current directory is $(pwd)
thisdate=$(date)
echo the current date is $thisdate

exit 0
```

语法执行结果如图 5-10 所示。

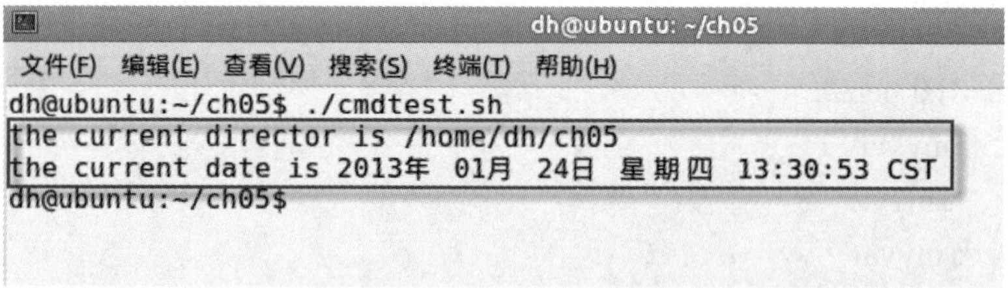
dh@ubuntu: ~/ch05
文件(F) 编辑(E) 查看(V) 搜索(S) 终端(T) 帮助(H)
dh@ubuntu:~/ch05$ ./cmdtest.sh
the current director is /home/dh/ch05
the current date is 2013年 01月 24日 星期四 13:30:53 CST
dh@ubuntu:~/ch05$

图 5-10　$(command)语法使用

本例中，pwd 命令可以显示当前活动目录的名称，date 命令显示当前时间。$(command)语法将 pwd 的执行结果通过 echo 命令直接显示在终端中，而将 date 命令的执行结果先赋值给 thisdate 变量，而后再通过 echo 显示其内容。

6. 环境变量

环境变量是给 Linux 系统或用户程序设置的一些参数，其作用和具体的环境变量相关，例如“PATH”存储了系统常用命令所在的目录，“HOME”存储的是当前用户的目录。

当一个 Shell 脚本程序开始执行时，一些变量会根据环境设置中的值进行初始化。用户可以在 Shell 脚本程序中像引用自己定义的变量一样用“$”引用它们，表 5-1 所示的是在 Shell 脚本程序中一些经常引用的环境变量。

表 5-1　常用环境变量

环境变量	说　明
$PATH	以冒号分割的，通常用来搜索命令的目录列表
$HOME	当前用户的主目录
$0	Shell 脚本程序的名字
$#	传递给脚本的参数个数，如果脚本程序在调用时没有传递任何参数，则$#的值是 0
$IFS	输入域分隔符。当 Shell 读取输入时，它给出用来分隔单词的一组字符，通常是空格、制表符和换行符等

7. 参数变量

如果脚本程序在调用时带有参数，一些额外的参数变量会被创建，如表 5-2 所示。

表 5-2　参 数 变 量

参数变量	说　明
$1,$2,…	脚本程序调用时传递过来的参数
$*	在一个变量中列出所有的参数，各个参数之间用$IFS 中的第一个字符分隔

下面的脚本程序，演示了环境变量和参数变量的意义。

【示例 5-7】　envvar.sh 脚本

```
#!/bin/bash
echo "当前脚本程序的名字是：$0"
echo "当前用户的主目录是：$HOME"
echo "用户传递了$#个参数"
echo "用户传递的参数分别是："$1,$2,$3
exit 0
```

程序执行结果如图 5-11 所示。

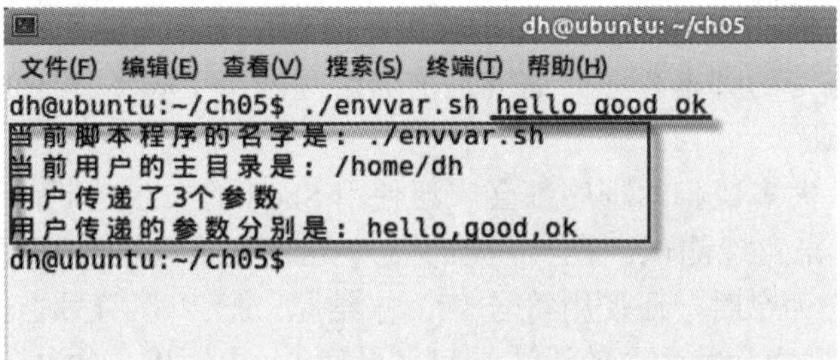

图 5-11　演示环境变量和参数变量

分析程序可知，用“./envvar.sh hello good ok”命令执行 envar.sh 脚本，其实是给脚本文件传递三个参数：“hello”、“good”和“ok”。

8. 设置参数变量

set 命令的作用是为 Shell 设置参数变量。许多命令的输出结果是以空格分隔的值，如果需要使用输出结果中的某个域，就可以用到 set 命令，其语法格式如下：

set $(command)

set 命令运行时，根据环境变量“IFS”设定的“输入域分隔符(一般是空格、制表符和换行符)”将命令 command 的输出设置为参数列表，而后用户可以通过“$1、$2、…”等取出。

例如，date 命令可以输出系统的当前时间，下面的脚本使用 set 命令取出 date 命令输出的月份。

【示例 5-8】 getmonth.sh 脚本

```
#!/bin/bash

echo “当前系统完整时间是：$(date)”
set $(date)
echo “当前月份是：$2”
exit 0
```

上述脚本中，由于 date 命令输出结果是以空格分隔开的内容，因此 set 命令将 date 命令的执行结果设置为参数列表，而后可以通过“$2”取出第二个参数“月份”。程序执行结果如图 5-12 所示。

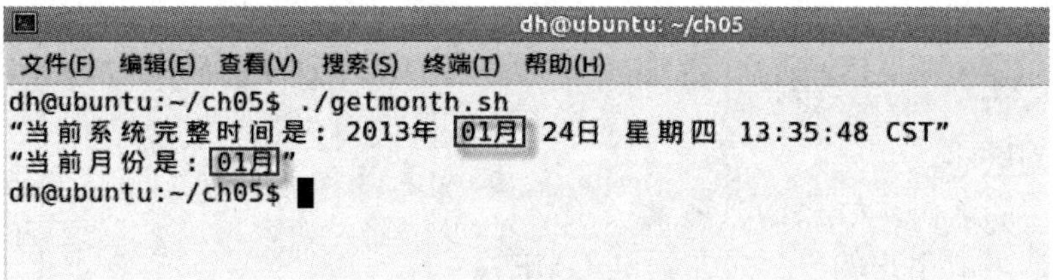
dh@ubuntu: ~/ch05
文件(F) 编辑(E) 查看(V) 搜索(S) 终端(T) 帮助(H)
dh@ubuntu:~/ch05$ ./getmonth.sh
“当前系统完整时间是：2013年 01月 24日 星期四 13:35:48 CST”
“当前月份是：01月”
dh@ubuntu:~/ch05$

图 5-12 set 命令设置参数变量

5.2.2 条件

在 Shell 脚本中，可以使用 if/then 结构对条件进行测试判断，并根据测试结果采取不同的执行流程。一个 Shell 脚本能够对任何可以从命令行上调用命令的退出码进行测试，其中也包括用户自己编写的脚本程序。这就是前面编写的每个脚本程序的结尾包括一条返回值 exit 命令的重要原因。

在实际工作中，大多数脚本程序都会广泛使用 Shell 的布尔判断命令“[”(左中括号，特殊字符)或“test”来实现测试。在一些系统上，这两个命令的作用是一样的。为了增强可读性，当使用“[”命令时，还使用符号“]”来结尾。把“[”符号当作一条命令多少有点奇怪，但它在代码中确实会使命令的语法看起来更简单、更明确、更像其他的程序设计语言。

下面以一个最简单的条件为例来介绍 test 命令的用法：检查一个文件是否存在。用于实现这一操作的命令是 test -f <filename>，所以在脚本程序里，可以写出如下所示的代码：

if test -f fred.c

```
then
…
fi
```

也可以写成下面这样：

```
if [ -f fred.c ]
then
…
fi
```

test 命令的退出码(表明条件是否被满足)决定是否需要执行后面的条件代码。

⚠ **注意**：*必须在“[”和被检查的条件之间留出空格。这与 test 命令是一样的，因为 test 命令之后总是有一个空格。*

test 命令能够使用的条件类型可以归为 4 类：字符串比较、算术比较、逻辑运算和与文件有关的条件测试，如表 5-3 所示。

表 5-3　条 件 类 型

类　别	条　　件	结　　果
字符串比较	string1 = string2	两个字符串相同则结果为真，注意：“=”两边有空格
	string1 != string2	两个字符串不同则结果为真，注意：“!=”两边有空格
	-n string	字符串不为空则结果为真
	-z string	字符串为 null(一个空串)则结果为真
算术比较	expression1 -eq expression2	两个表达式相等则结果为真
	expression1 -ne expression2	两个表达式不等则结果为真
	expression1 -gt expression2	expression1 大于 expression2 则结果为真
	expression1 -ge expression2	expression1 大于等于 expression2 则结果为真
	expression1 -lt expression2	expression1 小于 expression2 则结果为真
	expression1 -le expression2	expression1 小于等于 expression2 则结果为真
	! expression	表达式为假则结果为真，反之亦然
逻辑运算	!expression	非运算(表达式取非后的值是真则结果为真)
	expression1 -a expression2	与运算(两个表达式都是真则结果为真)
	expression1 -o expression2	或运算(两个表达式有一个为真则结果为真)
文件条件测试	-d file	文件是一个目录则结果为真
	-e file	文件存在则结果为真。要注意的是，-e 选项不可移植，所以通常使用的是 -f 选项
	-f file	文件是一个普通文件则结果为真
	-r file	文件可读则结果为真
	-s file	文件的大小不为 0 则结果为真
	-w file	文件可写则结果为真
	-x file	文件可执行则结果为真

表 5-3 仅仅列出了 test 命令比较常用的选项，完整的选项清单请查阅它的使用手册。对于 bash 来说，test 命令是 Shell 的内置命令，因此使用 help test 命令可以获得 test 命令更详细的信息。

5.2.3 if-then 语句

如上所述，if-then 语句联合 test 命令，可用于对某个命令的结果进行测试，然后根据测试结果有条件地执行一组语句。if-then 语句的格式如下：

```
if  条件 1
then
  语句 1
elif 条件 2
then
  语句 2
else
  语句 3
fi
```

由于在一行上可以使用分号“；”将多个命令隔开，所以上述语法格式还可以写成：

```
if  condition1; then
  statements1
elif condition2; then
  statements2
else
  statements3
fi
```

下面的脚本程序从终端获取输入内容，若用户输入的是“yes”，输出“Good”，否则输出“Error”。

【示例 5-9】 answer.sh 脚本

```
#!/bin/bash

echo "please input: "
read answer
if [ $answer = "yes" ]
then
  echo Good
else
  echo Error
fi

exit 0
```

程序执行结果如图 5-13 所示。

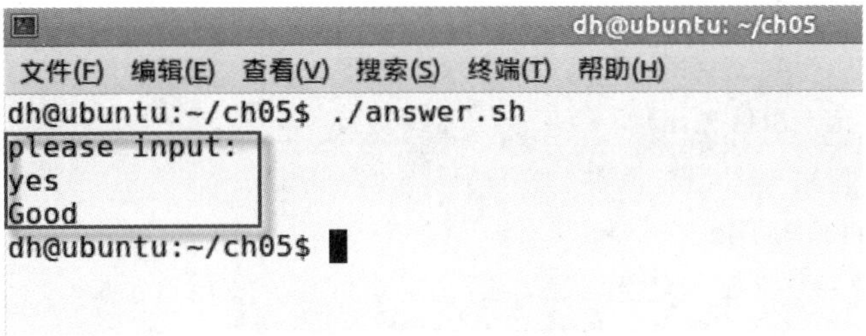
dh@ubuntu: ~/ch05
文件(F) 编辑(E) 查看(V) 搜索(S) 终端(T) 帮助(H)
dh@ubuntu:~/ch05$ ./answer.sh
please input:
yes
Good
dh@ubuntu:~/ch05$

图 5-13　if-then 语句使用

5.2.4　for 语句

使用 for 语句可以循环处理一组值，这组值可以是任意字符串的集合。for 语句的格式如下：

```
for 变量  in 集合
do
   语句
done
```

下面的脚本是 for 语句的简单使用。

【示例 5-10】　fortest.sh 脚本

```
#!/bin/bash

for  a  in  x1 x2 20
do
  echo $a
done

exit 0
```

程序执行结果如图 5-14 所示。

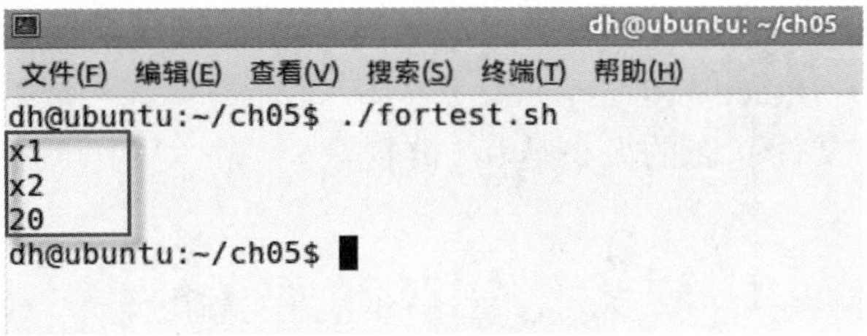
dh@ubuntu: ~/ch05
文件(F) 编辑(E) 查看(V) 搜索(S) 终端(T) 帮助(H)
dh@ubuntu:~/ch05$ ./fortest.sh
x1
x2
20
dh@ubuntu:~/ch05$

图 5-14　for 语句的简单使用

本例中，for 语句创建了变量“a”，然后在循环里每次从字符串集合“x1 x2 20”中取一个值，并将值赋给变量“a”。

for 语句更常见的用途是用来遍历文件名，下面的脚本是将当前目录内以.sh 为扩展名的文件全部加上可执行权限。

【示例 5-11】 addexec.sh 脚本

```
#!/bin/bash

for   file   in   $(ls *.sh)
do
   chmod u+x   $file
done

exit 0
```

本例中使用了 $(command)语法，“$(ls *.sh)”命令通过使用通配符“ * ”列出以“.sh”为扩展名的文件，并将内容作为 for 语句的字符串集合，然后在循环里通过$file 逐个读取其中的内容，最终通过“chmod u+x”命令将每个文件加上执行权限(u+x 表示是给文件的拥有者加上执行权限)。

下面的脚本程序以目录为参数，显示目录中大小是 0 的文件，并且删除它。

【示例 5-12】 delzero.sh 脚本

```
#!/bin/bash

if [ $# -ne 1 ];then
   echo "请输入一个目录名为参数"
   exit
fi

#保存目录名
dir=$1

for file in $(ls $1 )
do
    #用变量保存带有路径的文件名
    f=$dir/$file
    set $(du -b $f)
    if [ $1 = 0   ];then
        echo "文件：$f 的大小是 0，被删除"
        rm $f
    fi
done
```

对于该脚本的内容，说明如下：

✧ 环境变量“$#”用于获取脚本在终端运行时传入的参数个数；
✧ 语句“if [$# -ne 1]”，用于判断传入脚本的参数是否小于 1；
✧ 通过环境变量“$1”获取传入的参数并存入变量“dir”中；
✧ 使用 for 语句遍历“$(ls $1)”输出的目录内容；

✧　使用 du 命令查看文件大小，并通过“set $(command)”语法获得 du 命令输出的“大小”信息；

✧　语句“if [$1 = 0　]”用于判断文件的大小是否是 0。

⚠ **注意**：例子中判断文件大小的语句比较复杂，目的是练习 set、du 等命令。对于本例完全可以使用条件“-s　file”直接判断文件的大小不为 0，并在 else 语句中处理文件大小为 0 的情况。具体使用方法参见 5.2.7 节。

5.2.5　while 语句

如果需要重复执行一个命令序列，但事先又不知道这个命令序列应该执行的次数，可以使用 while 语句，其语法格式如下：

```
while　条件
do
    语句
done
```

在 while 语句中，可以使用 break 命令跳出循环。

下面的脚本文件是一个简单的密码验证程序，演示了 while 语句的使用。

【示例 5-13】　readpws.sh 脚本

```
#!/bin/bash

echo "please input password"

read pws
while [ "$pws" != "123"   ]
do
  echo   "sorry, try   again"
  read   pws
done
echo "password is correct"
exit 0
```

程序执行结果如图 5-15 所示。

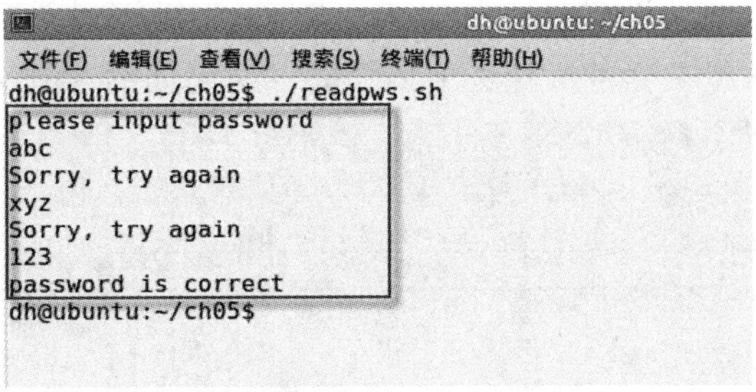

图 5-15　while 语句使用

5.2.6 until 语句

until 语句与 while 语句相似，也用于循环结构，其语法结构如下：

```
until 条件
do
    语句
done
```

until 语句与 while 语句的不同之处是，循环将反复执行直到"条件"为真(而不是在"条件"为真时反复执行)。

注意：一般来说，如果需要循环至少执行一次，那么就使用 until 循环；如果可能根本都不需要执行循环，就使用 while 循环。

5.2.7 break 语句

对于 for、while 或 until 循环语句，可以使用 break 语句控制条件未满足之前跳出循环。

下面的脚本程序遍历当前目录下的文件，如果有大小为 0 的文件，则中断循环，并输出其名字。

【示例 5-14】 iszerofile.sh 脚本

```
#!/bin/bash

for file in $(ls)
do
    if [ -s $file ]
    then
        echo  -n "..."
    else
        echo "$file 大小为 0，停止程序"
        break
    fi

done
exit 0
```

若当前目录下 zero.txt 文件的大小是 0，则执行结果如图 5-16 所示。

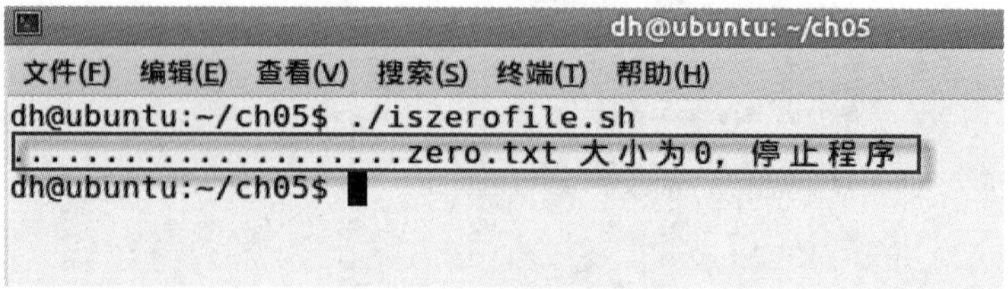
dh@ubuntu: ~/ch05
文件(F) 编辑(E) 查看(V) 搜索(S) 终端(T) 帮助(H)
dh@ubuntu:~/ch05$ ./iszerofile.sh
.....................zero.txt 大小为0，停止程序
dh@ubuntu:~/ch05$

图 5-16 脚本执行结果

5.2.8　case 语句

case 语句允许通过一种比较复杂的方式将变量的内容和模式进行匹配，然后再根据匹配的模式去执行不同的代码，其语法格式如下：

```
case   变量  in
    pattern [ | pattern ] ...) statements;;
    pattern [ | pattern ] ...) statements;;
esac
```

注意，上述结构中，每个模式行都用双分号(;;)结尾。

下面的脚本文件演示了 case 语句的使用。

【示例 5-15】　casetest.sh 脚本

```
#!/bin/bash
echo   "Is now morning? "
read timeofday

case   "$timeofday"   in
yes)        echo   "good morning";;
y | n)      echo   "answer error";;
no)         echo   "good afternoon";;
*)          echo   "good bye"
esac

exit 0
```

程序执行结果如图 5-17 所示。

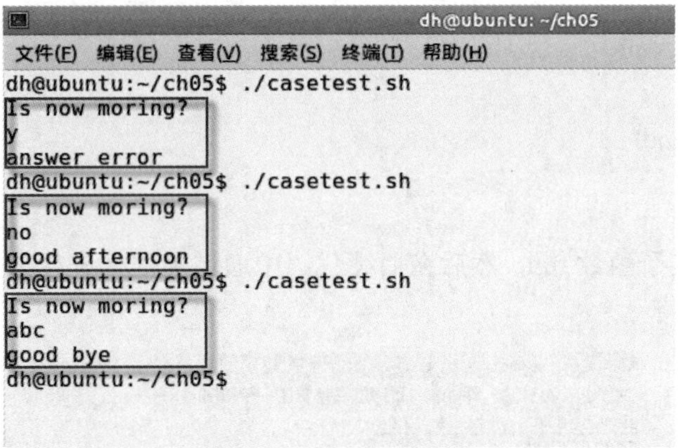

图 5-17　case 语句使用

本例中，当 case 语句被执行时，变量 timeofdya 的内容将与各字符串进行比较，一旦某个字符串与输入匹配成功，case 语句就会执行紧随“)”后面的代码，然后结束。脚本程序中还用到了通配符“*”，表示任何可能的字符串。

5.3 函数

Shell 允许将一组命令集或语句形成一个可用块，这些块称为 Shell 函数。函数由两部分组成：函数标题和函数体。标题是函数名，函数名在当前 Shell 脚本中应该唯一；函数体是函数内的命令集合。

5.3.1 定义和调用

要定义一个 Shell 函数，只需要写出它的名字，然后是一对空括号，再把函数中的语句放在一对花括号中，如下所示：

```
function_name ()
{
Shell commands #命令集合
}
```

函数在使用(调用)前必须先定义，直到调用时函数才能被执行。调用函数时只需要简单写上函数名即可。

下面的脚本演示了一个简单函数的定义及调用。

【示例 5-16】 funtest.sh 脚本

```
#!/bin/bash

fun()
{
    echo "Function is executing"
}
echo "ready call"
fun
echo "call end"

exit 0
```

本例中，先定义了函数 fun，然后在后续代码中通过函数名进行了调用，执行结果如图 5-18 所示。

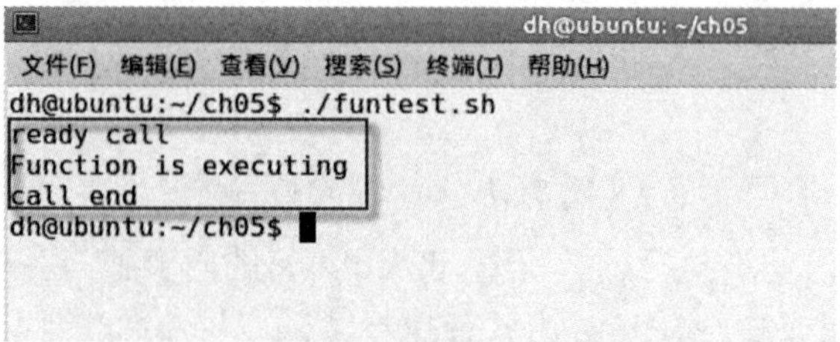

图 5-18 函数的定义和调用

5.3.2　退出和返回值

函数执行完毕后自动退出，也可以使用 return 语句在执行过程中提前退出。退出状态可以使用以下语句：

```
return    [value]
```

其中，value 可选，是整数值，一般情况下使用 0 表示函数执行成功，非 0 表示出错代码。函数的退出值使用“$?”获得。

下面的脚本内容演示了函数的退出以及返回值的获取。

【示例 5-17】　funreturn.sh 脚本

```
#!/bin/bash

fun()
{
    echo "fun test"
    return    0
}

fun
if [ $? = 0 ]
then
   echo "fun execute success"
else
   echo    "fun execute faliure"
fi

exit 0
```

本例中，语句“if [$? = 0]”的作用是将函数的返回值与 0 进行比较，执行结果如图 5-19 所示。

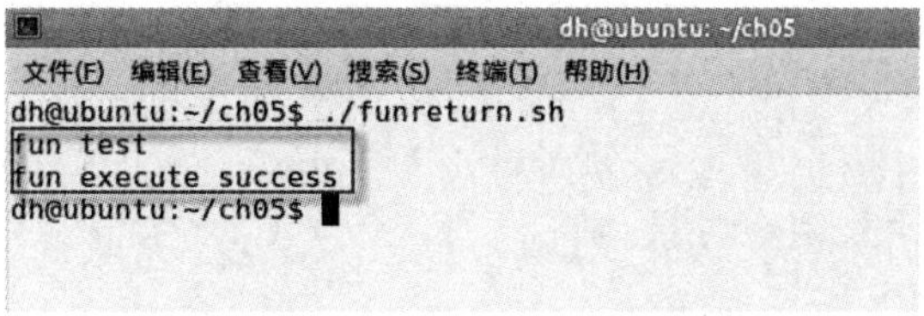
dh@ubuntu: ~/ch05
文件(F) 编辑(E) 查看(V) 搜索(S) 终端(T) 帮助(H)
dh@ubuntu:~/ch05$ ./funreturn.sh
fun test
fun execute success
dh@ubuntu:~/ch05$

图 5-19　函数退出和返回值

5.3.3　参数传递

函数参数传递的语法格式如下：

```
funcall    par1 par2 ...
```

在函数内部，与传递给 Shell 脚本参数一样，通过“$1、$2...”来获取传递进来的参数，并且 par1 与 $1 对应，par2 与$2 对应，以此类推。

下面的脚本内容演示了函数参数传递过程。

【示例 5-18】 funpar.sh 脚本

```
#! /bin/bash
fun()
{
    echo "the first parameter is $1"
    echo "the second parameter is $2"
}

fun "123"   "456"

exit 0
```

本例中，在调用 fun 函数时传递了两个参数“123”和“456”，在函数内部通过“$1”和“$2”来获取传递进来的参数，执行结果如图 5-20 所示。

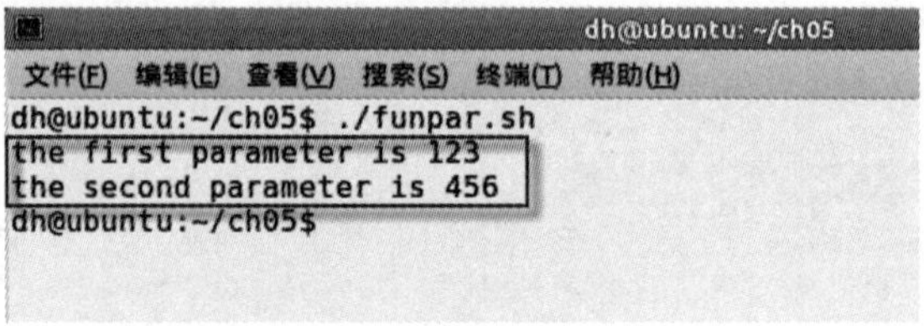

图 5-20 函数参数传递

下面的脚本程序读取用户输入，并实现以下功能：

✧ 若用户输入是 1，则要求用户输入目录，并删除目录内大小是 0 的文件；

✧ 若用户输入是 2，则要求用户输入目录，并将目录内所有文件的写权限去除；

✧ 若用户输入是 3，则退出程序。

【示例 5-19】 del_ch.sh

```
#!/bin/bash

#函数：清除大小是 0 的文件
del_zero()
{
    echo -n "请输入用户目录："
    read dir

    for file in $(ls $dir )
    do
        #用变量保存带有路径的文件名
        f=$dir/$file
        set $(du -b $f)
```

```
        if [ $1 = 0    ];then
            echo "文件：$f 的大小是 0，被删除"
            rm $f
        fi
    done
}
#函数：去掉写权限
ch()
{
    echo -n "请输入用户目录： "
    read dir
    chmod -R a-w $dir
}

while [ 1 = 1 ]
do
    echo "请选择功能：1，清除大小是 0 的文件；2，去掉写权限；3，退出"
    read input
    case $input in
       1) del_zero;;
       2) ch;;
       3) exit;;
    esac
done
```

对于该脚本的内容，说明如下：

✧　程序的主流程是个循环，在循环内读取用户输入，然后执行相关功能；

✧　两个主要功能："删除目录内大小是 0 的文件"和"将目录内所有文件的写权限去除"分别用 del_zero 和 ch 函数来实现。

程序执行结果如图 5-21 所示。

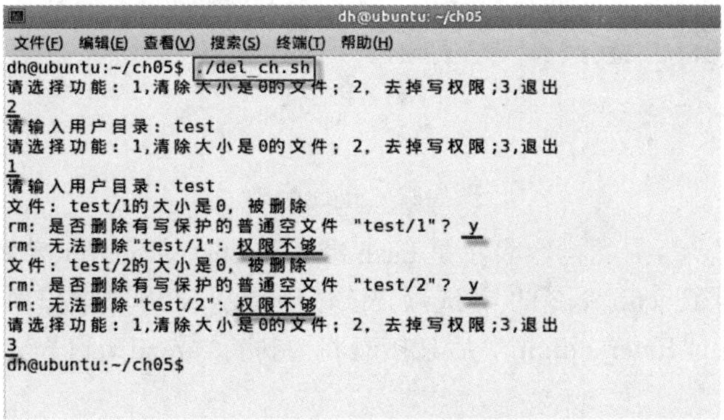

图 5-21　脚本执行

5.4 调试 Shell 程序

采用 bash 命令的 -x 选项(其实是回显内容)可以辅助调试 bash 脚本。这个选项可以显示脚本中变量替换后、执行前的每一行。

下述内容用于实现任务描述 5.D.2，使用 bash 命令的-x 选项调试脚本文件，找出代码中的错误，具体操作步骤如下：

(1) 输入脚本内容。

在 debugdemo.sh 文件中输入以下脚本内容。

【描述 5.D.2】 debugdemo.sh 脚本

```
#!/bin/bash

echo   -n   “Enter a digit:”
read var1
if[ “$var1” -ge 1 -a “$var1”   -le   9 ]
then
    echo   “Good input”
fi

exit 0
```

(2) 调试执行。

在终端中输入“bash -x debugdemo.sh”。

【描述 5.D.2】 终端命令

```
$ bash -x debugdemo.sh
```

执行结果如图 5-22 所示。

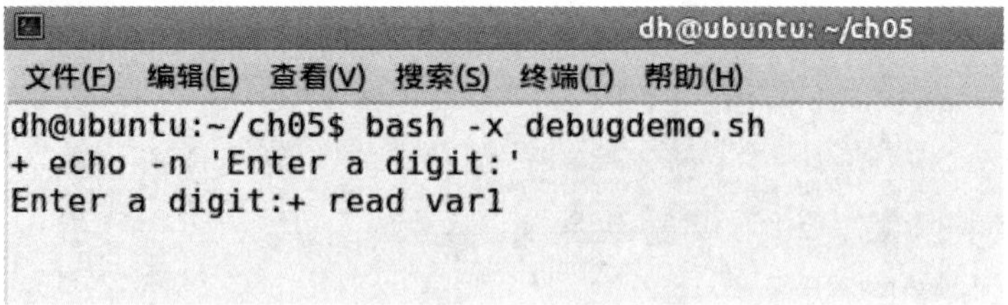
dh@ubuntu: ~/ch05
文件(F) 编辑(E) 查看(V) 搜索(S) 终端(T) 帮助(H)
dh@ubuntu:~/ch05$ bash -x debugdemo.sh
+ echo -n 'Enter a digit:'
Enter a digit:+ read var1

图 5-22 开始调试

图 5-22 中，带有“+”的内容表示是 bash 准备要执行的代码，接下来显示的是它的执行结果。本例中使用了 echo 命令的 -n 选项，该选项指示 echo 不输出换行符，因此 echo 命令的执行结果是输出“Enter a digit:”后紧接着将要执行“read var1”。

(3) 响应输入。

输入数字 5 以回应 read 命令，然后回车，执行结果如图 5-23 所示。

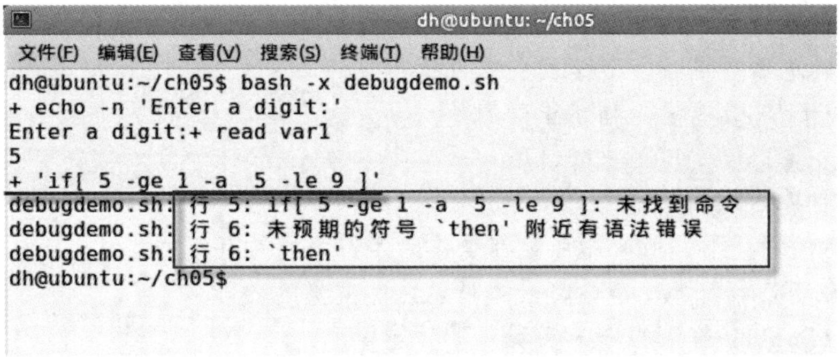

dh@ubuntu: ~/ch05
文件(F) 编辑(E) 查看(V) 搜索(S) 终端(T) 帮助(H)
dh@ubuntu:~/ch05$ bash -x debugdemo.sh
+ echo -n 'Enter a digit:'
Enter a digit:+ read var1
5
+ 'if[5 -ge 1 -a 5 -le 9]'
debugdemo.sh: 行 5: if[5 -ge 1 -a 5 -le 9]: 未找到命令
debugdemo.sh: 行 6: 未预期的符号 `then' 附近有语法错误
debugdemo.sh: 行 6: `then'
dh@ubuntu:~/ch05$

图 5-23　继续调试

分析图 5-23，内容“+ 'if[1 -ge 1 -a　1 -le 9]'”的输出表示 bash 执行到了此处，注意，此时原脚本中的“$var1”已经被替换成了用户的输入(前面输入的数字 5)，然后 bash 报错，说明该行代码有语法错误。

(4) 修改错误并重新执行。

根据语法错误提示，仔细检查当前代码发现 if 语句的“if”和“[”之间少了空格，修正这个错误，重新运行，执行结果如图 5-24 所示。

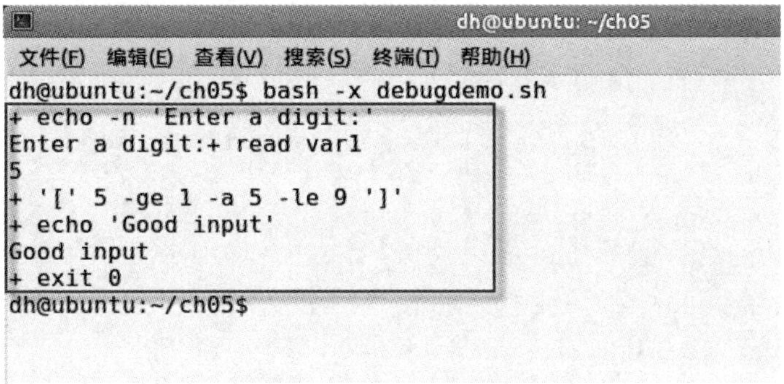

图 5-24　执行结果

小　结

通过本章的学习，学生应该了解到：

- Shell 脚本程序是 Shell 命令语句的集合。
- Shell 程序本质上也是一种结构化程序。
- Shell 编程语法主要包含变量、函数、控制结构，以及相关的 Shell 命令等。
- Shell 允许将一组命令集或语句形成一个可用块，这些块称为 Shell 函数。
- 采用 bash 命令的-x 选项(其实是回显内容)可以辅助调试 bash 脚本。

练　习

1. 下列关于 Shell 脚本程序，描述错误的是______。

A. Shell 脚本程序是 Shell 命令语句的集合

B. 执行 Shell 程序时，Shell 脚本文件需要具有可执行的权限

C. 与 C 语言类似，Shell 脚本的执行顺序也是从上而下、顺序执行的

D. Shell 脚本需要编译、链接及生成可执行文件

2. 下列关于 Shell 变量，描述正确的是______。

A. Shell 变量需要先声明才能使用

B. Shell 变量不区分大小写

C. 在默认的情况下，所有的变量都是作为字符串进行存储的

D. 通过在变量名前加一个 $ 符号才可以访问变量的内容

3. 编写一个 Shell 脚本程序，实现以下功能：

✧ 程序运行时，获取用户指定的目录名；

✧ 将目录下所有文件的“组用户的写权限”去掉。

第 6 章　网 络 操 作

本章目标

- ◆ 了解网络的基本概念：网络协议、IP 地址、子网掩码。
- ◆ 掌握 ifconfig、ping 和 ftp 命令的使用。
- ◆ 了解文件服务器的概念。
- ◆ 掌握 Samba 服务的安装和配置。
- ◆ 掌握 Windows 下 Samba 服务的访问。
- ◆ 了解 FTP 服务的概念。
- ◆ 掌握 vsftpd 的安装和配置。
- ◆ 掌握 FTP 的简单使用。
- ◆ 了解网络文件系统的概念。
- ◆ 掌握 nfs 的安装和配置。
- ◆ 掌握 nfs 的使用。
- ◆ 熟悉 Samba、FTP、NFS 的区别。

学习导航

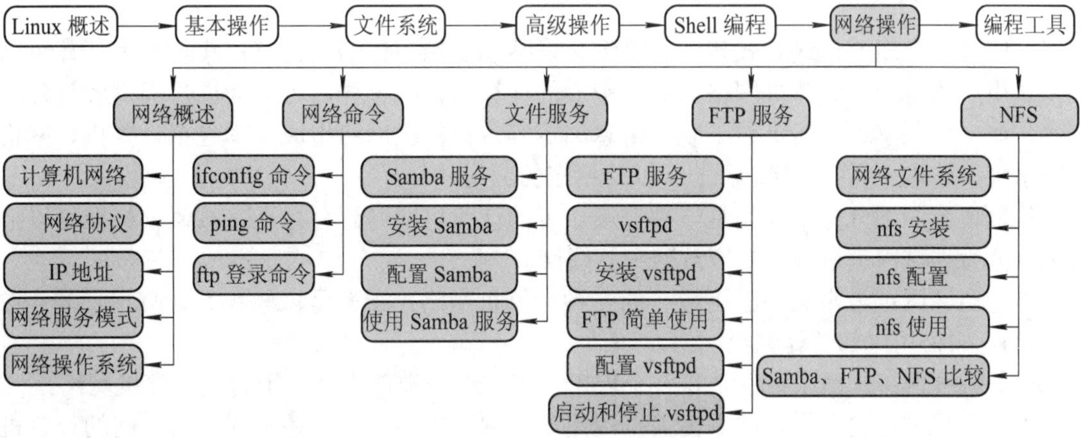

任务描述

➢【描述 6.D.1】

安装 Samba 服务。

➢【描述 6.D.2】

配置 Samba 服务。

➢【描述 6.D.3】

从 Ubuntu 机器访问 Samba 文件服务器。

➢【描述 6.D.4】

从 Windows 机器访问 Samba 文件服务器。

➢【描述 6.D.5】

使用 FTP 服务下载文件。

➢【描述 6.D.6】

使用 vsftpd.conf 文件对 vsftpd 进行配置。

➢【描述 6.D.7】

配置和使用 nfs。

6.1 网络概述

Linux 是一个网络操作系统，在使用过程中经常要用到网络相关的操作，本章的重点是介绍网络操作命令，包括 ifconfig、ping 和 ftp 命令，以及常用的网络工具，包括 Samba、FTP 和 NFS 服务。本节简要介绍计算机网络的基本概念。

6.1.1 计算机网络

一些通过有线或无线方式相互连接的、以共享资源为目的的计算机集合称为计算机网络。从用户角度看，计算机网络如同一个大的计算机系统一样，可以为用户提供各种计算服务，如文件共享、数据上传下载、信息浏览等。计算机网络组成基本包括计算机、网络操作系统、传输介质(有线或无线)，以及相应的应用软件。

从地理范围划分网络分类是一种普遍认可的计算机网络划分标准。按照该标准可以把网络划分为局域网、城域网、广域网和互联网。

✧ 局域网：最常见、应用最广的一种计算机网络，覆盖区域较小、计算机比较少(2台以上)，如公司内部的计算机网络；

✧ 城域网：一般来说，是在一个城市但不在同一地理小区范围内的计算机网络；

✧ 广域网：也称远程网，覆盖范围比城域网更广，一般是在不同城市之间的计算机网络；

✧　互联网：即 Internet 网，目前世界上最大的计算机网络，也可以理解成广域网。它可以将全世界的各个“子网”，如公司内部的局域网、城域网等连接在一起形成相互沟通、相互参与的国际互动平台。

6.1.2　网络协议

两台计算机进行通信，必须采用相同的信息交换规则，这种在计算机网络中用于发送和接收信息的规则称为网络协议或通信协议。

为了减少网络协议设计的复杂性，网络设计者把通信问题划分为若干个小问题，然后为每个小问题设计一套单独的通信规则，这种协议模型叫做分层模型。

1. OSI

OSI(Open System Interconnection，开放式系统互联)是国际标准化组织(ISO)制定的计算机网络参考模型。该协议共有七层，从上至下是：应用层、表示层、会话层、传输层、网络层、数据链路层、物理层。

2. TCP/IP

流行的“互联网”实际采用的通信协议是 TCP/IP，该协议来源于 OSI，并覆盖了 OSI 七层协议层中的六层。TCP/IP 协议由四层组成，从上至下是：应用层、传输层、网络层、网络接口层。

3. 常见的应用层协议

TCP/IP 协议应用层协议是直接为用户服务的网络协议，常见的应用层协议如表 6-1 所示。

表 6-1　常见的应用层协议

协　议	说　　明
HTTP	超文本传输协议，用于实现互联网中的 WWW 服务
FTP	文件传输协议，实现文件的上传、下载
DNS	域名解析服务，提供域名到 IP 地址之间的转换
Telnet	用户远程登录服务

6.1.3　IP 地址

1. IP 地址

TCP/IP 协议中的网络层也称为 IP 层，按照该层协议的要求，为连接在 Internet 上的每个主机分配一个 32 位长的地址，称为 IP 地址。IP 地址用二进制表示，32 位的 IP 地址可换算成 4 个字节，为了方便使用，IP 地址经常被写成十进制的形式，中间用“.”分开不同的字节，如“202.102.134.68”。

2. 子网掩码

互联网是大量子网连接在一起的网络，按照 TCP/IP 协议的要求，可以将 IP 地址划分成“网络地址”和“主机地址”两部分。为了方便计算，使用“子网掩码”来指明一个 IP 地址哪些位标识的是“主机”所在子网，哪些位标识的是主机的网络掩码。只有通过子网掩码，才能表明一台主机所在子网与其他子网的关系，使网络正常工作。

与 IP 地址相同，子网掩码也用二进制来表示，长度也是 32 位，且有以下规律：

✧ 子网掩码的二进制位 1 和 0 分别连续；

✧ 左边是网络位，用二进制数“1”表示，“1”的数目等于网络位的长度；

✧ 右边是主机位，用二进制数“0”表示，“0”的数目等于主机位的长度。

以上规则的设计目的是：让子网掩码与 IP 地址作“与”运算时用“0”遮住原主机数，而不改变原网络段数字，且通过“0”的位数可方便地确定子网的主机数。

6.1.4 网络服务模式

网络服务模式，是指网络采用何种工作模式为用户提供网络服务。常用的网络工作模式分为以下两类：

✧ 客户机/服务器(Client/Server，C/S)模式，是最流行的网络服务模式，服务器是网络的控制中心，并向客户提供服务，客户是用于本地处理和访问服务器的站点。

✧ 对等模式，通信的计算机是对等的，既可以作为客户机访问其他联网的计算机，又可以作为服务器为其他计算机提供服务，这种模式具有分布处理和分布控制的功能。

6.1.5 网络操作系统

网络操作系统是向计算机网络提供网络服务的操作系统，是计算机网络的心脏和大脑。与普通计算机操作系统相比，网络操作系统具有以下两大功能：

✧ 提供高效、可靠的网络通信能力；

✧ 提供多种网络服务功能，如远程管理、文件传输服务、电子邮件服务、域名服务、WWW 服务等。

本书讲解的 Linux 操作系统就是典型的网络操作系统。

6.2 网络命令

在使用 Linux 的过程中经常要用到网络相关的操作，如通过 Linux 提供的命令查看和配置网络接口参数、上传和下载文件等。部分常用网络相关命令如表 6-2 所示。

表 6-2 部分常用网络相关命令

命 令	功 能	备 注
ifconfig	查看和配置网络接口的参数	
ping	用于查看网络上的主机是否工作	
ftp	登录到 FTP 服务器，以利用 ftp 协议上传和下载文件	需要安装 FTP 客户端软件，Ubuntu11.04 已默认安装
telnet	利用 Telnet 协议访问主机	需要安装 Telnet 客户端软件，Ubuntu11.04 已默认安装
ssh	利用 SSH 协议登录对方主机	需要安装 SSH 客户端软件，Ubuntu11.04 已默认安装
iptables	网络数据包过滤设置	

下面介绍表 6-2 中经常使用的前三个命令：ifconfig、ping 和 ftp 命令。

6.2.1　ifconfig 命令

ifconfig 命令用于查看和配置网络接口的地址和参数，包括 IP 地址、网络掩码、广播地址等。该命令有两种格式：查看当前系统的网络配置情况和配置指定接口的参数。

1. 查看网络配置情况

使用 ifconfig 查看当前系统网络配置情况的语法格式如下：

ifconfig　[网络接口]

其中，网络接口是一个后跟单元号的驱动设备名，例如第一个以太网接口 eth0、第二个以太网接口 eth1 等。使用以上命令时，若省略网络接口，则查询本机所有网络接口的配置情况。

例如，查询本机所有网络接口的配置情况可使用下面的终端命令。

【示例 6-1】 ifconfig 查询命令

```
$ ifconfig
```

命令执行结果如图 6-1 所示。

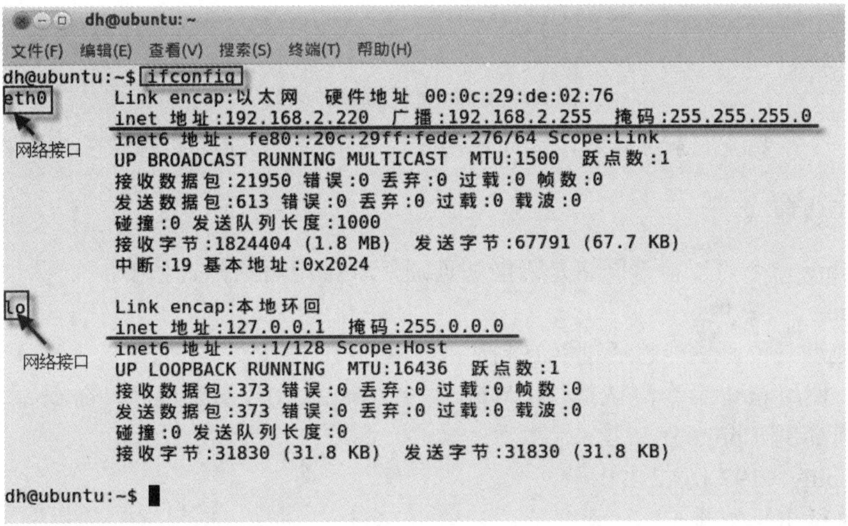

图 6-1　ifconfig 查看网络配置情况

图 6-1 中的“eth0”是当前系统的物理网卡设备；“lo”是“look-back”网络接口，是一个称为“回送设备”的特殊设备，该设备一直存在，它的 IP 地址“127.0.0.1”是一个特殊的“回送”地址，即默认的本机地址，可以用下面介绍的 ping 命令对本机进行测试。因此“lo”设备以及它的“127.0.0.1”地址主要用于模拟网络通信。

2. 配置指定接口参数

使用 ifconfig 命令还可以配置指定接口(如 eth0、eth1)的参数(如 IP 地址、网络掩码、广播地址等)，其语法格式如下：

ifconifg <网络接口> [选项] <IP 地址>

其中，常用选项如下：

✧ down，关闭指定的网络设备；

✧ up，启动指定的网络设备；

✧ netmask<子网掩码>。

例如，设置本机 eth0 的 IP 地址为“192.168.1.6”，子网掩码为“255.255.255.0”的命令如下。

【示例 6-2】 ifconfig 设置命令

$ sudo ifconfig eth0 192.168.1.6 netmask 255.255.255.0

命令执行结果如图 6-2 所示。

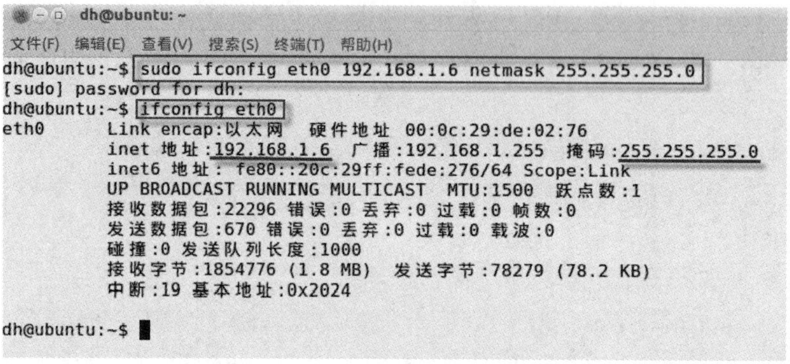

图 6-2 ifconfig 设置接口参数

上述命令需要改变系统参数，因此使用了命令前缀“sudo”以获取管理员权限。

6.2.2 ping 命令

使用 ping 命令可以检查网络是否能够连通，其常用语法格式如下：

ping <IP 地址>

其中，IP 地址是要测试能够通过网络到达的主机的 IP 地址。

例如，使用 ping 命令测试是否能够和“192.168.2.220”主机连通，命令如下所示。

【示例 6-3】 ping 命令

$ ping 192.168.2.220

命令执行结果如图 6-3 所示。

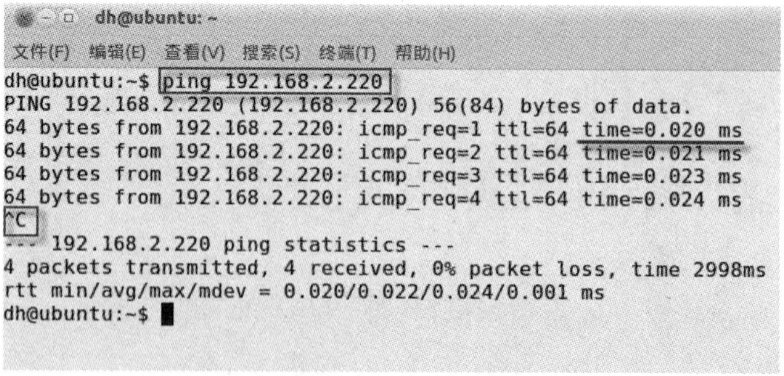

图 6-3 ping 命令测试网络连通

分析上述执行结果，ping 命令执行后，屏幕上输出一系列信息，直到按下 Ctrl + C 键中断。其中，输出的字节数是网络连通发送的字节数，“time”是主机响应的时间值，其值越小说明连接这个主机的速度越快。

如果通过 ping 命令测试的主机无法连通，则输出如下信息，如图 6-4 所示。

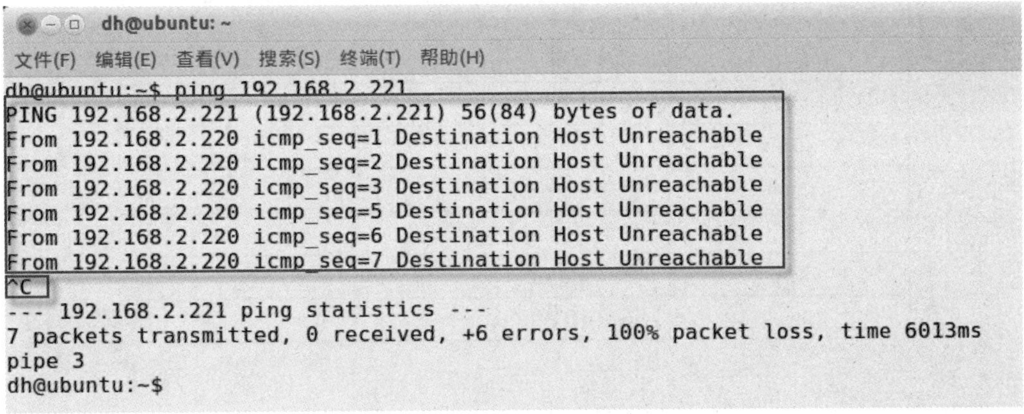
dh@ubuntu: ~
文件(F) 编辑(E) 查看(V) 搜索(S) 终端(T) 帮助(H)
dh@ubuntu:~$ ping 192.168.2.221
PING 192.168.2.221 (192.168.2.221) 56(84) bytes of data.
From 192.168.2.220 icmp_seq=1 Destination Host Unreachable
From 192.168.2.220 icmp_seq=2 Destination Host Unreachable
From 192.168.2.220 icmp_seq=3 Destination Host Unreachable
From 192.168.2.220 icmp_seq=5 Destination Host Unreachable
From 192.168.2.220 icmp_seq=6 Destination Host Unreachable
From 192.168.2.220 icmp_seq=7 Destination Host Unreachable
^C
--- 192.168.2.221 ping statistics ---
7 packets transmitted, 0 received, +6 errors, 100% packet loss, time 6013ms
pipe 3
dh@ubuntu:~$

图 6-4 ping 命令测试网络不能连通

6.2.3 ftp 登录命令

使用 ftp 命令可登录到 FTP 服务器，ftp 命令运行成功后，用户需要输入相应的用户名和密码，验证通过后，用户可以使用相关的 FTP 客户端命令进行远程文件操作(关于 FTP 服务及 FTP 操作详见本章后面内容)。

ftp 命令常用语法格式如下：

ftp <IP 地址>

其中，IP 地址是提供 FTP 服务的主机 IP 地址。

例如，使用以下命令可以发起对“192.168.2.220”主机的 FTP 登录。

【示例 6-4】 ftp 命令

$ ftp 192.168.2.220

命令执行结果如图 6-5 所示。

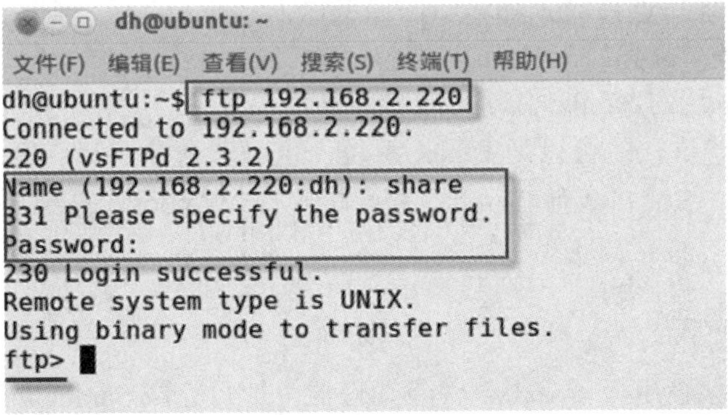
dh@ubuntu: ~
文件(F) 编辑(E) 查看(V) 搜索(S) 终端(T) 帮助(H)
dh@ubuntu:~$ ftp 192.168.2.220
Connected to 192.168.2.220.
220 (vsFTPd 2.3.2)
Name (192.168.2.220:dh): share
331 Please specify the password.
Password:
230 Login successful.
Remote system type is UNIX.
Using binary mode to transfer files.
ftp>

图 6-5 ftp 登录命令

从图 6-5 可以看出，输入用户名和密码后(密码输入过程中没有显示)，Shell 提示符成为“ftp>”，后续的操作需要通过 FTP 客户端命令进行操作。常用的 FTP 客户端命令如表 6-3 所示，6.4.4 节简单介绍了这些命令的使用方式。

表 6-3 常用 FTP 客户端命令

命 令	功 能
ls	列举服务器上的文件
get	下载文件
put	上传文件
mkdir	建立目录
rmdir	删除目录
cd	改变工作目录
help	查看帮助
bye	退出 FTP

6.3 文件服务

在计算机局域网中，为实现文件数据共享的目标，需要将供多台计算机共享的文件存放于一台计算机中，这台计算机被称为文件服务器。Ubuntu 经过配置可以很好地承担文件服务器的角色。

6.3.1 Samba 服务

在 Linux 上实现文件服务，一般是通过 Samba 程序实现的。Samba 是在 Linux 和 Unix 系统上实现 SMB 协议(实现文件共享)的一个免费软件，由服务器及客户端程序组成。

Samba 服务器端提供以下功能：

✧ 提供共享的文件目录

✧ 提供 Samba 客户端访问时需要的账户(用户和密码)；

✧ 对客户端的访问进行验证和权限管理(读、写、可视)。

客户端通过 SMB 协议与服务端通信，提供以下功能：

✧ Samba 服务登录界面；

✧ 基于本机系统的 Samba 共享目录操作界面。

作为 Samba 客户端，既可以是 Linux 系统，也可以是 Windows 系统。对于 Ubuntu，安装 Samba 服务时，会自动安装 Samba 客户端程序；Windows 系统已经内置了 Samba 客户端程序。

6.3.2 安装 Samba

在 Ubuntu 上直接使用“新立得软件包管理器”即可完成 Samba 的安装。

下述内容用于实现任务描述 6.D.1，安装 Samba 服务，具体步骤如下：

(1) 搜索 Samba 软件包。

点击 Ubuntu 面板菜单“系统→系统管理→新立得软件包管理器”，如图 6-6 所示，在搜索框中输入“samba”后按回车键，窗口中将显示包含 samba 字符串的软件。

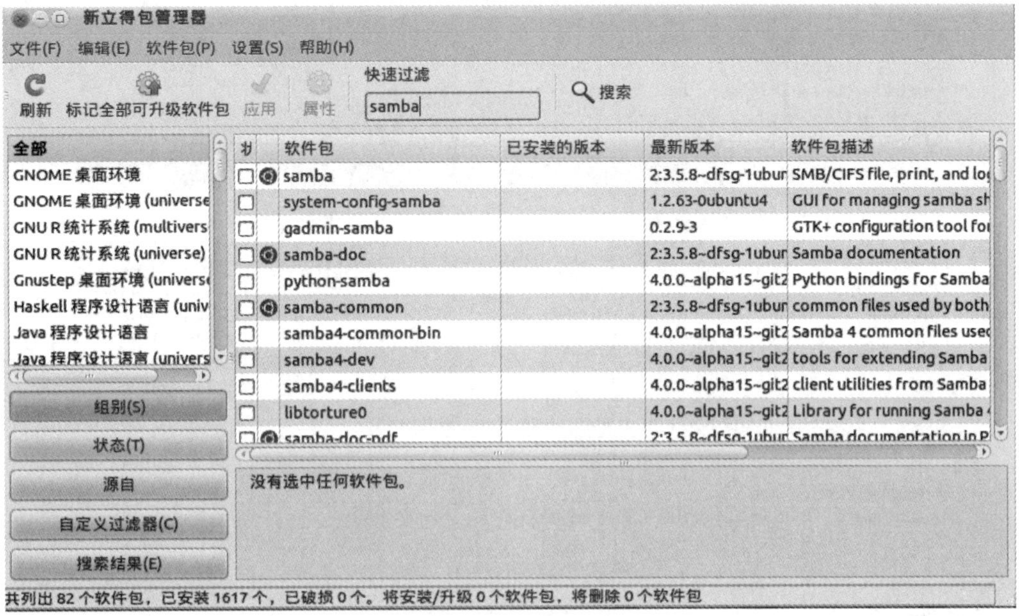

图 6-6　搜索 samba

(2) 标记以便安装 samba。

在 samba 上点击右键，并选择“标记以便安装”，管理器将自动标记相关的软件包“samba-common”，如图 6-7 所示。

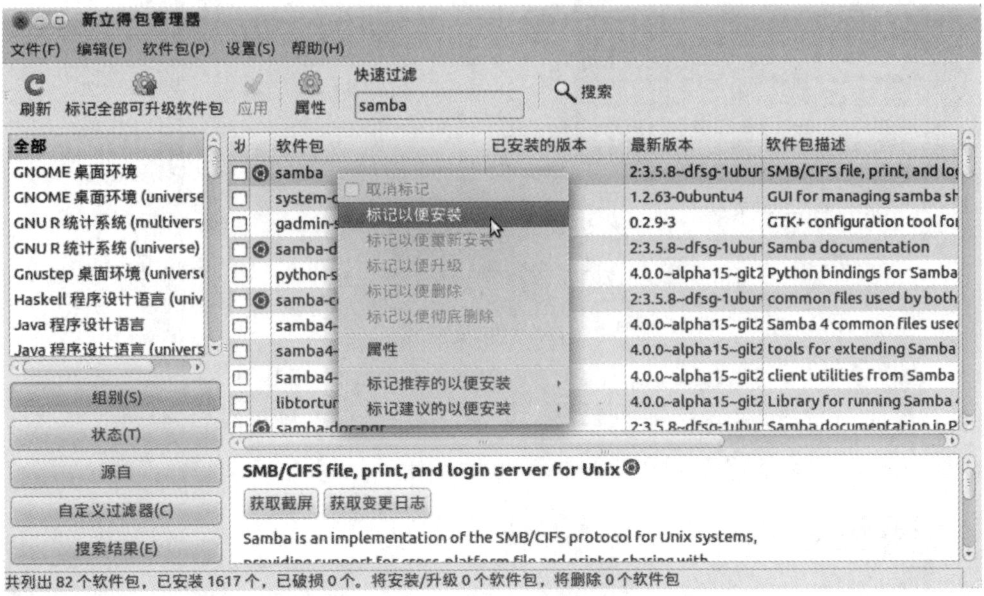

图 6-7　标记 samba 以便安装

(3) 标记 system-config-samba。

标记“system-config-samba”以便安装，该软件用于 Samba 的图形化配置。最后的标记结果如图 6-8 所示。

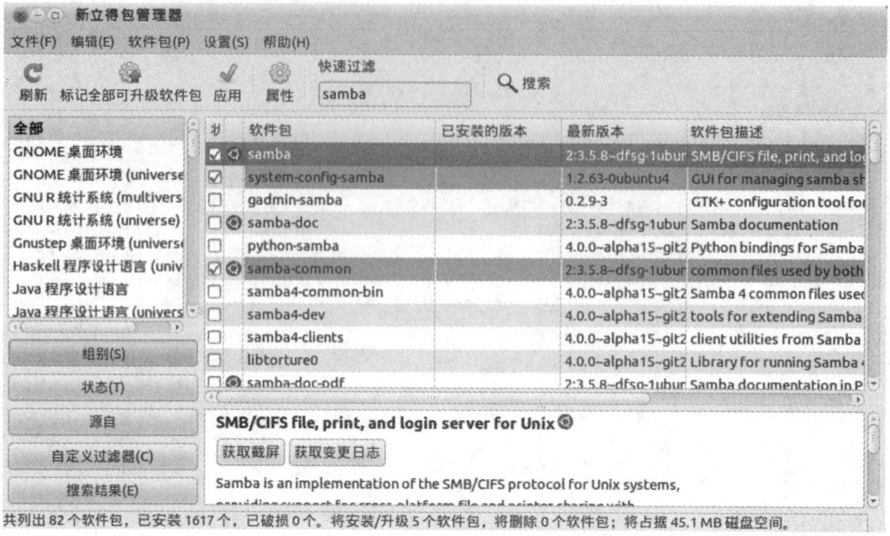

图 6-8　安装标记结果

(4) 安装软件包。

点击“应用”按钮，在弹出的窗口中再次点击“应用”按钮，如图 6-9 所示，系统将自动进行安装。安装完毕后，关闭“新立得包管理器”窗口。

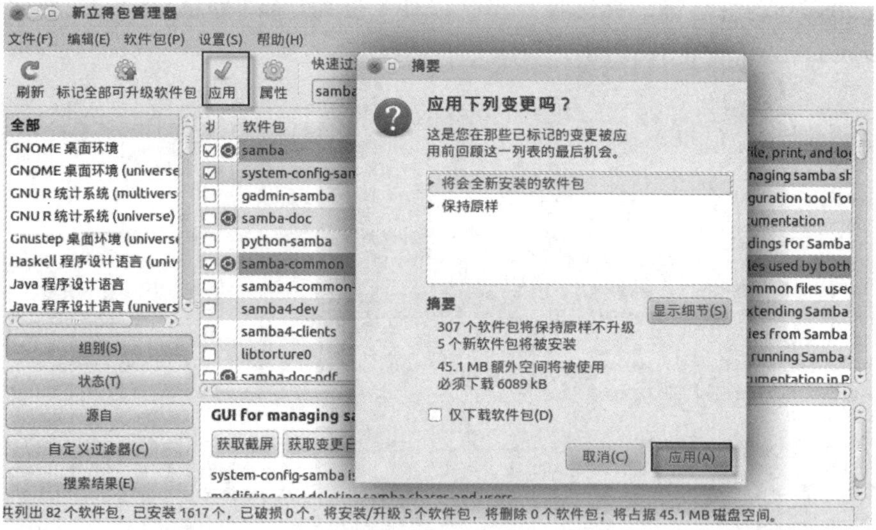

图 6-9　应用安装

6.3.3　配置 Samba

使用“system-config-samba”程序即可实现 Samba 的配置。

下述内容用于实现任务描述 6.D.2，配置 Samba 服务，具体操作步骤如下：

(1) 创建用户。

创建用户，以便其他机器用此用户访问 Samba 服务。点击 Ubuntu 面板菜单“系统→系统管理→用户和组”，打开用户设置界面，如图 6-10 和图 6-11 所示。

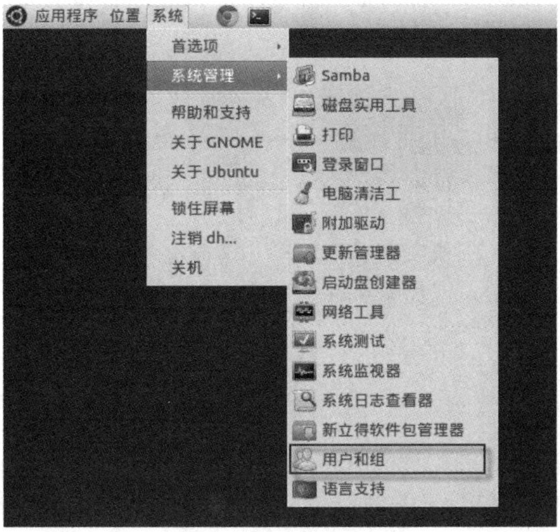

图 6-10　打开用户和组

图 6-11　用户设置界面

在用户设置界面中，点击“添加”按钮添加用户，输入当前用户的密码以授权进行管理员操作，如图 6-12 所示。

图 6-12　点击“添加”按钮

在弹出的“创建新用户”对话框中，输入新用户的名称(如 share)，如图 6-13 所示。

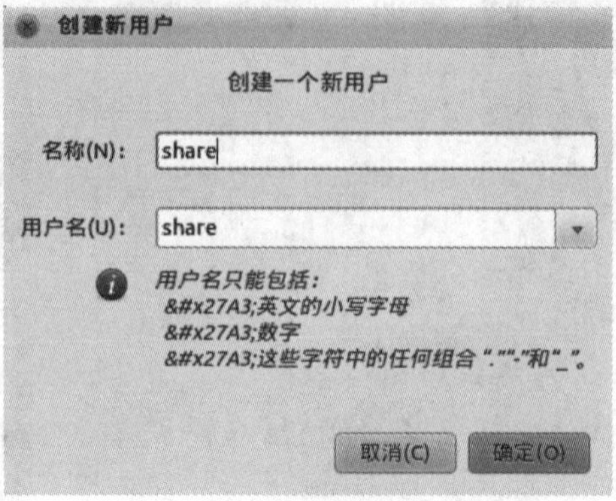

图 6-13　输入新用户名称

点击“确定”按钮后，在弹出的对话框中为新用户设置密码，如图 6-14 所示。

图 6-14　为新用户设置密码

最后点击“确定”按钮，并关闭用户设置窗口，完成新用户的创建操作。

(2) 创建需要共享的文件目录。

在终端中输入以下命令以在当前用户主目录下创建 smb_share 目录。

【描述 6.D.2】　mkdir 命令

```
$ cd ~
$ mkdir smb_share
```

(3) 启动 Samba 配置程序。

在终端中输入以下命令以启动 Samba 配置程序(或点击桌面菜单“系统→系统管理→samba”)。

【描述 6.D.2】　system-config-samba 命令

```
$ sudo system-config-samba
```

然后输入用户密码(注意，密码输入过程中不显示)，执行结果如图 6-15 所示。

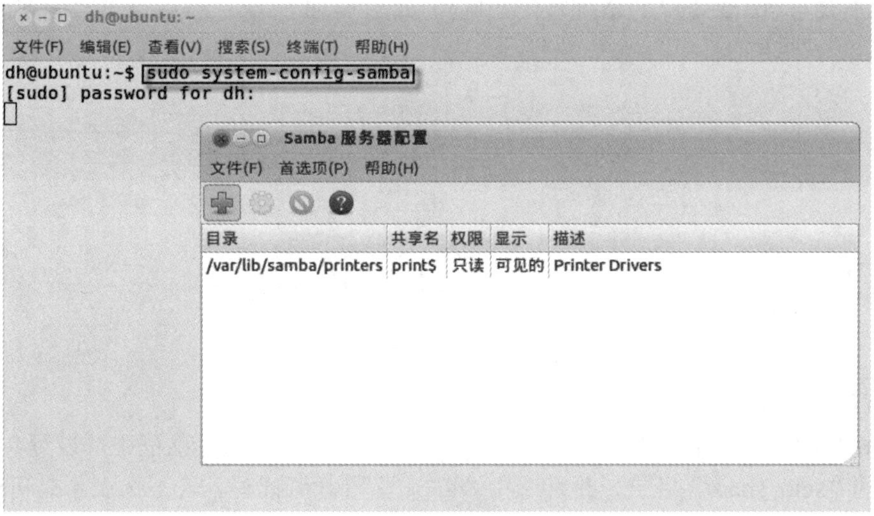

图 6-15　启动 Samba 配置程序

(4) 设置 Samba 用户。

在“Samba 服务器配置”窗口中点击“首选项”菜单，选择“Samba 用户”菜单项，打开“Samba 用户”对话框，如图 6-16 和图 6-17 所示。

图 6-16　点击“Samba 用户”菜单项

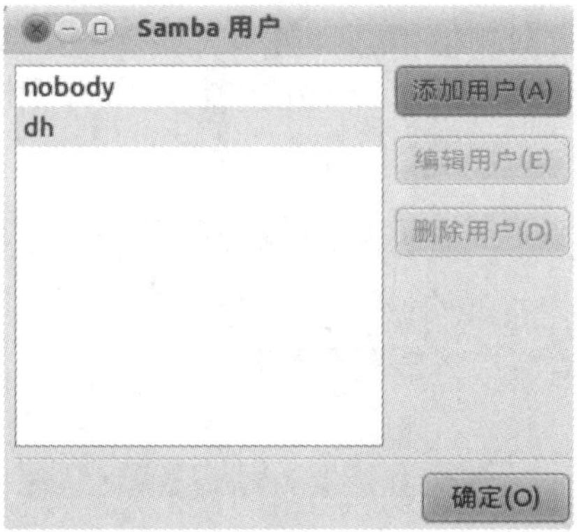

图 6-17　“Samba 用户”对话框

然后，点击“添加用户”按钮，在“创建新 Samba 用户”对话框中的“UNIX 用户名”组合框中选择前面创建的“share”用户，在“Windows 用户名”编辑框中输入 Windows 用户访问 Samba 服务时需要输入的用户名(可与 UNIX 用户名相同)，最后输入访问 Samba 的密码(建议不要与 share 用户的系统密码相同)，如图 6-18 所示。然后点击“确定”按钮。

图 6-18　创建 Samba 用户

(5) 添加 Samba 共享目录。

如图 6-19 所示，点击“添加 Samba 共享”按钮，在弹出的对话框中，设置共享目录为前面创建的“smb_share”目录，并且选中“可擦写”(既可读写，若不选表示是可读)和“显示”选项。

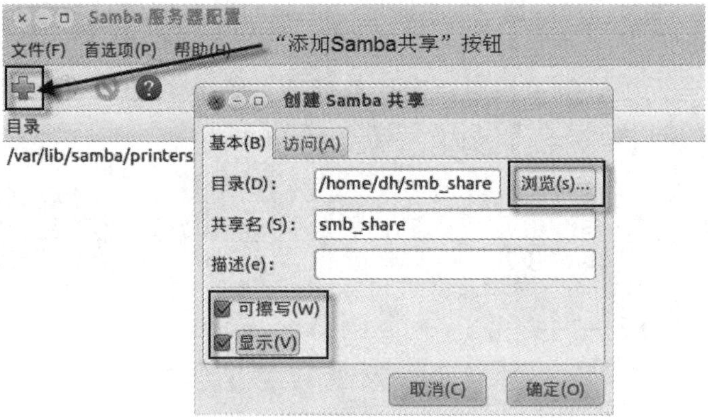

图 6-19　添加 Samba 共享目录

点击“创建 Samba 共享”对话框中的“访问”选项卡，此选项卡用于设置可以访问共享目录的用户。这里选中“share”用户，设定只能是 share 用户可以访问“smb_share”目录，如图 6-20 所示。

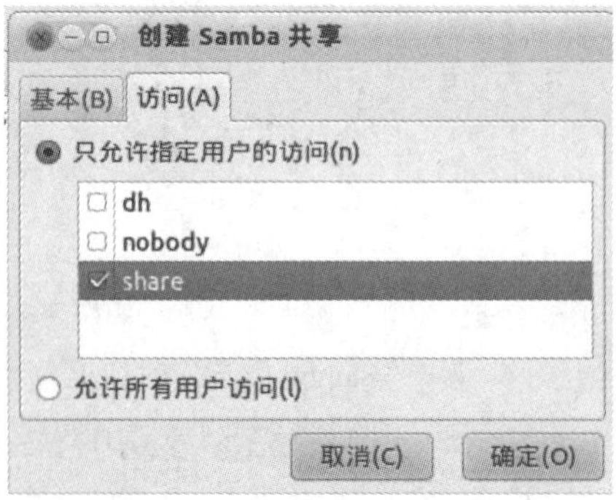

图 6-20　设定访问用户

点击“确定”按钮后，在“Samba 服务器配置”窗口中将显示已经设定好的共享目录，如图 6-21 所示。

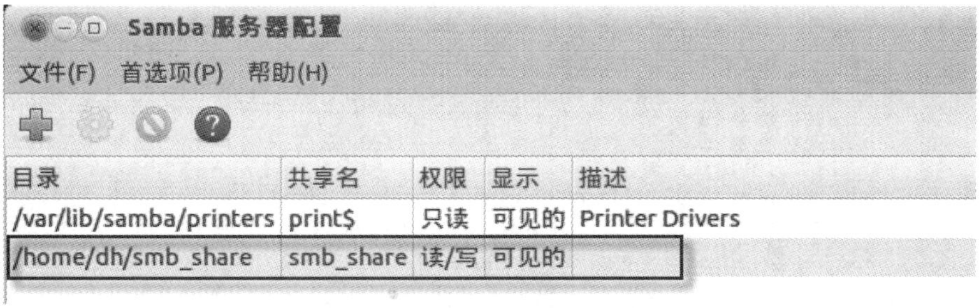

图 6-21　设置完毕

(6) 重启 Samba 服务。

配置完 Samba 服务后，一般要重启 Samba 服务才能让配置生效，在终端中输入以下命令重启 Samba 服务。

【描述 6.D.2】　重启 Samba 命令

$ sudo /etc/init.d/smbd restart

命令执行结果如图 6-22 所示。

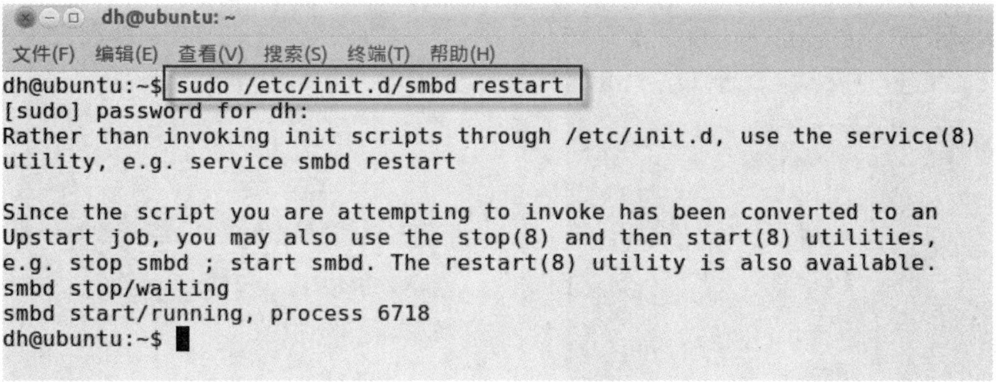
dh@ubuntu: ~
文件(F) 编辑(E) 查看(V) 搜索(S) 终端(T) 帮助(H)
dh@ubuntu:~$ sudo /etc/init.d/smbd restart
[sudo] password for dh:
Rather than invoking init scripts through /etc/init.d, use the service(8)
utility, e.g. service smbd restart
Since the script you are attempting to invoke has been converted to an
Upstart job, you may also use the stop(8) and then start(8) utilities,
e.g. stop smbd ; start smbd. The restart(8) utility is also available.
smbd stop/waiting
smbd start/running, process 6718
dh@ubuntu:~$

图 6-22　重启 Samba 服务

6.3.4　使用 Samba 服务

Samba 服务配置完毕后，即可以在局域网内通过其他计算机访问 Samba 文件服务器。

1. 从 Ubuntu 机器访问

通过 Ubuntu 的菜单“链接到服务器”操作即可以访问 Samba 文件服务器。

下述内容用于实现任务描述 6.D.3，从 Ubuntu 机器访问 Samba 文件服务器。注意：本例中，“Samba 文件服务器”和“Samba 客户端”使用的是同一台机器。为了使描述具有普遍性，特意将“Samba 文件服务器”和“Samba 客户端”分开说明，具体操作步骤如下。

(1) 确定 Samba 文件服务器的 IP 地址。

在 Samba 文件服务器终端中输入 ifconfig 命令，即可看到 IP 地址，如图 6-23 所示。

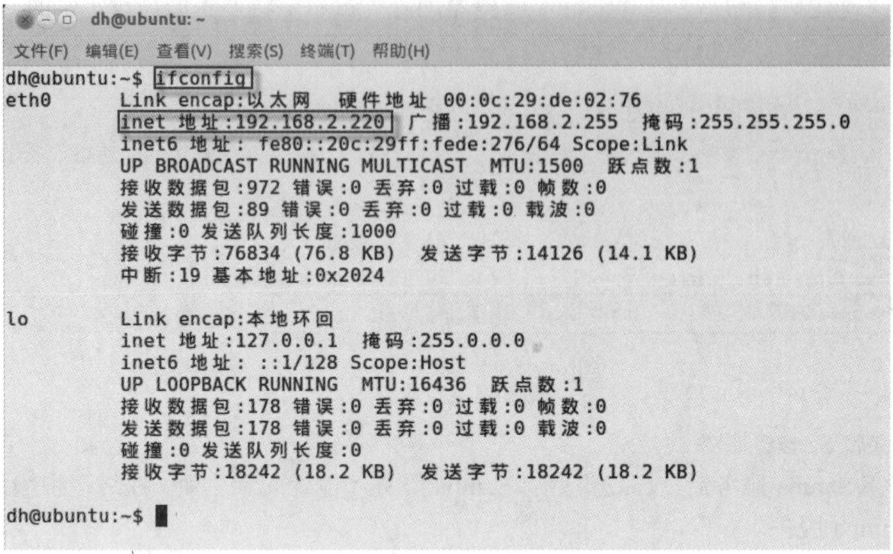

图 6-23　查看 IP 地址

(2) 打开“连接到服务器”窗口。

在客户端 Ubuntu 机器中，点击桌面菜单“位置→连接到服务器...”菜单，打开“连接到服务器”对话框，如图 6-24 和图 6-25 所示。

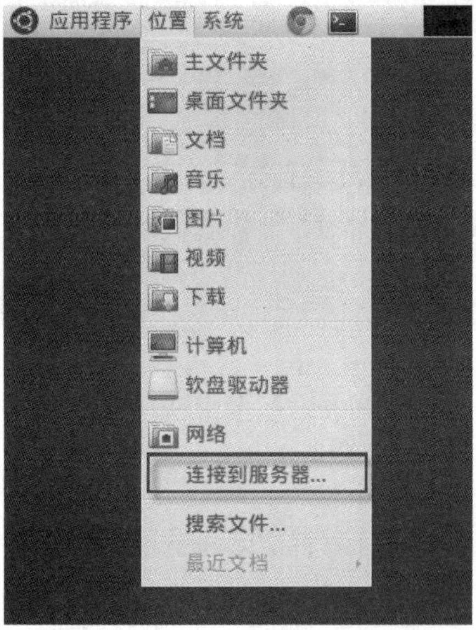

图 6-24　连接到服务器菜单

图 6-25　“连接到服务器”对话框

(3) 参数输入。

在“连接到服务器”对话框中，“服务类型”组合框内选择“Windows 共享”，“服务器”编辑框内输入 Samba 服务器的 IP 地址，“文件夹”编辑框中输入上例中创建的共享目录名“smb_share”，“用户名”编辑框中输入上例服务器中的 Samba 访问用户“share”，如图 6-26 所示，然后点击“确定”按钮。

图 6-26　参数输入

(4) 输入 Samba 访问密码。

在随后的窗口内输入 Samba 访问用户“share”的密码，点击“连接”按钮，如图 6-27 所示。

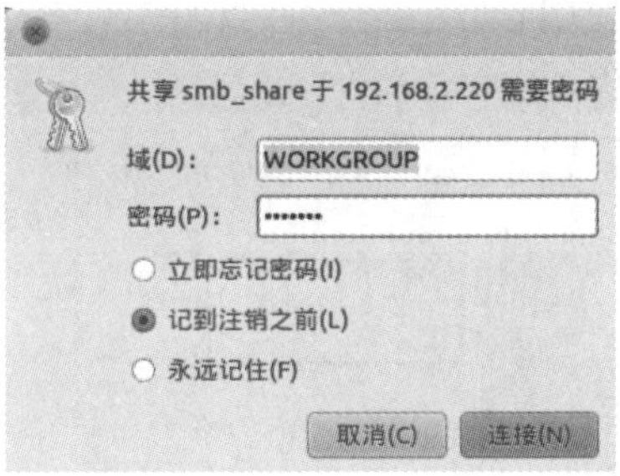

图 6-27　输入密码

如果网络正常，即可在当前机器桌面上看到系统创建的 Samba 共享目录快捷方式，并且系统会自动打开它，如图 6-28 所示(本例中，共享目录内容是空的)。

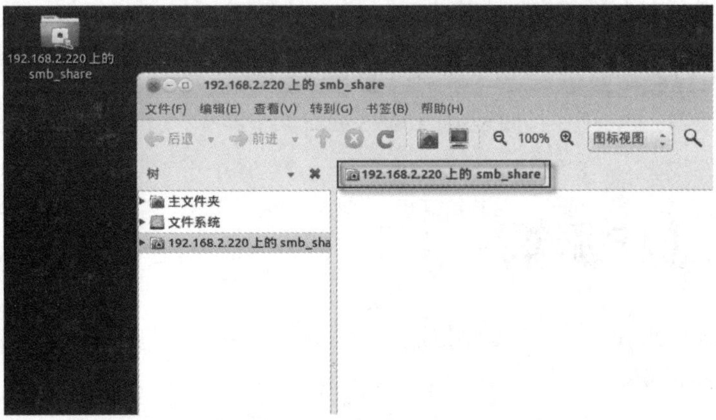

图 6-28　自动打开的 Samba 共享目录

2. 从 Windows 机器进行访问

下述内容用于实现任务描述 6.D.4，从 Windows 机器访问 Samba 文件服务器，具体操作步骤如下：

(1) 连接到 Samba 服务器。

点击 Windows“开始”菜单中的“运行”框，并输入“\\Samba 服务器 IP”，如图 6-29 所示，然后点击“确定”按钮。

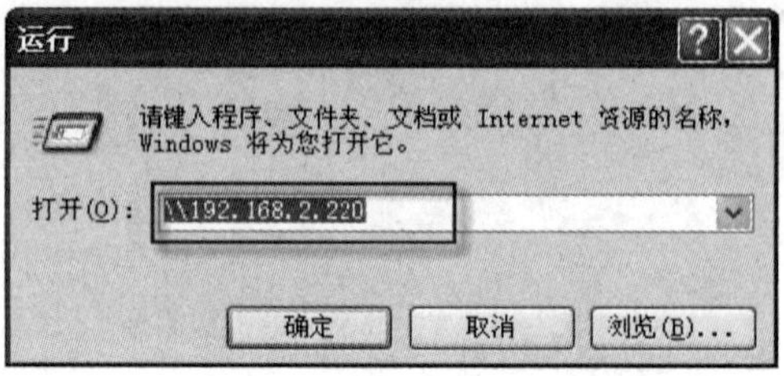

图 6-29　连接到 Samba 服务器

(2) 访问 Samba 服务器。

如果网络正常，在随后的窗口中即可看到服务器共享的 Samba 目录，如图 6-30 所示，双击该目录即可进行正常访问，如浏览目录、复制文件以及创建子目录或删除文件(需要在 Samba 服务端配置“可擦写”权限)。

图 6-30　访问 Samba 共享目录

6.4　FTP 服务

FTP(File Transfer Protocol)是文件传输协议。本节主要介绍 Linux 上流行的 FTP 服务程序 vsftpd 的配置和使用。

6.4.1　FTP 服务

FTP 与 Samba 服务类似，分为客户端和服务端。FTP 服务既可用于局域网，也可以用于 Internet，目前 FTP 服务主要用于 Internet 上文件共享服务。用户通过一个支持 FTP 协议的客户端程序连接到远程主机上的 FTP 服务器程序，然后向 FTP 服务器发出命令，服务器程序执行用户发出的命令，并将执行结果返回到客户端。

在 FTP 使用的过程中，涉及到两个概念，上传和下载，其中：

✧　上传，是指将本机中的文件复制到远程 FTP 服务器上。

✧　下载，是指将远程 FTP 服务器中的文件复制到本机上。

客户端使用 FTP 时，必须用 FTP 服务器提供的账号成功登录后方可上传或下载文件。为了更好地在 Internet 上提供文件服务，FTP 服务规定了匿名机制，匿名机制允许 FTP 客户端以“anonymous”为用户名(密码是任意字符，建议使用用户的电子邮件地址)登录到 FTP 服务器进行文件上传或下载。

6.4.2　vsftpd

vsftpd 是一款在 Linux 上使用的、流行的 FTP 服务器程序，以安全性高而著称。另外，vsftpd 具有以下特点：

✧　高速、稳定性好；

✧　支持匿名用户；

✧　单机可支持 4000 个以上并发用户；

✧　所有功能可通过 vsftpd.conf 文件进行配置。

vsftpd 支持三种登录方式：

✧　匿名登录，使用 anonymous 为用户名，密码是任意字符；

✧　系统用户登录，使用 Linux 系统用户登录；

✧　虚拟用户登录，FTP 专有用户，只能访问 vsftpd 服务规定的资源。

6.4.3　安装 vsftpd

打开“新立得包管理器”，搜索“vsftpd”，如图 6-31 所示，然后标记 vsftpd 以便安装它。点击“应用”按钮后，系统将自动完成 vsftpd 安装。

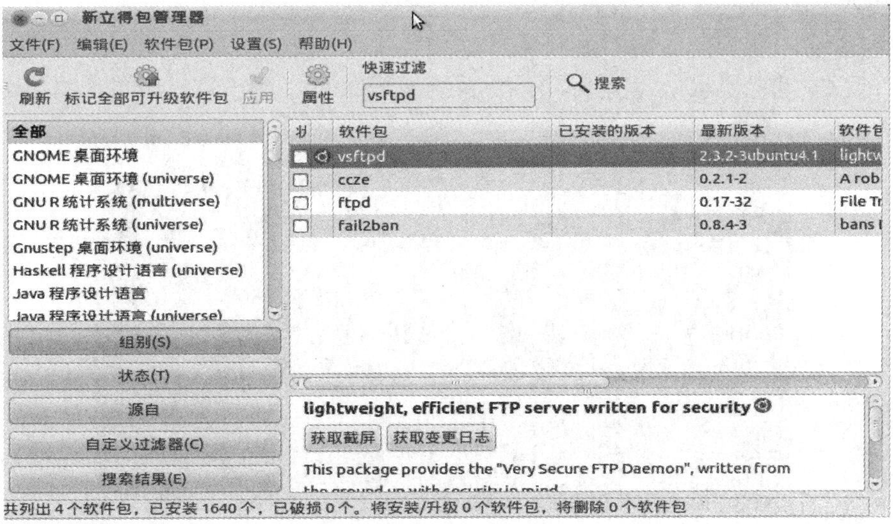

图 6-31　搜索 vsftpd 软件包

6.4.4 FTP 简单使用

vsftpd 安装完毕后，系统一般已经自动启动了 FTP 服务，并且默认支持“系统用户登录”，可以在 Windows 系统上测试一下 FTP 的使用。

下述内容用于实现任务描述 6.D.5，使用 FTP 服务下载文件，具体操作步骤如下：

(1) 打开 Windows 的命令行程序。

点击 Windows“开始→运行”菜单，在“运行”框中输入“cmd”，如图 6-32 所示。

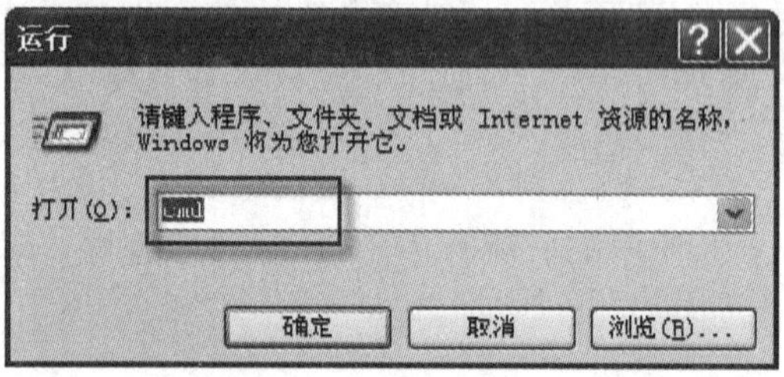

图 6-32　运行 cmd 程序

(2) 输入 ftp 命令登录到服务器。

在命令行中输入 ftp 命令，如图 6-33 所示(本例中 vsftpd 程序所在 Ubuntu 系统的 IP 是 192.168.2.220)。

图 6-33　ftp 登录

(3) 输入 FTP 服务的用户名和密码。

若网络正常，系统提示输入用户名(本例中使用系统用户“dh”)和用户密码(注意，密码在输入过程中没有显示)，登录成功后，系统显示提示符“ftp>”，如图 6-34 所示。

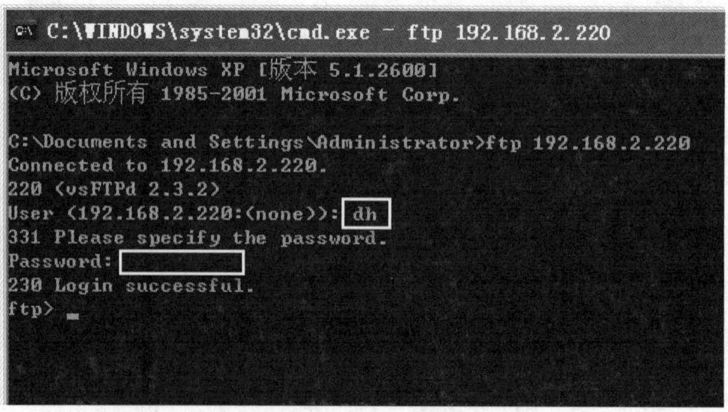

图 6-34　用户名和密码输入

(4) 查看 FTP 服务器上的文件。

使用 ls 命令可以查看服务器上的文件，如图 6-35 所示。

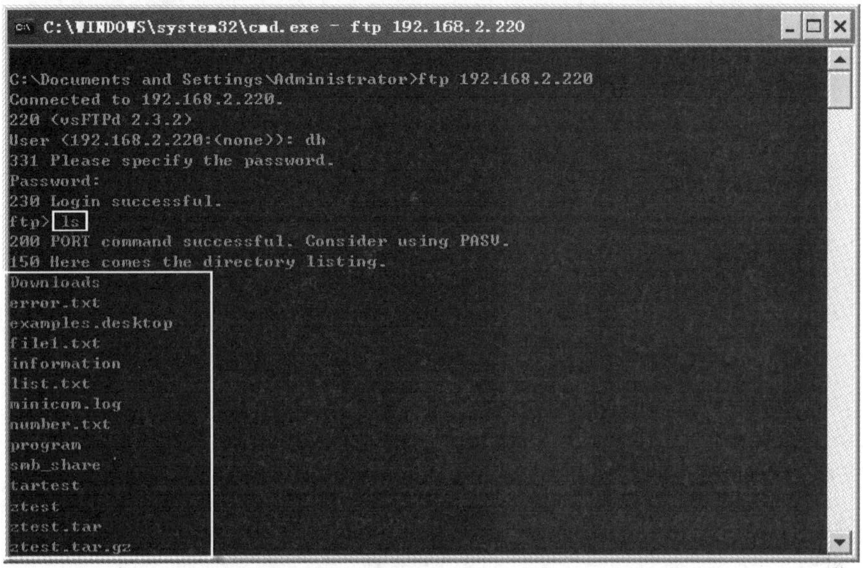

图 6-35　查看服务器上的文件

(5) 下载文件。

使用 get 命令可以下载文件，如图 6-36 所示，下载了服务器上的 error.txt 文件。

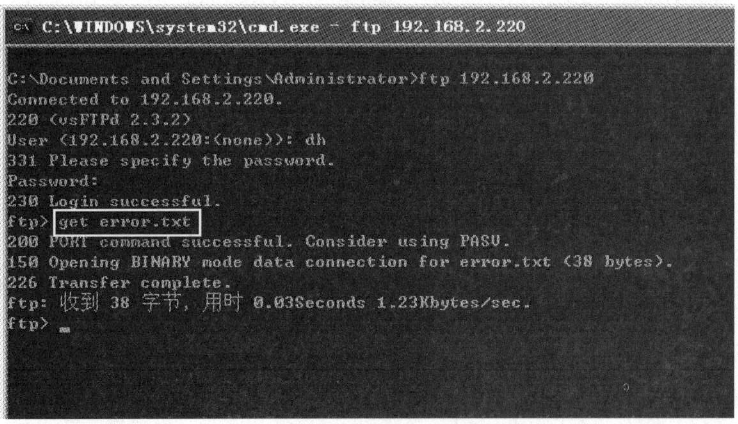

图 6-36　下载文件

get 命令的语法格式如下：

<get>　<file1>　[file2]

其中，

✧　file1，是 FTP 服务器上要被下载的文件名，允许使用带有路径的文件名。

✧　file2，是下载完后要存储到本机上的文件名，允许使用带有路径的文件名。若省略文件名，表示下载到当前目录，并且不改变文件名。

(6) 关闭 FTP 客户端。

输入 bye 命令，关闭 FTP 客户端并断开与 FTP 服务器的连接，如图 6-37 所示。

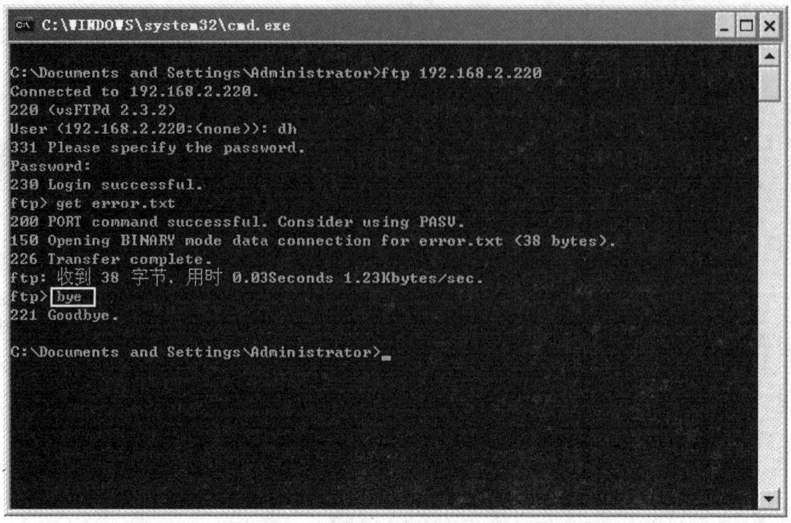

图 6-37　关闭 FTP 客户端

6.4.5　配置 vsftpd

vsftpd 安装完毕后，其配置文件是 /etc/vsftpd.conf，该文件是文本文件，可以用 gedit 打开以进行编辑。打开 vsftpd 配置文件的命令如下：

【示例 6-5】　打开 vsftpd.conf 配置文件命令

```
$ sudo gedit /etc/vsftpd.conf
```

命令执行结果如图 6-38 所示。

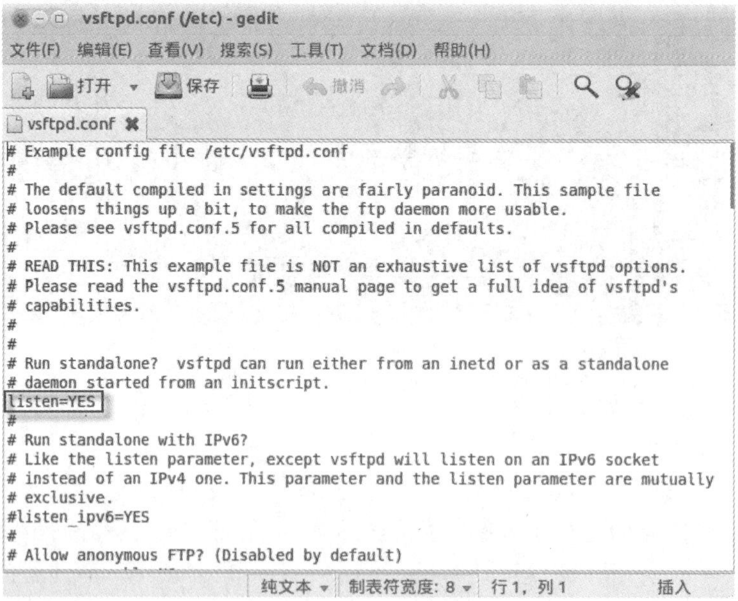

图 6-38　打开 vsftpd 配置文件

文件中以符号“#”开头的行是注释，其余的是参数配置行，如图 6-38 中的“listen=YES”。

参数配置的格式如下：

　　<参数名>=<参数值>

其中，

- ✧　参数名，是 vsftpd 支持的某项功能；
- ✧　参数值，可以是某个整数值或者路径，或者 YES、NO 等。

vsftpd 的常用配置如表 6-4 所示。

表 6-4　vsftpd 的常用配置

配置类型	配置参数	取　值	配 置 说 明
工作模式配置	listen	YES/NO	YES 表示 standalone 模式；NO 表示守护进程模式
匿名用户配置	anonymous_enable	YES/NO	是否允许匿名登录
	anon_upload_enable	YES/NO	是否允许匿名用户上传文件
	anon_mkdir_write_enable	YES/NO	是否允许匿名用户建立文件夹
	anon_other_write_enable	YES/NO	是否允许匿名用户使用除了建立文件夹和上传文件以外的其他 FTP 命令，如删除文件、重命名文件等
	anon_root	路径	匿名用户登录后的根目录
用户权限配置	write_enable	YES/NO	是否允许上传(可写)
	download_enable	YES/NO	是否允许下载
	dirlist_enable	YES/NO	是否允许列出文件列表
系统用户常规配置	local_root	路径	系统用户登录后进入的目录，默认是系统用户的主目录，例如 /home/dh
	local_umask	八进制数	系统用户上传的文件所具有的权限掩码
	local_max_rate	数字	系统用户传输速率
	chmod_enable	YES/NO	是否允许系统用户改变 FTP 服务器上的文件的权限
系统用户列表配置	userlist_enable	YES/NO	是否启用“用户列表”文件(含有用户名的文件，每行一个系统用户名)，该项启用后，userlist_deny 和 userlist_file 才有效
	userlist_deny	YES/NO	是否拒绝用户列表中的用户登录，YES 表示拒绝它们登录，NO 表示是允许它们登录
	userlist_file	文件名	用户列表文件名(带有路径)
系统用户根目录配置	chroot_list_enable	YES/NO	是否启用“根目录用户列表”文件(含有用户名的文件，每行一个系统用户名)，该项启用后，chroot_local_user 和 chroot_list_file 才有效
	chroot_local_user	YES/NO	是否限制系统用户登录后的根目录为自己的主目录
	chroot_list_file	文件名	“根目录用户列表”文件名

以下是上述配置的说明和举例。

1. 工作模式

vsftpd 支持两种工作模式：

✧ standalone 模式，启动后一直驻留在系统内存中，可以快速地响应客户端的 FTP 命令。此种模式下，每次修改配置文件后必须重启 vsftpd 服务才能有效。

✧ 守护进程模式，只有在有 FTP 客户端连接请求时才调用 FTP 进程。此模式占用系统资源少，反应速度较慢，不适合同时连接数量较多的情况。

例如，若要启用守护进程模式，需要将 vsftpd.conf 文件中的“listen=YES”修改如下：

【示例 6-6】 vsftpd.conf 配置

```
listen=NO
```

2. 匿名支持

例如，要启用匿名支持，登录后的根目录是 /var/ftp，只允许下载不允许有写操作，则需要在 vsftpd.conf 文件中增加或修改如下几行配置信息：

【示例 6-7】 vsftpd.conf 配置

```
anonymous_enable=YES
anon_upload_enable=NO
anon_mkdir_write_enable=NO
anon_other_write_enable=NO
anon_root=/var/ftp
```

3. 用户权限配置

例如，若要允许用户列举文件列表以及下载文件，但不允许上传文件，则需要在 vsftpd.conf 文件中增加或修改如下几行配置信息：

【示例 6-8】 vsftpd.conf 配置

```
write_enable=NO
download_enable=YES
dirlist_enable=YES
```

4. 系统用户常规配置

系统用户常规配置主要用于控制使用“系统用户”登录后用户直接进入的目录以及上传文件所具有的权限。

其中，

✧ 配置参数“local_root”，用于设置“系统用户”登录后直接进入的目录。

✧ 配置参数“local_umask”，使用八进制数值，通过权限掩码来控制“系统用户”上传文件所具有的权限。

权限掩码通过下面的公式可以计算出权限(八进制数的权限表示法，参见第 3 章)：

文件权限=666-local_umask

目录权限=777-local_umask

因此，若 local_umask 是 022，则具体权限是：

✧　所上传文件的权限是 644(666-022)：用户可读写，同组和其他用户可读；

✧　所建立的目录权限是 755(777-022)：用户可读写可执行，同组和其他用户可读可执行。

例如，若要用户登录后直接进入 /home/dh，上传的文件用户可读写，同组和其他用户可读，并且不允许用户改变 FTP 服务器上文件的权限，则需要在 vsftpd.conf 文件中增加或修改如下几行配置信息：

【示例 6-9】　vsftpd.conf 配置

```
local_root=/home/dh
local_umask=022
chmod_enable=NO
```

5. 系统用户列表配置

vsftpd 可通过“系统用户列表文件”控制哪些用户可以登录到 FTP 服务器。其中“系统用户列表文件”由一系列用户名组成，每行一个用户名。

如果要启用“系统用户列表文件”，需要做以下工作：

✧　建立“系统用户列表文件”，并且在文件中输入用户名。

✧　配置参数 userlist_enable 的值设置为“YES”。

✧　配置参数 userlist_deny 的值设置为“YES”或“NO”，“YES”表示拒绝“系统用户列表文件”中的用户登录，“NO”表示允许“系统用户列表文件”的用户登录。

✧　配置参数 userlist_file 的值设置为创建好的“系统用户列表文件”名。

例如，若只允许系统中的 test1 和 test2 用户登录，则建立 /etc/vsftpd.userlist 文件，然后在文件中输入以下内容：

【示例 6-10】　/etc/vsftpd.userlist 文件

```
test1
test2
```

然后在 vsftpd.conf 文件中增加或修改下面几行配置信息：

【示例 6-11】　vsftpd.conf 配置

```
userlist_enable=YES
userlist_deny=NO
userlist_file=/etc/vsftpd.userlist
```

6. 系统用户根目录配置

为了安全性的考虑，vsftpd 可以将“根目录用户列表文件”中用户的“主目录”指定为 FTP 工作“根目录”，从而限制用户访问 FTP 服务器的其他目录。

如果要启用“根目录用户列表文件”，需要做以下工作：

✧　建立“根目录用户列表”文件，并且在文件中输入用户名，每行一个。

✧　配置参数 chroot_list_enable 设置为“YES”。

✧　配置参数 chroot_local_user 设置为“YES”或“NO”，“NO”表示限制“根目录用户列表”文件中用户的根目录为自己的主目录，“YES”表示不限制。

✧ 配置参数 chroot_list_file 的值设置为“根目录用户列表文件”名。

例如，若要限制系统中的 test1 和 test2 用户登录后，其根目录只能是自己的“主目录”，则建立 /etc/vsftpd.chrootlist 文件，然后在文件中输入以下内容：

【示例 6-12】 /etc/vsftpd.chrootlist 文件

```
test1
test2
```

然后在 vsftpd.conf 文件中增加或修改下面几行配置信息：

【示例 6-13】 vsftpd.conf 配置

```
chroot_list_enable=YES
chroot_local_user=NO
chroot_list_file=/etc/vsftpd.chroot_list
```

6.4.6 启动和停止 vsftpd

在 Ubuntu 上，vsftpd 安装完毕后，系统会自动启动它。但在下列情况下还需要关闭或重新启动 vsftpd：

✧ 若运行在 standalone 模式下，配置完毕后 vsftpd 需要重新启动。

✧ 因为 Linux 系统本身维护需要停止或重新启动 vsftpd。

使用 service 命令并传递相关参数可以控制 vsftpd 启动、停止和重启。因为是系统操作，在 Ubuntu 上运行 service 命令时还需要使用 sudo 命令前缀。使用 service 命令控制 vsftpd 的语法格式如下：

sudo service vsftpd <参数>

其中，可用参数如下：

✧ start，启动 vsftpd；

✧ stop，停止 vsftpd；

✧ restart，重启 vsftpd；

✧ status，查看 vsftpd 的状态。

下面是控制 vsftpd 命令举例。

【示例 6-14】 关闭 vsftpd 命令

```
$ sudo service vsftpd stop
```

命令执行结果如图 6-39 所示。

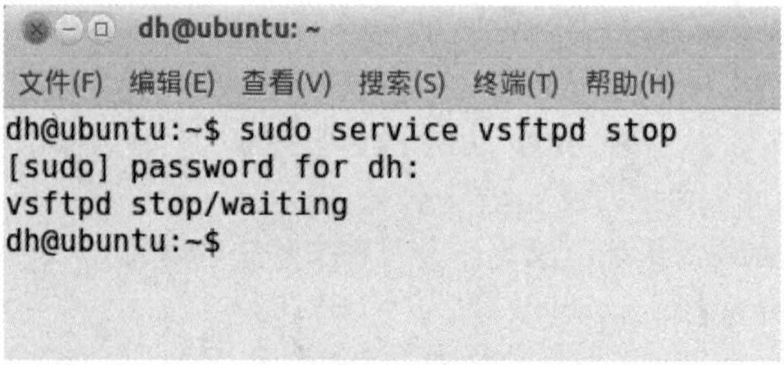
dh@ubuntu: ~
文件(F) 编辑(E) 查看(V) 搜索(S) 终端(T) 帮助(H)
dh@ubuntu:~$ sudo service vsftpd stop
[sudo] password for dh:
vsftpd stop/waiting
dh@ubuntu:~$

图 6-39 关闭 vsftpd

【示例 6-15】　启动 vsftpd 命令

$ sudo service vsftpd start

命令执行结果如图 6-40 所示。

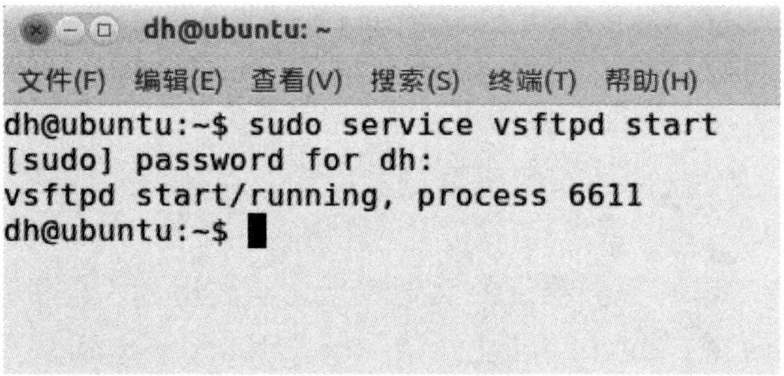
dh@ubuntu: ~
文件(F) 编辑(E) 查看(V) 搜索(S) 终端(T) 帮助(H)
dh@ubuntu:~$ sudo service vsftpd start
[sudo] password for dh:
vsftpd start/running, process 6611
dh@ubuntu:~$

图 6-40　启动 vsftpd

【示例 6-16】　重启 vsftpd 命令

$ sudo service vsftpd restart

命令执行结果如图 6-41 所示。

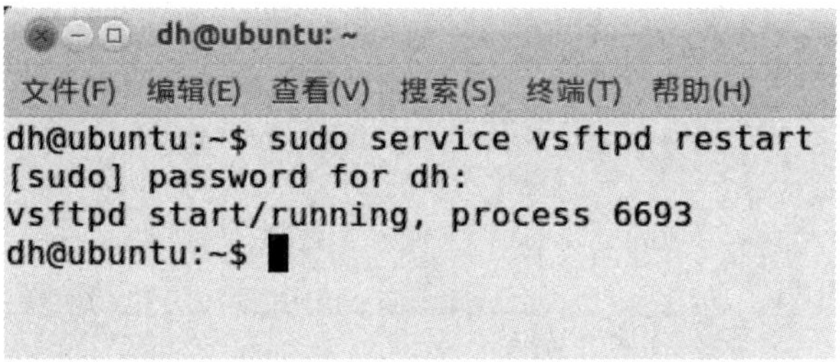
dh@ubuntu: ~
文件(F) 编辑(E) 查看(V) 搜索(S) 终端(T) 帮助(H)
dh@ubuntu:~$ sudo service vsftpd restart
[sudo] password for dh:
vsftpd start/running, process 6693
dh@ubuntu:~$

图 6-41　重启 vsftpd

【示例 6-17】　查看 vsftpd 的状态命令

$ sudo service vsftpd status

命令执行结果如图 6-42 所示。

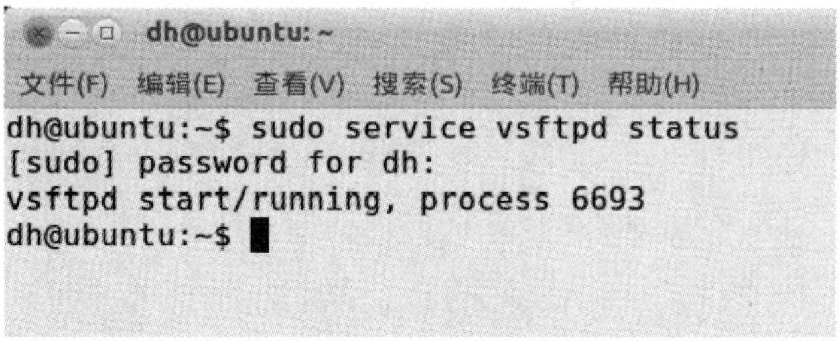
dh@ubuntu: ~
文件(F) 编辑(E) 查看(V) 搜索(S) 终端(T) 帮助(H)
dh@ubuntu:~$ sudo service vsftpd status
[sudo] password for dh:
vsftpd start/running, process 6693
dh@ubuntu:~$

图 6-42　查看 vsftpd 状态

下述内容用于实现任务描述 6.D.6，使用 vsftpd.conf 文件对 vsftpd 进行配置。本例实现以下功能：

- ✧ 支持匿名登录，匿名用户登录后的根目录是 /var/ftp，可以下载，不能上传；
- ✧ 支持系统用户“fy”登录，其他系统用户不可登录；
- ✧ 用户“fy”登录后，直接进入的是用户主目录下的 ftptest 目录；
- ✧ 限制用户“fy”访问服务器上的其他目录。

为了实现以上要求，需要做以下工作：

✧ 匿名支持，需要设置“anonymous_enable”参数；匿名用户的根目录设置使用“anon_root”；“anon_mkdir_write_enable”和“anon_other_write_enable”可以设置权限；

✧ 新建系统用户“fy”；

✧ 限制其他系统用户登录，需要使用“系统用户列表文件”，并设置“userlist_enable”、“userlist_deny”和“userlist_file”等参数；

✧ 用户“fy”登录后，直接进入的是用户主目录下的 ftptest 目录，需要设置“local_root”参数；

✧ 限制用户“fy”访问服务器上的其他目录，需要用到“根目录用户列表文件”，并设置“chroot_list_enable”、“chroot_local_user”和“chroot_list_file”等参数。

本例具体操作步骤如下：

(1) 添加用户 fy。

点击面板主菜单“系统→系统管理→用户和组”，然后添加新用户“fy”，如图 6-43 所示，并设置密码。

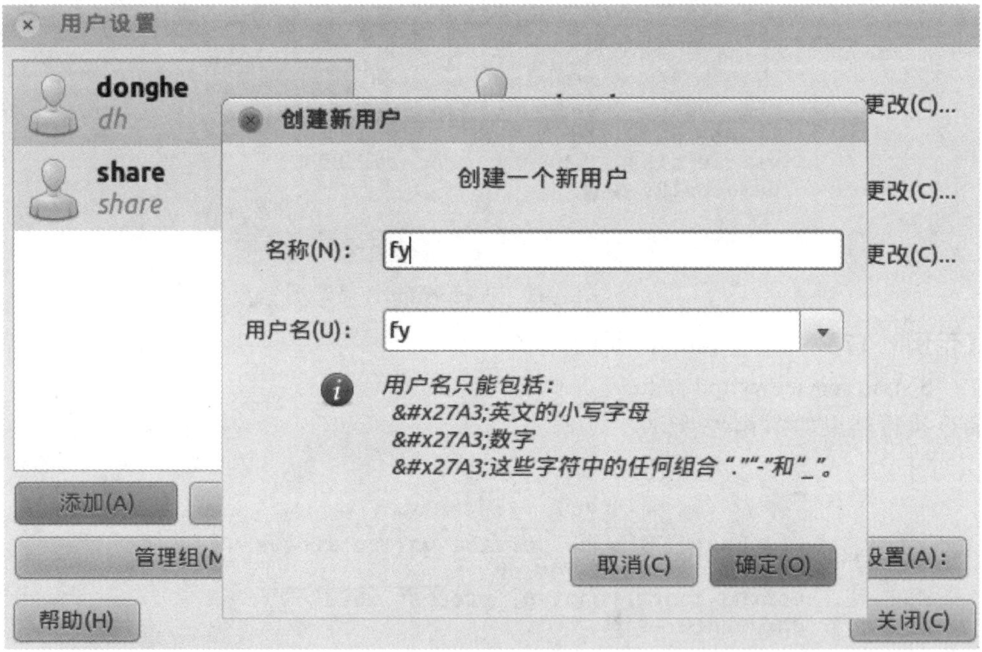

图 6-43　创建新用户

(2) 为匿名用户创建根目录。

【描述 6.D.6】　mkdir 创建目录命令

```
$ sudo mkdir /var/ftp
```

(3) 修改 /ect/vsftpd.conf 配置文件，支持匿名登录。

【描述 6.D.6】　打开 /etc/vsftpd.conf 文件命令

```
$ sudo gedit /etc/vstfp.conf
```

打开文件后进行如下编辑，如图 6-44 所示。

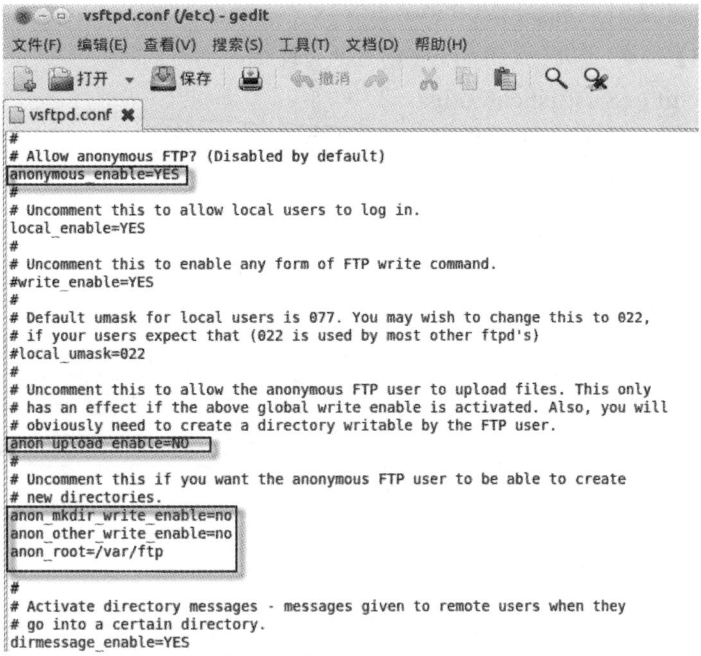

图 6-44　编辑/etc/vsftpd.conf 文件

(4) 新建“系统用户列表文件”。

【描述 6.D.6】　创建 /etc/vsftpd.userlist 文件命令

```
$ sudo gedit /etc/vsftpd.userlist
```

创建完并在“/etc/vsftpd.userlist”文件中输入以下内容：

【描述 6.D.6】　/etc/vsftpd.userlist 文件

```
fy
anonymous
```

(5) 启用“系统用户列表文件”。

对 /etc/vsftpd.conf 文件进行以下编辑，如图 6-45 所示。

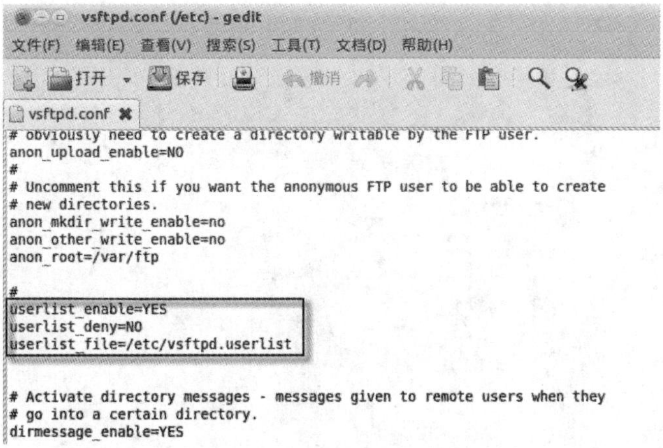

图 6-45　编辑/etc/vsftpd.conf 文件

(6) 新建“根目录用户列表文件”。

【描述 6.D.6】 创建 /etc/vsftpd.chrootlist 文件命令

$ sudo gedit /etc/vsftpd.chrootlist

创建完并在“/etc/vsftpd.chrootlist”文件中输入以下内容：

【描述 6.D.6】 /etc/vsftpd.chrootlist 文件

fy

(7) 启用“根目录用户列表文件”。

对 /etc/vsftpd.conf 文件进行以下编辑，如图 6-46 所示。

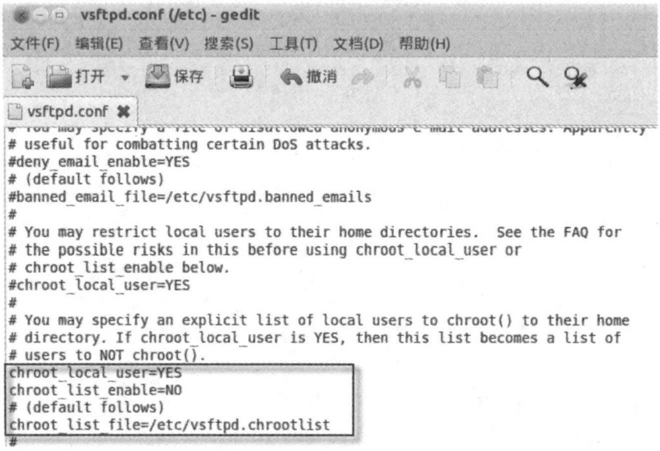

图 6-46 编辑 /etc/vsftpd.conf 文件

(8) 保存设置，重启 vsftpd。

先保存、关闭 gedit，然后重启 vsftpd。

【描述 6.D.6】 重启 vsftpd 命令

$ sudo service vsftpd restart

(9) 测试匿名登录。

在 Windows 中进行 FTP 匿名登录，执行结果如图 6-47 所示。

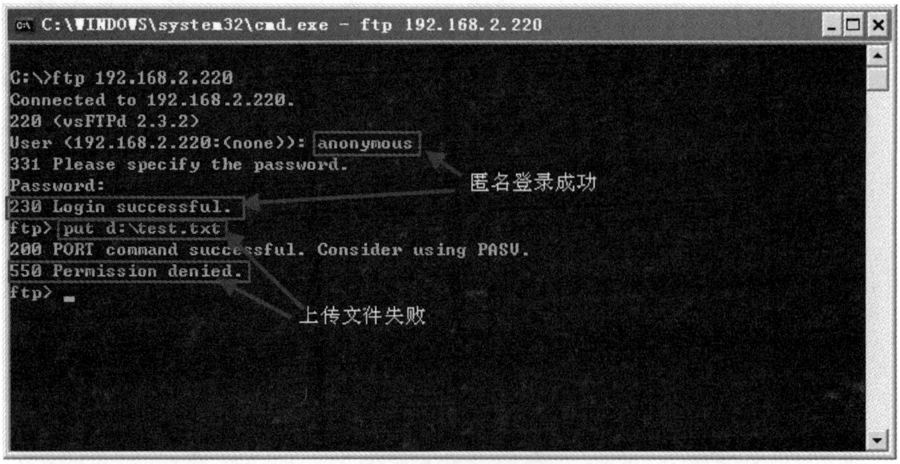

图 6-47 测试匿名登录

(10) 测试非授权用户登录。

执行结果如图书 48 所示。

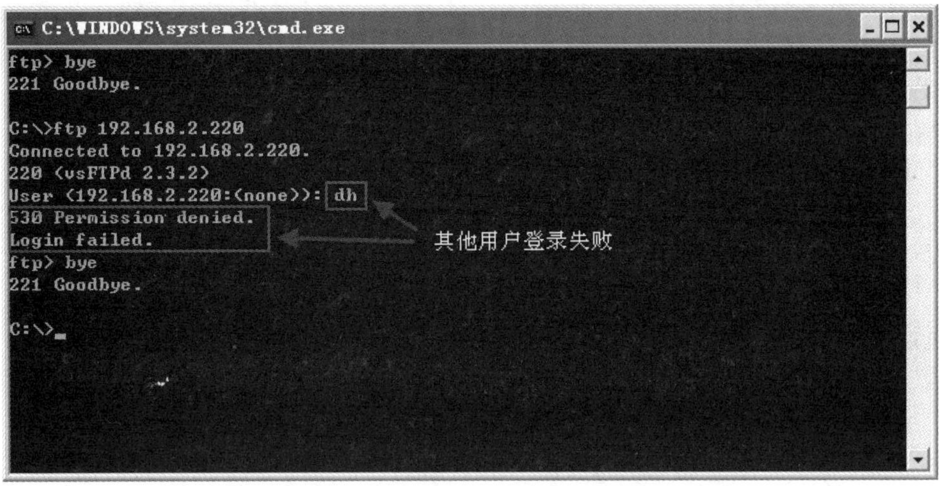

图 6-48　测试非授权用户登录

(11) 测试用户“fy”登录。

执行结果如图 6-49 所示。

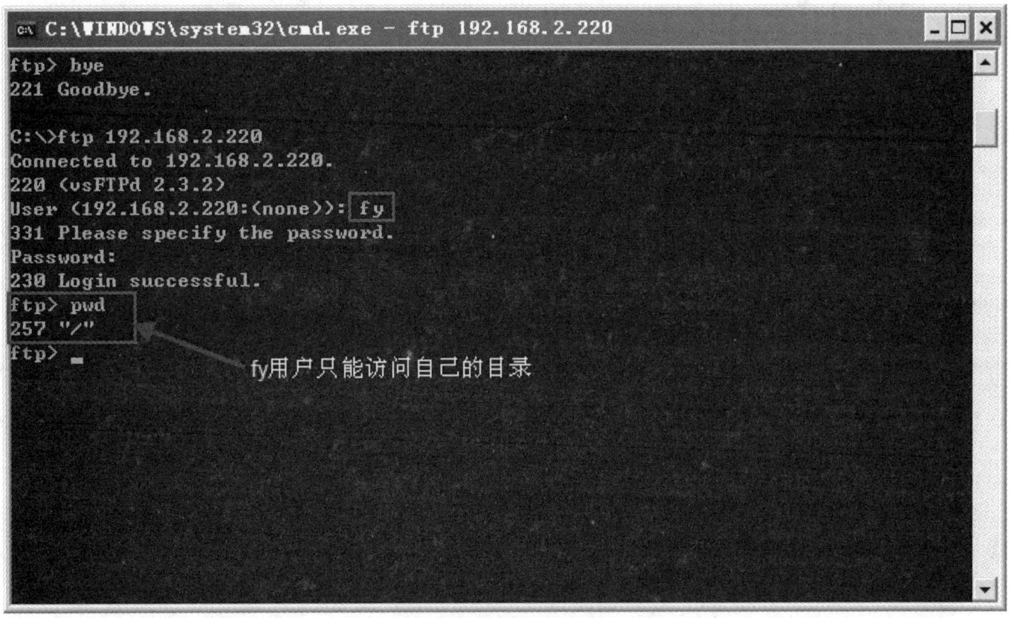

图 6-49　测试用户“fy”登录

6.5　NFS

本节介绍 NFS 的安装配置和使用，并对 Samba、FTP 和 NFS 命令之间的区别作了总结。

6.5.1 网络文件系统

NFS 是 Network File System 的简写，即网络文件系统。NFS 允许系统在网络上与其他计算机共享目录和文件，通过使用 NFS，用户和程序可以像访问本地文件一样访问远端系统上的文件。

NFS 由两个部分组成：

✧ 服务端，安装有 NFS 服务软件，提供 NFS 服务；

✧ 客户端，安装有 NFS 客户端软件，以远程访问 NFS 服务端上的文件或目录。

6.5.2 nfs 安装

在 Ubuntu 上，NFS 软件一般由两个软件包组成：

✧ nfs-kernel-server，NFS 核心软件包，实现文件和目录的网络共享。

✧ nfs-common，NFS 运行支持软件，包括客户端程序。

本书中用小写的“nfs”代指“NFS”的软件包。

打开“新立得包管理器”搜索“nfs”，在软件包列表中将看到“nfs-kernel-server”和“nfs-common”，如图 6-50 所示。在“nfs-kernel-server”软件包上点击右键并标记以便安装，管理器将自动标记“nfs-common”。点击“应用”按钮后，系统将自动完成安装。

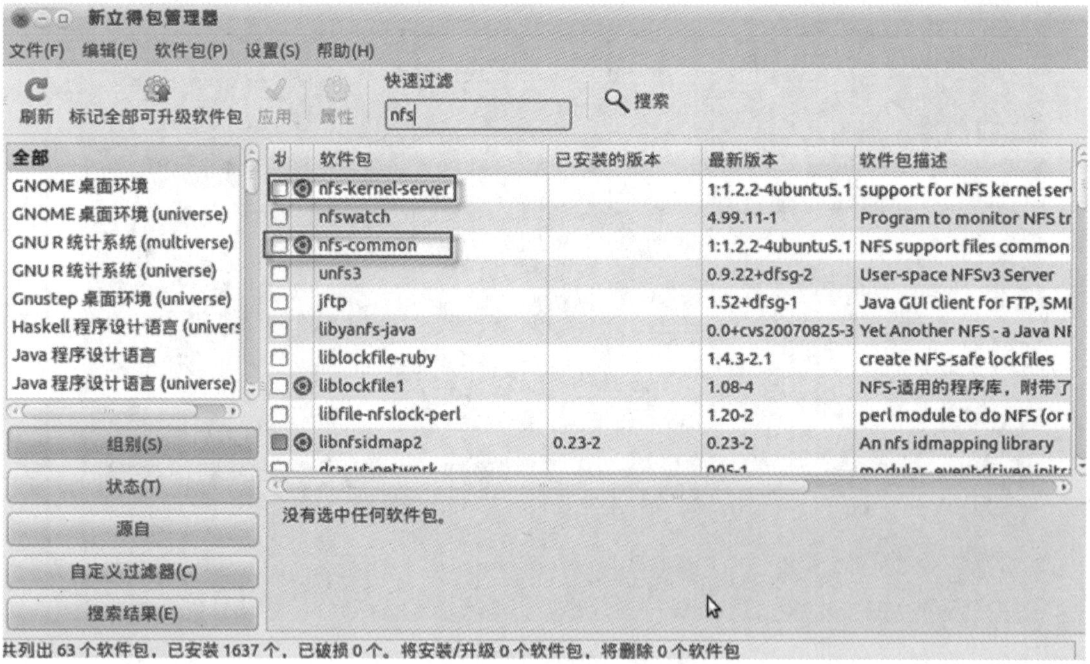

图 6-50 搜索 nfs 软件包并安装

6.5.3 nfs 配置

nfs 的配置过程相对简单，只需要在 /etc/exports 文件中对 nfs 允许挂载的目录及权限进行定义即可。nfs 安装完毕后，用 gedit 打开 /etc/exports 文件，其默认内容如图 6-51 所示。

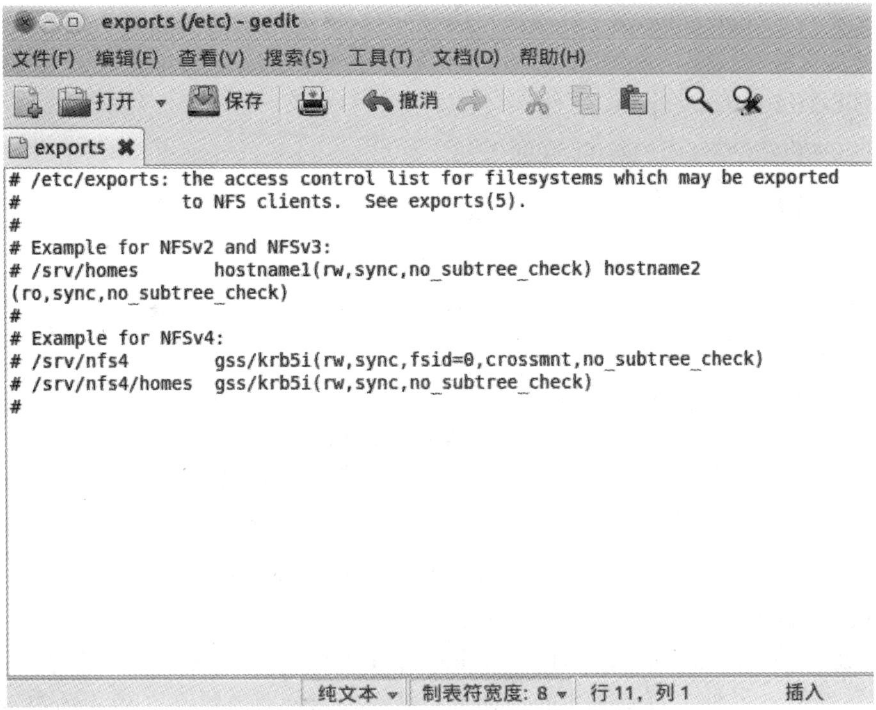

图 6-51　gedit 打开/etc/exports 文件

在“exports”文件中定义 nfs 配置参数的一般格式如下：

<共享的目录> <主机名或 IP([参数 1，参数 2，…])>

其中，

✧ 共享的目录，必须输入，是本机要共享输出的目录。

✧ 主机名或 IP，必须输入，是可以访问共享目录的机器或网络 IP，若是用“*”则表示所有的网络机器都可以访问共享的目录。

✧ 参数，是可选的，当不指定参数时，默认的选项是 sync、ro、root_squash、wdelay。

nfs 常用参数如表 6-5 所示。

表 6-5　nfs 常用参数

参　数	说　　明
ro	只读访问
rw	读写访问
sync	nfs 在写入数据前不响应请求
async	nfs 在写入数据前可以响应请求
wdelay	如果多个用户同时要写入 nfs 共享目录，则合并写入
no_wdelay	如果多个用户同时要写入 nfs 共享目录，则立即写入。当使用 async 时，无需此设置
root_squash	当登录用户是 root 用户时，所有请求映射成 anonymous 权限
no_root_squas	当登录用户是 root 用户时，具有根目录的完全管理访问权限
secure	nfs 通过 1024 以下的网络端口发送数据
insecure	nfs 通过 1024 以上的网络端口发送数据

例如，要共享 /home/dh/work 目录，且允许网络所有的机器可只读访问，要求当 root 用户登录时具有匿名权限，则需要在 /etc/exports 文件增加以下定义：

【示例 6-18】 /etc/exports 文件

```
/home/dh/work    *(ro,root_squash)
```

6.5.4 nfs 使用

nfs 安装完毕后，使用 nfs 网络文件系统的工作步骤如下：

(1) 在服务端上编辑 /etc/exports 文件，配置要共享的目录及访问权限。

(2) 重启 nfs 服务。

(3) 在客户端上用 mount 命令挂载服务端共享的目录。

(4) 使用完毕后使用 umount 命令卸载挂载的共享目录。

6.5.3 节已经介绍了 nfs 的配置，下面重点介绍上述步骤中的后三步操作。

1. 重启 nfs 服务

nfs 配置完毕后，需要重新启动，使用以下命令重启 nfs 服务：

```
sudo /etc/init.d/nfs-kernel-server restart
```

上述命令中使用管理员权限运行 /etc/init.d 目录下的“nfs-kernel-server”程序，并且传递“restart”参数。另外，若要关闭或启动 nfs 服务，则分别需要给“nfs-kernel-server”程序传递“stop”和“start”参数。

2. mount 挂载

mount 命令可用于挂载光盘、移动硬盘、U 盘和 NFS 共享文件系统等。在 Ubuntu 上挂载 NFS 共享文件系统的一般语法格式如下：

```
sudo mount <IP:dir1> <dir2>
```

其中，

- ✧ IP，是 NFS 服务器的 IP 地址；
- ✧ dir1，是 NFS 服务器上共享的目录，必须是 nfs 配置文件中设定的可共享目录；
- ✧ dir2，是要挂载到本机的目录。

例如，要将 IP 地址为 192.168.0.1 的 NFS 服务器上的 /home/dh/work 挂载到本机的/mnt 目录，则需要在终端中执行以下命令：

【示例 6-19】 mount 命令

```
$ sudo mount 192.168.0.1:/home/dh/work /mnt
```

3. umount 卸载

umount 命令用于卸载挂载的 NFS 文件系统，其语法格式如下：

```
sudo umount <dir>
```

其中，dir 是本机中挂载的目录。

例如卸载上例中挂载到/mnt 目录下的 NFS 文件系统，可以在终端中执行以下命令：

【示例 6-20】 umount 命令

```
$ sudo umount /mnt
```

下述内容用于实现任务描述 6.D.7，配置和使用 nfs，具体操作步骤如下：

(1) 创建要共享的目录。

创建要共享的目录 nfs_share，在目录中创建一个空文件 test.txt。在终端中执行以下命令：

【描述 6.D.7】 mkdir 和 touch 命令

```
$ cd ~
$ mkdir nfs_share
$ cd nfs_share
$ touch test.txt
```

命令执行结果如图 6-52 所示。

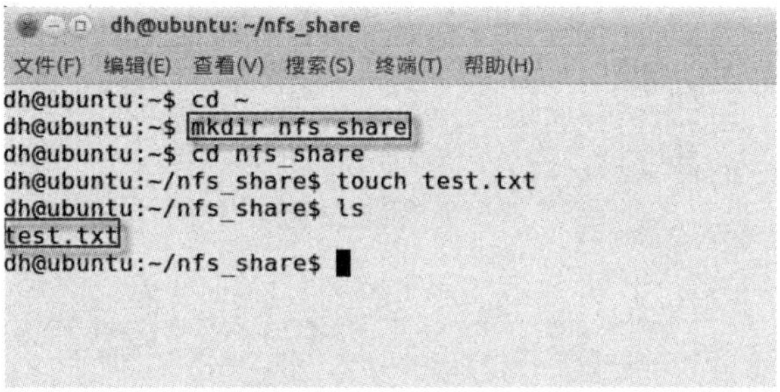

图 6-52 创建 nfs 共享目录

上述命令中，使用 touch 命令可以快速地创建一个空文件。

(2) 打开 /etc/exports 文件。

在终端中执行以下命令打开 /etc/exports 文件。

【描述 6.D.7】 打开 /etc/exports 文件命令：

```
$ cd ~
$ sudo gedit /etc/exports
```

命令执行结果如图 6-53 所示。

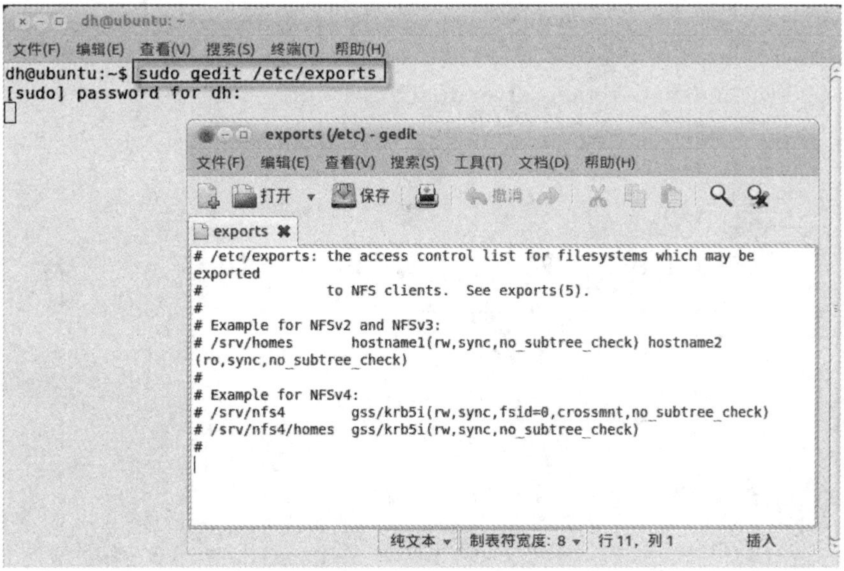

图 6-53 打开 nfs 配置文件

(3) 增加配置定义。

在 /etc/exports 文件的末尾增加以下定义，以输出 nfs_share 目录：

【描述 6.D.7】 /etc/exports 配置

/home/dh   *(ro,root_squash)

命令执行结果如图 6-54 所示。

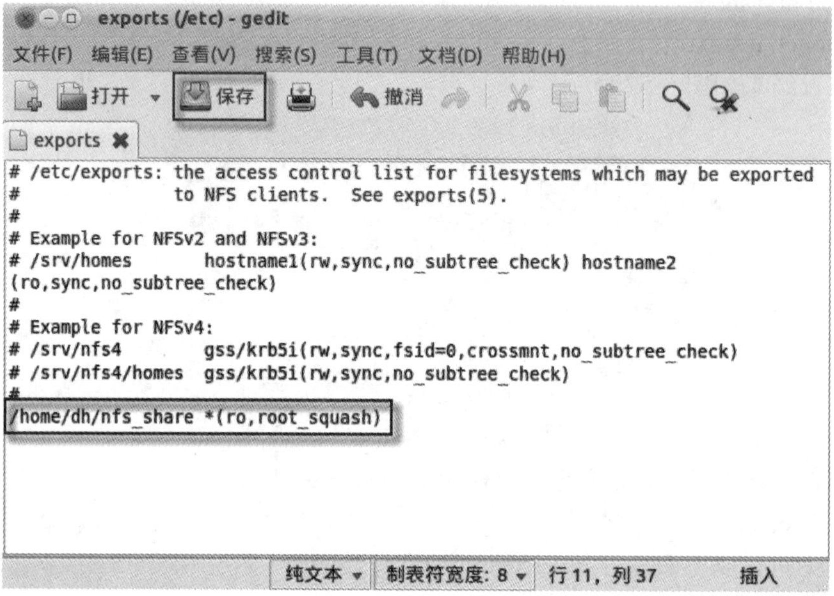

图 6-54　增加定义

然后点击 gedit 的“保存”按钮，并退出 gedit。

(4) 重启 nfs 服务。

在终端执行以下命令，以重启 nfs 服务：

【描述 6.D.7】 重启 nfs 服务命令

$ sudo /etc/init.d/nfs-kernel-server restart

命令执行结果如图 6-55 所示。

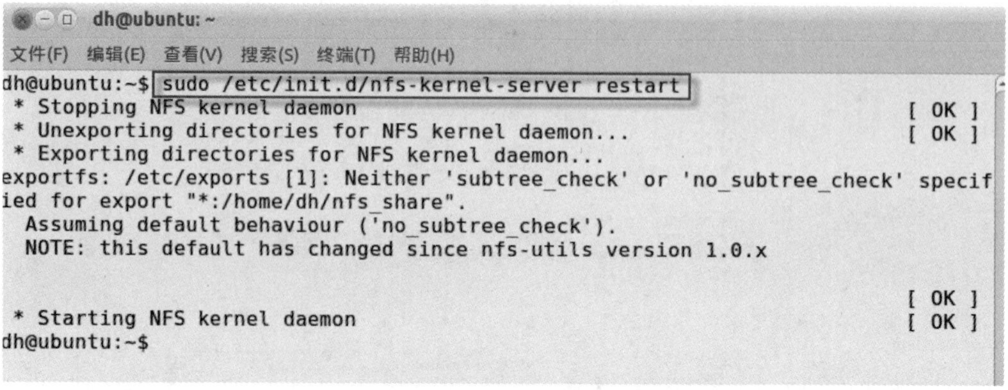

图 6-55　重启 nfs 服务

(5) 挂载 nfs 共享目录。

在终端执行以下命令，将 nfs_share 挂载到/mnt 目录：

【描述 6.D.7】　mount 命令

```
$ sudo mount 192.168.2.220:/home/dh/nfs_share /mnt
```

命令执行结果如图 6-56 所示。

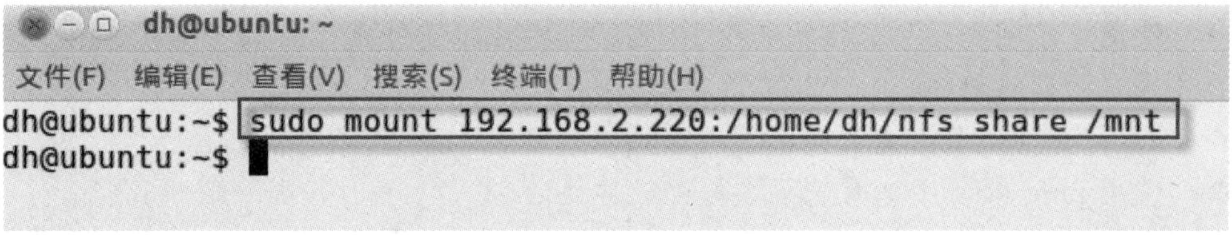
dh@ubuntu: ~
文件(F) 编辑(E) 查看(V) 搜索(S) 终端(T) 帮助(H)
dh@ubuntu:~$ sudo mount 192.168.2.220:/home/dh/nfs share /mnt
dh@ubuntu:~$

图 6-56　挂载 nfs 共享目录

然后访问 /mnt 目录，即可看到 nfs_share 目录下的文件，如图 6-57 所示。

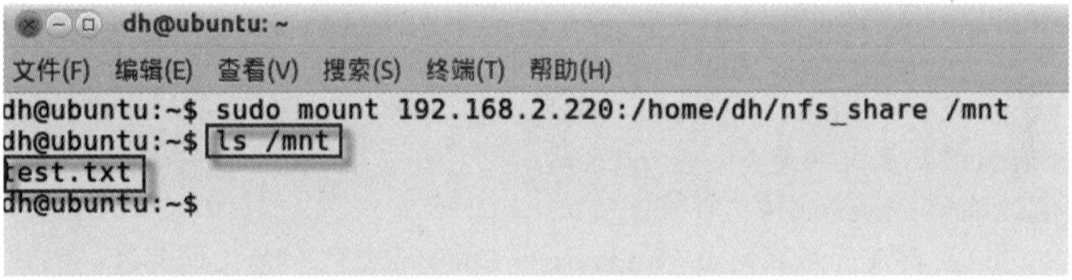
dh@ubuntu: ~
文件(F) 编辑(E) 查看(V) 搜索(S) 终端(T) 帮助(H)
dh@ubuntu:~$ sudo mount 192.168.2.220:/home/dh/nfs_share /mnt
dh@ubuntu:~$ ls /mnt
test.txt
dh@ubuntu:~$

图 6-57　访问 nfs 共享目录

(6) 卸载 nfs 共享目录。

执行以下命令，卸载已经挂载的 nfs 共享目录：

【描述 6.D.7】　umount 命令

```
$ sudo umount /mnt
```

命令执行结果如图 6-58 所示。

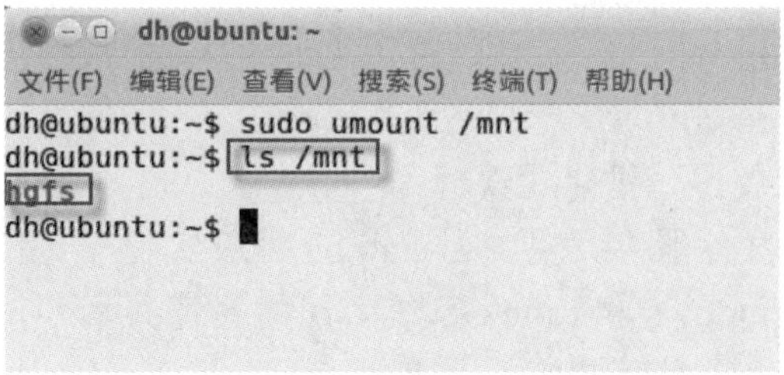
dh@ubuntu: ~
文件(F) 编辑(E) 查看(V) 搜索(S) 终端(T) 帮助(H)
dh@ubuntu:~$ sudo umount /mnt
dh@ubuntu:~$ ls /mnt
hgfs
dh@ubuntu:~$

图 6-58　卸载挂载的 nfs 共享目录

分析图 6-58，卸载后再次查看/mnt 目录，该目录下的内容已经恢复成原来的内容。

6.5.5　Samba、FTP、NFS 比较

Samba、FTP 和 NFS 的共同点是都可以在网络中共享文件信息。它们的区别如下：

- ✧　Samba 主要用于局域网中 Windows 和 Linux 系统之间的文件共享。
- ✧　FTP 主要用于 Internet 上文件的上传和下载。

✧ NFS 主要用于局域网中 Linux 系统之间的文件共享。

小 结

通过本章的学习，学生应该能够了解到：

◆ 在计算机网络中用于发送和接收信息的一套规则称为网络协议或通信协议。

◆ 使用“子网掩码”来指明一个 IP 地址哪些位标识的是“主机”所在子网，哪些位标识的是主机的网络掩码。

◆ ifconfig 命令用于查看和配置网络接口的地址和参数。

◆ 使用 ping 命令可以检查网络是否能够连通。

◆ 用户可以使用相关的 FTP 客户端命令进行远程文件操作，例如上传和下载文件。

◆ 在 Linux 上实现文件服务，一般是通过 Samba 程序实现的。

◆ Samba 是在 Linux 和 Unix 系统上实现 SMB 协议(实现文件共享)的一个免费软件，由服务器及客户端程序组成。

◆ 使用“system-config-samba”程序即可实现 Samba 的配置。

◆ vsftpd 是一款 Linux 中流行的 FTP 服务器程序，以安全性高而著称。

◆ vsftpd 的配置文件是 /etc/vsftpd.conf。

◆ 通过编辑 /etc/exports 文件可配置 nfs。

◆ Samba 主要用于局域网中 Windows 和 Linux 系统之间的文件共享；FTP 主要用于 Internet 上文件的上传和下载；NFS 主要用于局域网中 Linux 系统之间的文件共享。

练 习

1. 关闭网络设备“eth0”的命令是______。

A. sudo ifconfig eth0 up

B. sudo ifconfig eth0 down

C. ifconfig eth0 up

D. ifconfig eth0 down

2. 下列关于 Samba 叙述，描述错误的是______。

A. 在 Linux 上实现文件服务，可通过 Samba 程序实现

B. Samba 可实现 Windows 和 Linux 系统之间的文件共享

C. Samba 共享的目录不能实现权限设置

D. Samba 程序由服务器及客户端程序组成

3. 下列关于 vsftpd 配置，描述错误的是______。

A. vsftpd 可通过文件 /etc/vsftpd.conf 实现配置

B. 要启用匿名支持，需要将 anonymous_enable 设置为“YES”

C. vsftpd 可通过“根目录用户列表文件”控制哪些用户可以登录到 FTP 服务器

D. 配置参数“local_umask”使用八进制数值通过权限掩码来控制用户上传文件所具有的权限

4. 下列关于 nfs 程序，描述正确的有______。

A. nfs 程序主要用于局域网中 Windows 和 Linux 系统之间的文件共享

B. no_root_squas 参数的意思是，当登录用户是 root 用户时，具有根目录的完全管理访问权限

C. 在客户端使用 nfs 时，需要通过 mount 命令挂载服务端共享的目录

D. 需要增加 nfs 共享目录时，在 /etc/exports 文件增加一行正确定义即可

5. 使用 vsftpd.conf 文件对 vsftpd 进行配置，要求实现以下功能:

(1) 不支持匿名登录;

(2) 支持系统用户“ftpuser”登录，其他系统用户不可登录;

(3) 用户“ftpuser”登录后，直接进入的是用户主目录下的 ftpuser 目录;

(4) 限制用户“ftpuser”访问服务器上的其他目录。

第 7 章　编 程 工 具

本章目标

- 了解几种流行的 Linux 程序编程语言。
- 掌握使用 gcc 编译链接程序的方法。
- 熟悉 gdb 调试程序的方法。
- 了解 Makefile 的编写。
- 熟悉 gprof 工具的使用。
- 熟悉 time 工具的使用。

学习导航

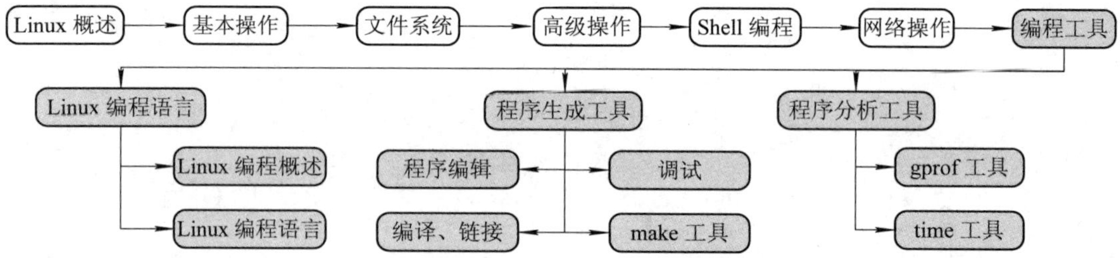

任务描述

➢【描述 7.D.1】

使用 gcc 编译 C 程序。

➢【描述 7.D.2】

使用 gdb 调试程序。

➢【描述 7.D.3】

使用 Makefile 文件自动编译链接程序。

➢【描述 7.D.4】

使用 gprof 工具对程序进行静态分析。

7.1 Linux 编程语言

Linux 操作系统可以编译各种程序语言，常用的 Linux 编程语言包括 C、C++、Java、Tcl/Tk 等。这些语言可以在 Linux 系统上进行自由编程，以实现用户所需的各种功能。

7.1.1 Linux 编程概述

Linux 是开源的，在诞生之初就鼓励使用者自己修改系统、定制系统，而且 Linux 系统上的大部分程序也是开源的。事实上，使用 Linux 系统的不少人都是计算机编程爱好者，因此在 Linux 系统上进行编程是一件非常“流行”的事情。

为支持在 Linux 系统上进行自由编程，许多机构或个人为 Linux 提供了一系列经典的开源编程工具，这中间包括语言编译器、程序编辑器、程序调试工具，以及版本控制工具等。

在 Linux 上编程既可以使用集成化开发工具，如 KDevelop、Eclipse 和 Code Crusader 等，也可以使用各类专有编程工具，如 vim(编辑)、gcc(编译)、gdb(调试)等。

虽然 Linux 本身主要是用 C 语言写成的，但 C 语言并不是 Linux 程序员的唯一选择。如果用户愿意，可以在 Linux 上选择几乎所有流行的语言进行编程工作。

7.1.2 Linux 编程语言

对于 Linux 系统，有各种各样的编程语言可供选用，除了本书前面章节介绍的 Shell 脚本编程语言外，还有以下其他常用的语言。

1. C 语言

C 语言是一种面向过程的计算机程序设计语言，最初为 Unix 而生。Linux 操作系统本身主要是用 C 语言写成的，因此 C 语言目前是 Linux 操作系统上的主流编程语言。

C 语言既有高级语言的特点，又有汇编语言的特点。它可以作为系统设计语言编写工作系统应用程序，也可以作为应用程序设计语言编写不依赖计算机硬件的应用程序。C 语言的突出特点如下：

✧ C 语言把高级语言的基本结构和语句与低级语言的实用性结合起来，所以 C 语言可以像汇编语言一样对位、字节和地址进行操作，而这三者是计算机最基本的工作单元。

✧ C 语言是结构式语言，而结构式语言的显著特点是代码及数据的分隔化，即程序的各个部分除了必要的信息交流外彼此独立。这种结构化方式可使程序层次清晰，便于使用、维护以及调试。

✧ C 语言功能齐全，它具有各种各样的数据类型，并引入了指针概念，可使程序的执行效率更高。

✧ C 语言适用范围广，可用于编写系统程序、嵌入式程序以及大型复杂的服务器程序、游戏程序、各种办公程序等。

2. C++

C++ 由 C 语言演变而来，是 20 世纪 80 年代初由贝尔实验室的 Bjarne Stroustrup 博士开发的。一开始 C++ 是作为 C 语言的增强版出现的，从给 C 语言增加类开始，不断地增加新特性：虚函数、运算符重载、多重继承、模板、异常、RTTI、命名空间等。因此，C++ 的许多特性是从 C 语言中派生出来的，是 C 语言的扩展，但更重要的是它提供了面向对象编程的功能。C++ 语言具有如下特性：

✧ 高效，C++ 是与 C 语言同样高效且具有可移植性的多用途程序设计语言，为保证语言的简洁和运行的高效，很多特性都以库(如 STL)的形式提供。

✧ 兼容性，与 C 语言尽可能兼容，借此提供一个从 C 到 C++ 的平滑过渡。

✧ 广泛性，支持多种程序设计方法，如结构化程序设计、面向对象程序设计、泛型程序设计等。

✧ 跨平台，避免平台限定，即 C++ 中没有用于特定平台的限定。

3. Java

Java 是一种可以编写跨平台应用软件的面向对象的程序设计语言。Java 技术具有卓越的通用性、高效性、平台移植性和安全性，广泛应用于 PC、数据中心、游戏控制台、科学超级计算机、移动电话和互联网，同时拥有全球最大的开发者专业社群。

Java 语言的特点如下：

✧ 简单性：Java 语言语法简单明了，与 C 或 C++ 类似。Java 语言一方面提供了丰富的类库，另一方面又摒弃了 C++ 中容易引发程序错误的地方，如指针和内存管理。

✧ 面向对象性：面向对象可以说是 Java 最重要的特性。Java 语言的设计完全是面向对象的，它不支持类似 C 语言那样的面向过程的程序设计技术。Java 支持静态和动态风格的代码继承及重用。

✧ 分布式：Java 语言支持 Internet 应用的开发，在基本的 Java API 中有一个网络应用编程接口(java.net)，它提供了用于网络应用编程的类库。Java 的 RMI 机制也是开发分布式应用的重要手段。

✧ 健壮性：强类型机制、异常处理、垃圾的自动回收等是 Java 程序健壮性的重要保证。此外，Java 弃用了 C 或 C++ 中的指针，而且其安全检查机制使得它更具健壮性。

✧ 跨平台性：这种可移植性来源于体系结构的中立性，另外，Java 还严格规定了各个基本数据类型的长度。Java 系统本身也具有很强的可移植性，Java 编译器是用 Java 实现的，Java 的运行环境是用 ANSIC 实现的。

✧ 高性能：与那些解释型的高级脚本语言相比，Java 具有高性能。事实上，Java 的运行速度随着 JIT(Just-In-Time)编译器技术的发展越来越接近于 C++。

✧ 多线程：Java 支持在一个进程中开辟多个线程以同时处理多项任务。Java 提供了用于同步多个线程的主要解决方案，这种对线程的内置支持使交互式应用程序能在 Internet 上顺利运行。

✧ 动态性：Java 语言的设计目标之一是适应动态变化的环境。Java 程序需要类能够动态地被载入到运行环境，也可以通过网络来载入所需要的类，这有利于软件的升级。另外，Java 中的类有一个运行时刻的表示，能进行运行时刻的类型检查。

4. Tcl/Tk

Tcl/Tk 是一种简明、高效、可移植性好的编程语言，在信息产业领域具有广泛的应用。Tcl 是工具控制语言(Tool Control Language)的缩写；Tk 是 Tcl“图形工具箱”的扩展，它提供各种标准的 GUI 接口，以利于迅速进行高级应用程序开发。Tcl 的主要特点如下：

✧ 可移植性：Tcl 是一种高级程序设计语言，它将程序设计概念高度抽象，真正地把程序设计与操作系统的底层结构隔开，不依赖于任何平台，具有良好的可移植性。

✧ 较高的执行效率：Tcl 常用的功能模块被编译成 C 语言的库文件。Tcl 是按解释方式执行的，多数执行代码调用的是编译成机器语言的 C 语言库文件，因此其执行效率很高。

✧ 简单易学：Tcl 与 C 语言的风格有相似的流程控制语句，支持过程化结构。它也有其本身的特点，如隐含了数据类型，没有了字符、整数、浮点、数组等的差别，全是统一变量。

7.2 程序生成工具

程序的生成包括程序的编辑、编译、链接和调试等工作，在 Windows 上经常使用集成化开发环境来完成这些工作。不同于 Windows 环境下的编程，在 Linux 上编写程序时，使用集成化开发环境的场合不多，程序的编辑、编译和调试分别使用不同的工具。

本节主要介绍生成 C 语言程序所用到的 Linux 工具。在 Ubuntu Linux 上生成一个 C 语言程序一般需经过以下步骤：

(1) C 语言程序源码编辑，一般使用 vim 或 gedit；

(2) 程序编译、链接，一般使用 gcc 完成；

(3) 程序调试，一般使用 gdb 完成。

7.2.1 程序编辑

在 Linux 上，使用任何文本编辑器都可以编辑 C 语言代码，例如 vim、gedit 等，它们的使用方法详见第 2 章。

7.2.2 编译、链接

编译用来把高级语言变成计算机可以识别的二进制语言(机器码)。按照 C 语言的编译规则，每个源文件(.c 文件)都要单独编译成目标文件。程序编译完成后，还需要通过链接器将目标文件以及用到的库文件链接成可执行程序。

在 Linux 中，C 程序的编译用 gcc 程序，链接用 ld 程序，gcc 编译完后可自动调用 ld 程序完成链接过程。因此这里重点介绍 gcc 程序。

调用 gcc 编译程序的语法格式如下：

    gcc [选项] <文件名>

其中：

✧ 选项是命令执行时可使用的参数，常用的选项有：

● -c，只编译，不链接成为可执行文件，编译器只是将输入的.c 等源代码文件生成以 .o 为后缀的目标文件，通常用于编译不包含主程序的子程序文件。

● -o output_filename，确定输出文件的名称为 output_filename，此名称不能和源文件同名。如果不给出这个选项，gcc 就给出预设的可执行文件 a.out。

● -g，产生符号调试工具(GNU 的 gdb)所必要的符号信息，要想对源代码进行调试，就必须加入这个选项。

● -l 库文件，链接需要的库文件。

● -I 目录，搜索指定目录内的头文件。

● -O 级别，根据指定的级别(0～3)进行优化，一般来说数字越大优化程度越高，如果指定级别为 0(默认)，编译器将不作任何优化。

● -pg，产生代码剖析工具 gprof 使用的信息。

● -v，产生尽可能多的输出信息。

● -w，忽略警告信息。

✧ 文件名是需要编译程序的文件名。

gcc 可以带多个选项，也可以不带选项。gcc 最常用的选项之一是 -o 选项，用于指定 gcc 编译后的可执行程序文件，而不是默认的 a.out。

下述内容用于实现任务描述 7.D.1，使用 gcc 编译 C 程序，具体操作步骤如下：

(1) 创建目录。

在当前用户主目录下创建 ctest 目录并用 cd 命令进入该目录，在终端中执行以下命令：

【描述 7.D.1】 mkdir 命令

```
$ mkdir ctest
$ cd ctest
```

命令执行结果如图 7-1 所示。

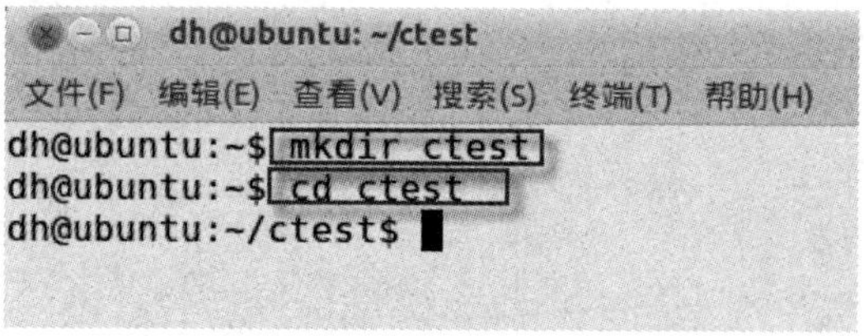

图 7-1 创建 ctest 目录

(2) 输入程序代码。

用 gedit 创建 hello.c 文件，并输入程序代码如下：

【描述 7.D.1】 hello.c 文件

```
#include <stdio.h>
int main()
{
    printf("hello gcc\n");
    return 0;
}
```

程序执行结果如图 7-2 所示，然后保存退出 gedit。

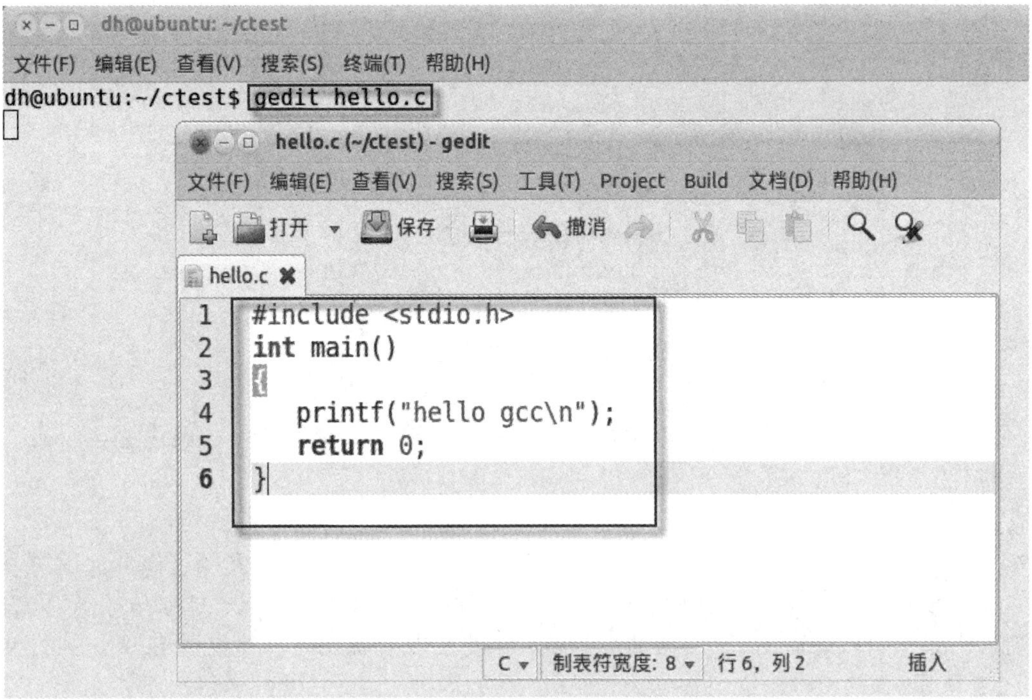

图 7-2　用 gedit 创建 hello.c 文件

(3) 编译程序。

在终端中运行 gcc 编译 hello.c，不使用 -o 选项。

【描述 7.D.1】　gcc 命令

```
$ gcc hello.c
```

命令执行结果如图 7-3 所示。

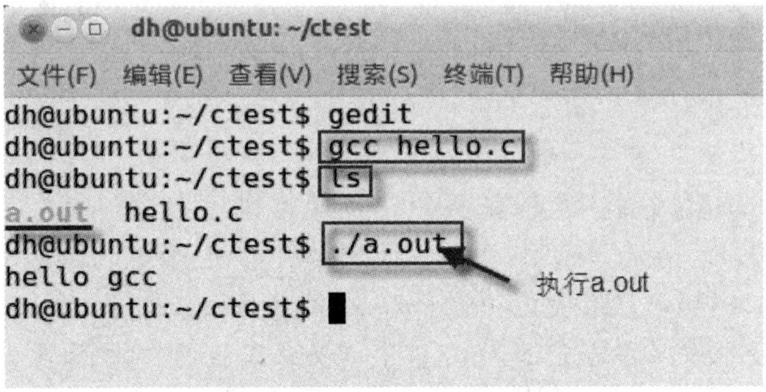

图 7-3　gcc 编译链接输出 a.out

分析上述命令，gcc 编译 hello.c 时因为没有使用 -o 选项，所以编译、链接后输出的可执行文件是 a.out。其中执行 a.out 用的是命令 ./a.out，a.out 前面的“./”是必需的，表示运行的是当前目录下的程序。

(4) 编译时指定输出文件。

在终端中运行 gcc 编译 hello.c，使用-o 选项指定输出的文件名。

【描述 7.D.1】　gcc 命令

$ gcc　-o hello.out hello.c

命令执行结果如图 7-4 所示。

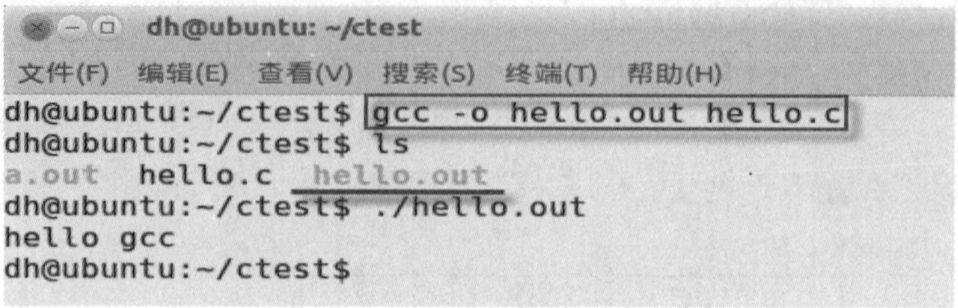

图 7-4　gcc 编译输出 hello.out

(5) 分步编译、链接程序。

使用 gcc 编译 hello.c 产生目标文件，然后用 gcc 将目标文件链接成可执行文件。

【描述 7.D.1】　gcc 命令

$ gcc　-c hello.c

$ gcc　-o hello hello.o

上述命令中，第一条命令使用 gcc 的 -c 选项编译 hello.c 文件，但不链接成可执行文件，默认输出目标文件 hello.o；第二条命令，gcc 链接 hello.o 输出可执行文件 hello，执行结果如图 7-5 所示。

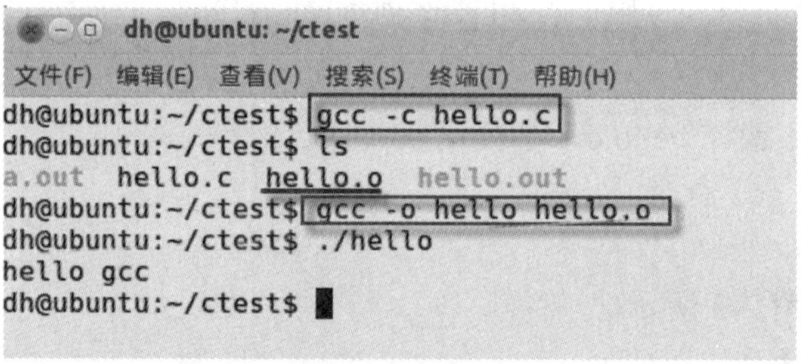

图 7-5　编译、链接分开执行

7.2.3　调试

软件的调试是一项耗时而困难的任务，它包括监视代码的内部运行状况，检查程序中的变量和函数返回值，以及查看使用不同参数调用函数时函数的表现等，目的是发现和减少程序中的错误。在 Linux 上调试 C 语言程序，可使用 gdb 程序。

使用 gdb 调试程序前，需要先使用 gcc 的 -g 选项编译程序，而后通过 gdb 命令加载编译好的程序，gdb 会不断地从键盘接收用户命令并完成相应的任务，直到输入 q 命令(quit 的简写)让它退出为止。

1. gdb 加载程序

gdb 加载程序的语法格式如下：

<gdb> <可执行程序>

例如，要调试上例中的 hello.c 程序，在终端中运行的命令如下所示。

【示例 7-1】　编译和调试程序命令

$ gcc -g -o hello.out hello.c

$ gdb hello.out

上述命令中，先使用 gcc 的 -g 选项编译程序，而后通过 gdb 加载 gcc 输出的 hello.out 可执行程序，执行结果如图 7-6 所示。

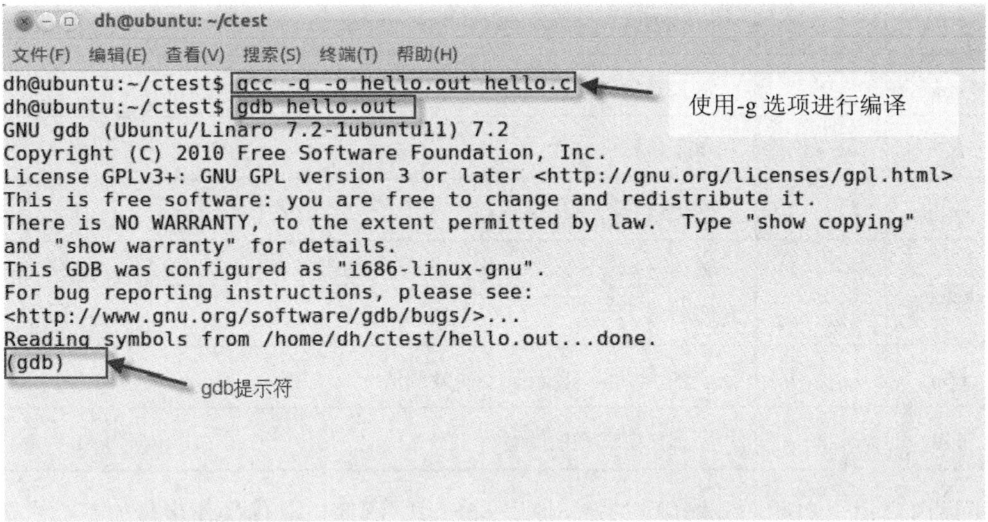

图 7-6　gdb 加载程序

2. gdb 调试命令

进入 gdb 环境后可以使用许多命令监视要调试程序的运行，可以使用 help 命令得到关于 gdb 调试命令的信息，如图 7-7 所示。

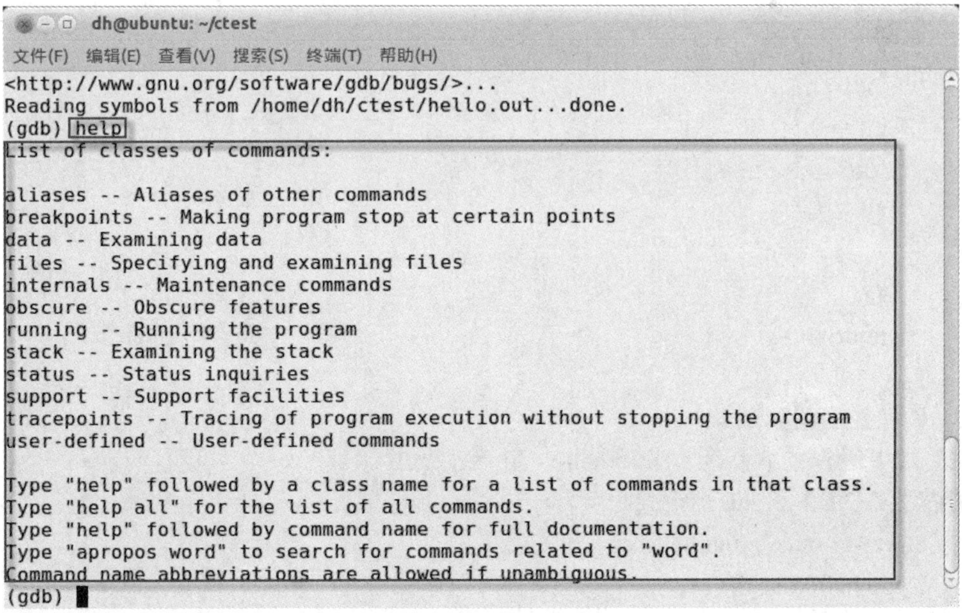

图 7-7　gdb 的 help 命令

表 7-1 所示是部分常用的 gdb 调试命令。

表 7-1 常用的 gdb 调试命令

命　令	命令简写	说　　明
list	l	列出程序的源代码
break	b	b <代码行号>，在某代码行设置断点
run	r	从头开始，全速运行程序至断点处
step	s	单步执行
continue	c	继续运行到下一个断点
delete	d	直接运行 d 命令，表示要删除所有断点；d <代码行号>，表示删除指定的断点
print	p	p <变量名>，显示某个变量的值
kill	k	停止被调试程序的运行

下述内容用于实现任务描述 7.D.2，使用 gdb 调试程序，具体操作步骤如下：

(1) 修改程序代码。

修改上例中的 hello.c 程序，代码如下所示。

【描述 7.D.2】 hello.c 文件

```
#include  <stdio.h>
int main()
{
    int i=0;
    int s=0;
    for(i=0;i<5;i++)
    {
        s = s+i;
    }
    return 0;
}
```

(2) 编译并启动调试。

在终端中运行以下命令，编译 hello.c 并启动 gdb 调试。

【描述 7.D.2】 gdb 命令

```
$ gcc -g -o hello.out hello.c
$ gdb hello.out
```

命令执行结果如图 7-8 所示。

```
dh@ubuntu: ~/ctest
文件(F) 编辑(E) 查看(V) 搜索(S) 终端(T) 帮助(H)
dh@ubuntu:~/ctest$ gcc -g -o hello.out hello.c
dh@ubuntu:~/ctest$ gdb hello.out
GNU gdb (Ubuntu/Linaro 7.2-1ubuntu11) 7.2
Copyright (C) 2010 Free Software Foundation, Inc.
License GPLv3+: GNU GPL version 3 or later <http://gnu.org/licenses/gpl.html>
This is free software: you are free to change and redistribute it.
There is NO WARRANTY, to the extent permitted by law.  Type "show copying"
and "show warranty" for details.
This GDB was configured as "i686-linux-gnu".
For bug reporting instructions, please see:
<http://www.gnu.org/software/gdb/bugs/>...
Reading symbols from /home/dh/ctest/hello.out...done.
(gdb)
```

图 7-8　编译并启动 gdb 调试

(3) 在 gdb 环境下查看源代码。

输入“l”命令，如图 7-9 所示。

```
dh@ubuntu: ~/ctest
文件(F) 编辑(E) 查看(V) 搜索(S) 终端(T) 帮助(H)
dh@ubuntu:~/ctest$ gcc -g -o hello.out hello.c
dh@ubuntu:~/ctest$ gdb hello.out
GNU gdb (Ubuntu/Linaro 7.2-1ubuntu11) 7.2
Copyright (C) 2010 Free Software Foundation, Inc.
License GPLv3+: GNU GPL version 3 or later <http://gnu.org/licenses/gpl.html>
This is free software: you are free to change and redistribute it.
There is NO WARRANTY, to the extent permitted by law.  Type "show copying"
and "show warranty" for details.
This GDB was configured as "i686-linux-gnu".
For bug reporting instructions, please see:
<http://www.gnu.org/software/gdb/bugs/>...
Reading symbols from /home/dh/ctest/hello.out...done.
(gdb) l
1       #include <stdio.h>
2       int main()
3       {
4          int i=0;
5          int s=0;
6          for(i=0;i<5;i++)
7          {
8              s = s+i;
9          }
10         return s;
(gdb)
```

图 7-9　查看源代码

分析上述执行结果，可以看出“l”命令列举出的源代码带有行号显示，这些行号在设置断点时可以用到。

(4) 设置断点。

输入命令“b 8”，在源代码中的第 8 行设置断点，如图 7-10 所示。

```
(gdb) l
1       #include <stdio.h>
2       int main()
3       {
4          int i=0;
5          int s=0;
6          for(i=0;i<5;i++)
7          {
8              s = s+i;
9          }
10         return s;
(gdb) b 8
Breakpoint 1 at 0x80483b1: file hello.c, line 8.
(gdb)
```

图 7-10　设置断点

(5) 全速运行至断点处。

输入命令“r”，如图 7-11 所示。

```
(gdb) l
1       #include <stdio.h>
2       int main()
3       {
4          int i=0;
5          int s=0;
6          for(i=0;i<5;i++)
7          {
8              s = s+i;
9          }
10         return s;
(gdb) b 8
Breakpoint 1 at 0x80483b1: file hello.c, line 8.
(gdb) r
Starting program: /home/dh/ctest/hello.out

Breakpoint 1, main () at hello.c:8
8              s = s+i;
(gdb)
```

图 7-11　全速运行至断点处

(6) 查看变量的值。

输入命令“p i”，查看变量“i”的值，如图 7-12 所示。

```
(gdb) b 8
Breakpoint 1 at 0x80483b1: file hello.c, line 8.
(gdb) r
Starting program: /home/dh/ctest/hello.out

Breakpoint 1, main () at hello.c:8
8              s = s+i;
(gdb) p i
$1 = 0
(gdb)
```

图 7-12　查看变量的值

(7) 结束被调试程序的执行。

输入命令“kill”，然后输入“y”结束程序的执行，执行结果如图 7-13 所示。

```
(gdb) b 8
Breakpoint 1 at 0x80483b1: file hello.c, line 8.
(gdb) r
Starting program: /home/dh/ctest/hello.out

Breakpoint 1, main () at hello.c:8
8              s = s+i;
(gdb) p i
$1 = 0
(gdb) kill
Kill the program being debugged? (y or n) y
(gdb)
```

图 7-13　结束被调试程序的执行

(8) 退出 gdb。

输入命令“q”退出 gdb，如图 7-14 所示。

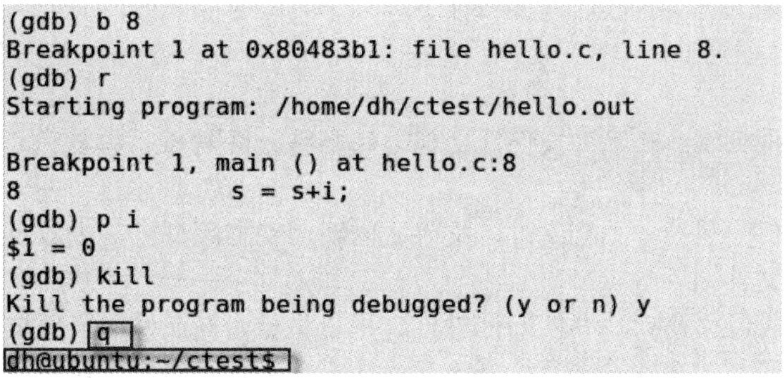

```
(gdb) b 8
Breakpoint 1 at 0x80483b1: file hello.c, line 8.
(gdb) r
Starting program: /home/dh/ctest/hello.out

Breakpoint 1, main () at hello.c:8
8               s = s+i;
(gdb) p i
$1 = 0
(gdb) kill
Kill the program being debugged? (y or n) y
(gdb) q
dh@ubuntu:~/ctest$
```

图 7-14　退出 gdb

7.2.4　make 工具

make 工程管理器简称 make 工具，可以同时管理一个项目中多个文件的编译、链接和生成。

make 工具其实是个“自动编译管理器”，“自动”是指它能够根据文件时间去自动发现更新过的文件而减少编译的工作量。make 工具通过 Makefile 文件的内容自动执行大量的编译工作，而用户只需要编写一些简单的编辑语句，这极大地提高了实际项目的工作效率，几乎所有 Linux 下的项目均会使用它。

make 工程管理器通过 Makefile 文件来描述源程序之间的相互关系并自动维护编译工作。Makefile 文件需要按照某种语法进行编写，文件中需要说明如何编译各个源文件并链接生成可执行文件，并要求定义源文件之间的依赖关系。

另外，当项目中的源文件达到一定规模时，编写 Makefile 是一件比较吃力的事情，所以在实际工程项目中，常使用 autotools 系列工具自动生成 Makefile 文件。由于掌握 Makefile 文件的编写规则是管理项目的基础工作，因此本书重点介绍 make 工具的使用以及 Makefile 文件的创建，关于 autotools 工具的使用请参考相关资料。

1. make 工具

使用 make 工具时的语法格式如下：

make [选项] [目标]

其中，如果省略选项和目标，则 make 工具会寻找当前目录下的 Makefile 文件，解释执行其中的规则。

✧　常用的选项如下：
- -f 文件，告诉 make 工具使用指定的文件作为 Makefile 文件；
- -d，显示调试信息；
- -n，测试模式，并不真正执行任何命令；
- -s，安静模式，不输出任何信息；

✧　目标：Makefile 中的指定目标。

2. Makefile

Makefile 文件由注释和一系列的“make 规则”组成。“make 规则”的格式如下：

<目标文件列表>:[依赖文件列表]

[<Tab>命令列表]

其中：

✧ 目标文件列表：一系列文件，文件之间要用空格隔开，是 make 最终需要创建的文件。

✧ 依赖文件列表：一系列文件，文件之间要用空格隔开，是生成目标文件所依赖的一个或多个其他文件。

✧ 命令列表：必须有个前导 Tab 键操作，用以生成目标文件所需要执行的 Shell 命令。一个 make 规则可以有多个命令行，每一条命令占一行，且每一个命令的第一个字符必须是制表符(Tab)。

例如，对于上例中的 hello.c 程序，可以在 hello.c 所在的目录编写如下 Makefile：

【示例 7-2】 Makefile

```
hello.exe:hello.c
 gcc -o hello.exe hello.c
```

上述文件中，hello.exe 是目标文件，hello.c 是其依赖的文件列表，“gcc -o hello.exe hello.c”是生成目标文件 hello.exe 所要执行的命令。

按照 Makefile 的规则，还可以如下方式编写 Makefile：

【示例 7-3】 Makefile

```
hello.exe:hello.o
 gcc -o hello.exe hello.o
hello.o:hello.c
 gcc -o hello.o hello.c
```

上述文件中，编写了两条规则：

✧ 第一条规则：hello.exe 是目标文件，hello.o 是其依赖的文件列表，“gcc -o hello.exe hello.o”是生成目标文件 hello.exe 所要执行的命令；

✧ 第二条规则：hello.o 是目标文件，hello.c 是其依赖的文件列表，“gcc -o hello.o hello.c”是生成目标文件 hello.o 所要执行的命令。

当使用 make 工具执行上述 Makefile 遇到第一条规则时，由于目标 hello.exe 所依赖的 hello.o 不存在，make 将寻找可以生成目标 hello.o 的规则，因此继续往下解释执行后面的规则，由于第二条规则中的依赖文件 hello.c 存在，因此 make 工具解释执行此规则，而后 make 工具会再次回来解释执行第一条规则，最终生成目标 hello.exe。

无论上述哪个 Makefile 文件(本例假设使用上述第一个 Makefile 文件)都可以直接执行 make 命令，make 工具自动寻找当前目录下的 Makefile，并解释执行其中的规则。

【示例 7-4】 make 命令

```
$ make
```

命令执行结果如图 7-15 所示。

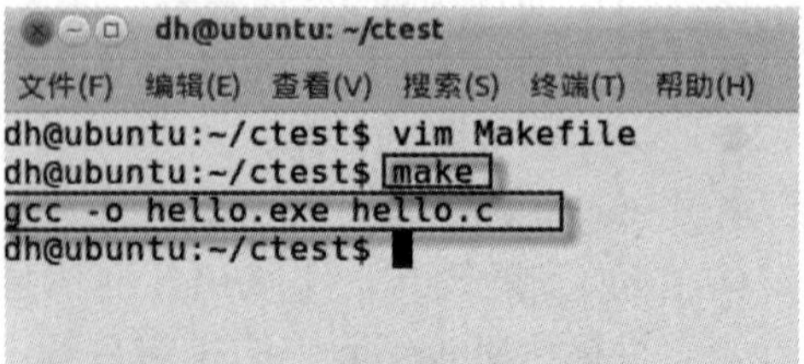

图 7-15 运行 make 工具

下述内容用于实现任务描述 7.D.3，使用 Makefile 文件自动编译链接程序。本例编写一个简单的 calc 程序，实现加法计算。为了演示 make 工具的使用，程序编写成三个简单的程序文件，具体步骤如下：

(1) 建立程序目录。

为了便于管理程序，在用户主目录下建立一个子目录 ch07，并进入该目录。

【描述 7.D.3】 建立并进入目录命令

```
$ mkdir ch07
$ cd ch07
```

(2) 用 gedit 编辑 calc 程序文件。

【描述 7.D.3】 add.c 文件

```
#include "add.h"
int add(int a,int b,int c)
{
    return a+b+c;
}
```

【描述 7.D.3】 add.h 文件

```
int add(int a,int b,int c);
```

【描述 7.D.3】 main.c 文件

```
#include <stdio.h>
#include "add.h"
int main()
{
   int a = 1;
   int b = 2;
   int c = 3;
   int x=0;
   x = add(a,b,c);
   printf("a+b+c=%d\n",x);
   return 0;
}
```

(3) 用 gedit 编辑 Makefile 文件。

针对 calc 程序的三个源文件，结合 gcc 编译 C 程序的规则，分析如下：

✧ calc 程序的生成，需要分别编译 main.c 和 add.c 以生成 main.o 和 add.o，然后将两个目标文件链接成 calc 程序(.h 文件通过被包含在源文件中而被编译，但不单独形成目标文件)。

✧ 分析上述文件的包含关系：main.c 包含 add.h 文件，add.c 包含 add.h 文件，因此生成目标 main.o 时需要依赖 main.c 和 add.h 文件，生成目标 add.o 时需要依赖 add.c 和 add.h 文件。

✧ 根据 Makefile 规则，calc 程序是最终目标，它依赖于两个分目标：main.o 和 add.o。

因此，编写如下 Makefile 文件：

【描述 7.D.3】 Makefile 文件

```
calc:add.o main.o
	gcc -o calc add.o main.o
add.o:add.c
	gcc -c add.c
main.o:main.c
	gcc -c main.c
```

(4) 执行 make 命令，并测试程序。

gedit 保存退出后，在当前目录执行以下命令：

```
$ make
$ ./calc
```

命令执行结果如图 7-16 所示。

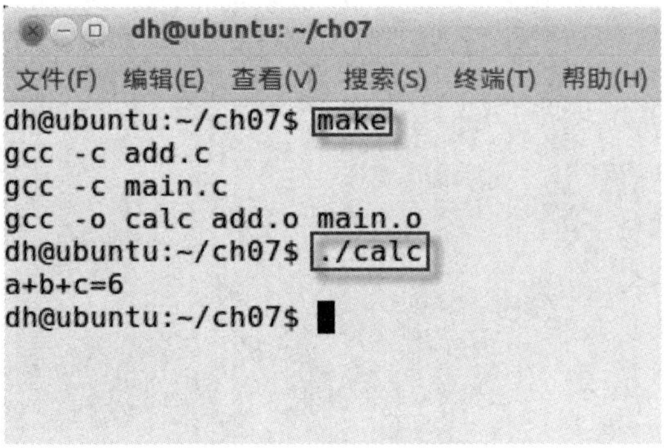
dh@ubuntu: ~/ch07
文件(F) 编辑(E) 查看(V) 搜索(S) 终端(T) 帮助(H)
dh@ubuntu:~/ch07$ make
gcc -c add.c
gcc -c main.c
gcc -o calc add.o main.o
dh@ubuntu:~/ch07$ ./calc
a+b+c=6
dh@ubuntu:~/ch07$

图 7-16 执行结果

7.3 程序分析工具

程序分析工具不同于程序调试，它只产生程序运行时某些函数的调用次数、执行时间等宏观信息，而不是每条语句执行时的详细信息。程序分析工具包括静态分析工具和动态分析工具。静态分析指的是在非执行状态下分析它的结构和属性，动态分析指的是在程序运行时做出的分析。在 Linux 上静态分析工具可以使用 gprof 程序，动态分析可以使用 time 程序。

7.3.1 gprof 工具

gprof 是静态分析工具，能够以“日志”的形式记录程序运行时的统计信息，包括程序运行中各个函数消耗的时间和函数调用关系，以及每个函数被调用的次数等，从而可以帮助开发人员找出众多函数中耗时最多的函数，也可以帮助开发人员分析程序的运行流程。

要使用 gprof 工具，首先必须以一种特殊的格式编译程序，使之运行时可以产生运行日志，记录每个函数运行的时间和次数。具体做法是使用 gcc 的 -p 或 -pg 选项，使用该选项编译的程序在运行时将产生名为 gmon.out 的运行日志文件，而后 gprof 可以使用该文件对程序进行静态分析。

gprof 常用语法格式如下：

gprof [选项] [可执行程序] [数据文件]

其中：

✧　选项是命令执行时可使用的参数，常用选项有：

- -b：不再输出统计图表中每个字段的详细描述；
- -p：输出函数的调用图；
- -q：输出函数时间消耗列表；
- -z：显示从未使用过的函数。

✧　可执行程序，指 gcc 用 -pg 选项编译的程序，可以省略，默认是是当前目录下的 a.out 文件。

✧　目标文件，可以省略，默认是当前目录下的 gmon.out 文件。

下述内容用于实现任务描述 7.D.4，使用 gprof 工具对程序进行静态分析。具体操作步骤如下：

(1) 使用 gcc 的 -pg 选项编译程序。

使用 gcc 的“-pg”选项重新编译上例中的 hello.c。

【描述 7.D.4】　gcc 命令

```
$ gcc -pg -o hello.exe hello.c
```

(2) 运行编译好的程序。

程序执行结果如图 7-17 所示。

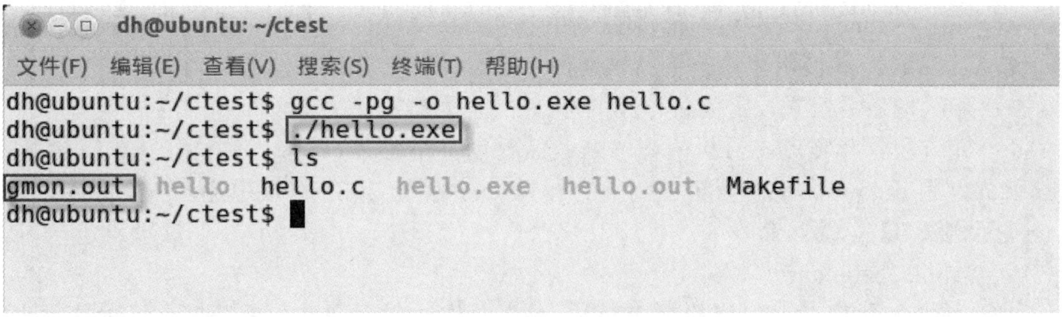

图 7-17　运行用-pg 选项编译的程序

从上述执行结果可以看出，运行后，在当前目录下将生成一个文件 gmon.out，该文件保存有程序运行期间函数调用等信息。

(3) 用 gprof 命令查看 gmon.out 保存的信息。

在终端中运行以下命令：

【描述 7.D.4】　gprof 命令

```
$ gprof -b hello.exe
```

命令执行结果如图 7-18 所示。

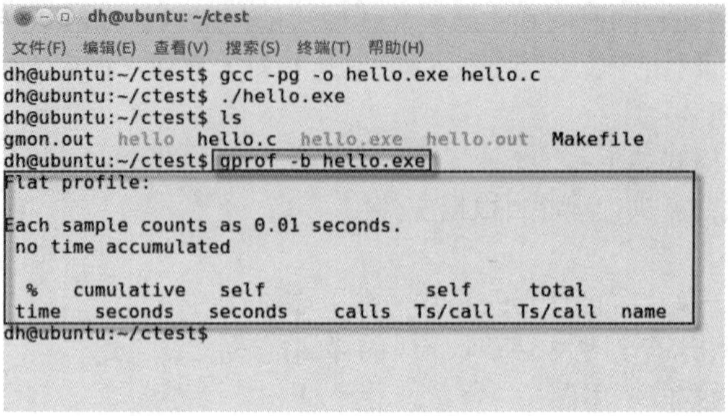

图 7-18　用 gprof 分析程序

7.3.2　time 工具

time 工具用于分析一个程序或任何 Shell 命令的运行效率。在 Linux 下，time 命令可以获取一个程序的执行时间，包括程序的实际运行时间(real time)，以及程序运行在用户态的时间(user time)和内核态的时间(sys time)。它们的意义分别如下：

✧　实际运行时间，是指程序从开始运行到结束所花费的时间；

✧　用户态时间，是真正的代码执行时间；

✧　内核态时间，是指程序执行时系统活动所花费的时间。

time 工具的常用语法格式如下：

<time> [选项] [用户程序]

其中：

✧　选项是命令执行时可使用的参数，常用选项有：

- -o：将 time 的输出写入指定的文件中，如果文件已经存在，系统将覆盖其内容；
- -a：配合 -o 使用，将结果写到文件末端，而不会覆盖掉原来的内容；
- -p：把显示格式设定为百分比的形式。

✧　用户程序，要动态分析的程序名，需要包含路径。

例如，用 time 工具动态分析上例中的 hello.exe 程序，可在终端中输入以下命令：

【示例 7-5】　time 命令

```
$ time ./hello.exe
```

执行上述命令时，time 将执行“hello.exe”程序，然后自动分析其执行情况并输出，如图 7-19 所示。

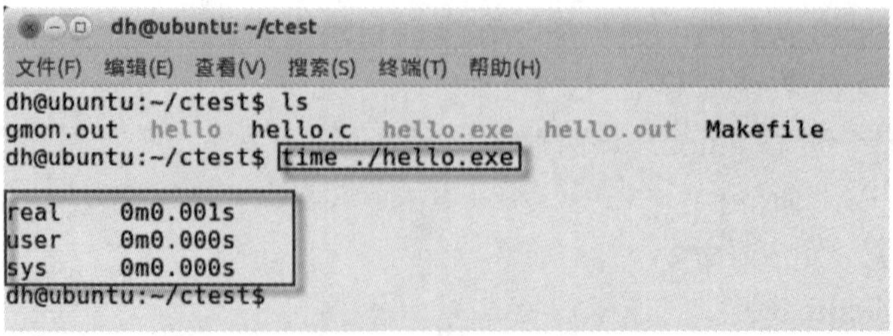

图 7-19　用 time 动态分析程序

小　结

通过本章的学习，学生应该了解到：

◆　Linux 上 Shell 脚本和诸如 C、C++、Java 等语言都是可用的编程语言。

◆　Linux 上程序的编辑、编译和调试一般分别使用不同的工具。

◆　在 Linux 中，C 程序的编译用 gcc 程序

◆　make 工具其实是个“自动编译管理器”，能够根据文件时间去自动发现更新过的文件而减少编译的工作量。

◆　在 Linux 上调试 C 语言程序，可使用 gdb 程序。

◆　程序分析工具不同于调试器，它只产生程序运行时某些函数的调用次数、执行时间等宏观信息，而不是每条语句执行时的详细信息。

◆　在 Linux 上进行静态分析可以使用 gprof 程序，进行动态分析可以使用 time 程序。

练　习

1. 使用 gcc 编译 hello.c，并指定输出文件是 hello.out，则有效的命令是______。

A. gcc -c hello.out hello.c

B. gcc hello.c -o hello.out

C. gcc hello.out

D. gcc hello.c

2. 在 gdb 程序中，将断点设置到源码中的第 8 行，则有效命令是______。

A. b　8

B. c　8

C. d　8

D. r　8

3. 用 gprof 工具分析程序 hello.c 的有效命令是______。

A. gprof　hello.c

B. gcc -pg -o hello　hello.c
gprof　hello

C. gcc　-o　hello　hello.c
gprof　hello

D. gcc　hello.c
gprof　hello

附录 Linux 常用命令列表

类 型	命 令	功 能
文件管理	cat	连接文件并在标准输出上输出
	chattr	改变存放在 ext2 文件系统上的文件或目录的属性
	chgrp	变更文件或目录的所属群组
	chmod	变更文件或目录的权限
	chown	变更文件或目录的拥有者或所属群组
	cmp	比较两个文件是否有差异
	cp	复制文件或目录
	cut	在文件的每一行中提取片断
	diff	找出两个文件的不同点
	diffstat	根据 diff 的比较结果，显示统计数字
	file	辨识文件类型
	find	查找文件或目录
	git	文字模式下的文件管理程序
	ln	在文件之间建立连接
	locate	查找文件
	lsattr	显示文件属性
	mv	移动或更名现有的文件或目录
	od	读取所给予的文件的内容，并将其内容以八进制形式呈现出来
	paste	合并文件各行
	patch	修补文件
	rcp	远端复制文件或目录
	rm	移除文件或者目录
	split	分割文件
	tee	读取标准输入的数据，并将其内容输出成文件
	touch	改变文件或目录时间
	umask	指定在建立文件时预设的权限掩码
	whereis	在特定目录中查找符合条件的文件
	which	在环境变量$PATH 设置的目录里查找符合条件的文件

续表一

类　型	命　令	功　　能
文档编辑	col	过滤掉输入中的反向换行符
	colrm	过滤掉指定的行
	comm	逐行比较两个已排序的文件
	csplit	分割文件
	ed	文本编辑器
	egrep	查找文件里符合条件的字符串
	fgrep	
	grep	
	rgrep	
	ex	在 Ex 模式下启动 vim 文本编辑器。ex 执行效果如同 vi -E
	fmt	简易的文本格式优化工具
	fold	折叠输入行，使其适合指定的宽度
	join	将两个文件中指定栏位内容相同的行连接起来
	look	用于英文单字的查询：给予欲查询的字首字符串，将显示所有开头字符串符合该条件的单字
	sed	利用 script 来处理文本文件
	sort	将文本文件内容加以排序
	tr	从标准输入设备读取数据，经过字符串转译后，输出到标准输出设备
	uniq	检查及删除文本文件中连续重复出现的行
	wc	输出文件中的行数、单词数、字节数
系统管理	adduser	新增用户账号
	chfn	改变 finger 指令显示的信息
	date	显示或设置系统时间与日期
	exit	退出目前的 Shell
	finger	查找并显示用户信息
	free	显示系统中已用和未用的内存空间总和
	groupdel	删除组
	groupmod	更改组 ID 或名称
	halt	中止系统运行
	id	显示用户的 ID，以及所属组的 ID
	kill	终止进程
	last	显示最近登录的用户列表
	lastb	列出登录系统失败的用户相关信息
	login	登录系统，亦可通过它的功能随时更换登录身份

续表二

类　型	命　令	功　　能
系统管理	logname	显示用户登录名
	logout	让用户退出系统，其功能和 login 指令相互对应
	logrotate	管理系统所产生的记录文件
	newgrp	登录到新的用户组中
	nice	进程运行之前，改变其优先级
	ps	用来报告程序执行状况的指令，可以搭配 kill 指令随时中断、删除不必要的程序
	pstree	以树状图显示程序
	reboot	重新开机
	renice	重新调整程序执行的优先权等级
	rlogin	远端登录
	rsh	rsh 提供用户环境，也就是 Shell，以便指令能够在指定的远端主机上执行
	shutdown	关闭系统
	skill	送个信号给正在执行的程序，预设的信号为 TERM (中断)
	sleep	延迟指定数量的时间
	su	变更用户身份
	sudo	以其他身份来执行指令
	suspend	暂停执行 Shell
	tload	显示系统负载状况
	top	显示、管理执行中的程序
	uname	显示输出系统信息
	useradd	建立用户账号
	userdel	删除用户账号
	usermod	修改用户账号
	w	显示已经登录的用户以及他们在做什么
	who	显示已经登录的用户
	whoami	显示自身的用户名称
	whois	查找并显示用户信息
系统设置	alias	设置指令的别名
	bind	显示或设置键盘按键与其相关的功能
	chroot	把根目录换成指定的目的目录
	clear	清除终端屏幕
	clock	调整 RTC 时间
	crontab	设定周期运行的任务作业

续表三

类　型	命　令	功　　能
系统设置	declare	声明 Shell 变量
	dircolors	设置 ls 指令在显示目录或文件时所用的色彩
	enable	启动或关闭 Shell 内建指令
	export	设置或显示环境变量
	insmod	载入模块
	lilo	安装引导装入程序。单独执行 lilo 指令，它会读取/etc/目录下的 lilo.conf 配置文件，然后根据其内容安装 lilo
	lsmod	显示已载入系统的模块
	modinfo	显示当前内核模块信息
	ntsysv	设置系统的各种服务
	passwd	改变用户密码
	resize	设置终端视窗的大小
	rmmod	删除模块
	rpm	Red Hat 包管理器
	set	设置所使用 Shell 的执行方式，可依照不同的需求来设置
	setenv	查询或显示环境变量
	unalias	删除别名
	unset	删除变量或函数
网络通讯	getty	设置终端机模式、连线速率和管制线路
	ifconfig	显示和配置网络接口
	mesg	调节用户终端的写访问权
	minicom	友好易用的串口通信程序
	nc	设置路由器的相关参数
	netstat	显示网络状态
	ping	向网络主机发送 ICMP 回显请求以检测主机
	system-config-samba	设置 Samba 服务
	setserial	设置或显示串口的相关信息
	tcpdump	转储网络上的数据流
	telnet	远端登录
	write	传递信息给另一位登录系统的用户
	ssh	登录远程主机，并且在远程主机上执行命令
磁盘管理	cd	切换目录
	df	显示磁盘的相关信息
	du	显示目录或文件的大小
	ls	列出目录内容

续表四

类　型	命　令	功　　能
磁盘管理	pwd	显示工作目录
	rmdir	删除空目录
	stat	显示文件信息节点(inode)内容
	mount	挂载文件系统
	umount	卸载文件系统
备份压缩	ar	建立、修改档案或从档案中抽取成员
	bunzip2	.bz2 文件的解压缩程序
	bzip2	.bz2 文件的压缩程序
	bzip2recover	修复损坏的.bz2 文件
	cpio	用来建立、还原备份档的工具程序，它可以加入、解开 cpio 或 tra 备份档内的文件
	gunzip	使用广泛的解压缩程序，它用于解开被 gzip 压缩过的文件，这些压缩文件预设最后的扩展名为“.gz”。
	gzexe	用来压缩执行文件的程序。当执行被压缩过的执行文件时，该文件会自动解压然后继续执行，与使用一般的执行文件相同
	tar	tar 是用来建立、还原备份文件的工具程序，它可以加入、解开备份文件内的文件
	unzip	解压缩 zip 文件
	uudecode	对二进制文件进行编码
	uuencode	将二进制文件转换为文本文件
	zip	是个使用广泛的压缩程序，文件经它压缩后会另外产生具有“.zip”扩展名的压缩文件
	zipinfo	列出关于某个 zip 压缩包的详细信息